新世纪应用型高等教育
计算机类课程规划教材

JISUANJI YINGYONG JICHU

计算机应用基础

新世纪应用型高等教育教材编审委员会 组编

主　编　张　鹏　司　丹

副主编　董　洁　任　芳

参　编　邓　悦　赵微巍

　　　　陈丽萍　魏银华

　　　　刘　硕

大连理工大学出版社
DALIAN UNIVERSITY OF TECHNOLOGY PRESS

图书在版编目(CIP)数据

计算机应用基础 / 张鹏,司丹主编. — 大连 : 大连理工大学出版社,2014.8(2020.9 重印)

新世纪应用型高等教育计算机类课程规划教材

ISBN 978-7-5611-9478-2

Ⅰ. ①计… Ⅱ. ①张… ②司… Ⅲ. ①电子计算机－高等学校－教材 Ⅳ. ①TP3

中国版本图书馆 CIP 数据核字(2014)第 194136 号

大连理工大学出版社出版

地址:大连市软件园路 80 号　邮政编码:116023

发行:0411-84708842　邮购:0411-84708943　传真:0411-84701466

E-mail:dutp@dutp.cn　URL:http://dutp.dlut.edu.cn

大连日升彩色印刷有限公司印刷　　大连理工大学出版社发行

幅面尺寸:185mm×260mm　　印张:18.25　　字数:466 千字

2014 年 8 月第 1 版　　　　2020 年 9 月第 7 次印刷

责任编辑:王晓历　　　　　　　　　责任校对:白　赫

封面设计:张　莹

ISBN 978-7-5611-9478-2　　　　　　定　价:39.80 元

本书如有印装质量问题,请与我社发行部联系更换。

前　言

随着计算机科学与技术的飞速发展和广泛应用,计算机已经渗透到科学技术的各个领域,应用于人们的工作、学习和生活之中。今天,计算机已成为社会文化不可缺少的一部分,学习计算机知识、掌握计算机的基本应用技能已成为时代对我们的要求。作为新世纪的大学生,尽快了解、掌握计算机及其信息技术的基础知识,迅速熟悉、学会应用计算机及计算机网络的基本技能,更是进入大学学习的首要任务之一。

"计算机应用基础"课程是一门计算机应用的入门课程,属于公共基础课程,是为非计算机专业学生提供计算机一般应用所必需的基础知识、能力和素质的课程,旨在使学生掌握计算机、网络及其他相关信息技术的知识,培养学生运用计算机技术分析问题、解决问题的意识和能力,提高学生计算机应用方面的基本素质,为将来运用计算机知识和技能,使用计算机作为工具解决本专业实际问题打下坚实的基础。

随着计算机的日益普及,中学、小学甚至幼儿园也开设了计算机课程,一些学生很小就接触计算机,对计算机知识具有相当程度的了解,但一些学生进入大学之前并没有太多机会接触计算机。有的学生因为平时学习紧张,也没有太多时间接触计算机。从整体上看,大学一年级学生的计算机基础知识和计算机应用能力参差不齐,这给计算机应用基础课程的教学工作增加了难度。本课程的任务就是使基础不同的学生都能达到课程内容的要求,为后续的计算机应用和学习做好铺垫。

本教材的编写团队具有丰富的实际教学经验,在编写过程中结合自己的教学实践经验进行编写,力争照顾到各层面的学生,充分考虑学生的未来应用需求,在编写中着重对内容做了细致的编排,力求以最简洁易懂的方式,全面概括计算机的基础知识、重要概念及最新进展,重点培养学生的计算机应用能力。

本教材可作为普通高等院校学生计算机基础课程的教材,同时,教材在内容编排上结合了全国计算机等级考试"二级 MS Office 高级应用"考试大纲,也可作为国家计算机二级考试辅助教材。

本教材共 8 章:计算机基础知识;计算机操作系统——Windows 7;计算机网络与 Internet 应用;Word 2010 文稿编辑;Excel 2010 表格处理软件;演示文稿制作;计算机程序设计基础;考试指导。

新世纪

本教材由张鹏、司丹任主编，董洁、任芳任副主编，邓悦、赵微巍、陈丽萍、魏银华、刘硕参加了编写。具体编写分工如下：第1章由司丹、陈丽萍、魏银华、刘硕共同编写；第2章由董洁编写；第3章由张鹏编写；第4章由邓悦编写；第5章由任芳编写；第6章由陈丽萍编写；第7章由赵微巍编写。

在编写本教材的过程中，编者参考、引用和改编了国内外出版物中的相关资料以及网络资源，在此表示深深的谢意！相关著作权人看到本教材后，请与出版社联系，出版社将按照相关法律的规定支付稿酬。

由于编者水平有限，书中也许仍有疏漏之处，敬请读者提出宝贵意见和建议。

编　者

2014 年 8 月

所有意见和建议请发往：dutpbk@163.com

欢迎访问高教数字化服务平台：http://hep.dutpbook.com

联系电话：0411-84708445　84708462

目　　录

1 第 1 章　计算机基础知识

本章学习要求

1. 了解计算机的历史及未来发展。
2. 了解计算机系统的组成。
3. 了解信息在计算机中的表示方式。
4. 了解计算机硬件系统组成。
5. 掌握多媒体技术基本概念和基本应用。
6. 了解信息安全的基本知识,掌握计算机病毒及防治的基本概念。

1.1　概　述

1.1.1　计算机的发展

计算机(Computer)是一种由电子器件构成的,具有计算机能力和逻辑判断能力,以及拥有自动控制和记忆功能的信息处理机器。现在世界上公认的第一台电子计算机是在 1946 年由美国宾夕法尼亚大学研制成功的 ENIAC(Electronic Numerical Integrator and Computer),即电子数字积分计算机。它使用了 18 800 只电子管,耗电 200 KW,占地面积 170 多平方米,重量达 30 T,每秒钟能完成 5000 次加减法运算。ENIAC 的问世是人类科学技术发展史的重要里程碑,它标志着电子计算机时代的到来。

从第一台计算机诞生之日起,该领域的技术便获得了突飞猛进的发展。通常根据计算机所采用的电子元器件的不同,将计算机的发展分为以下四个阶段,见表 1-1。

表 1-1　　　　　　　　　　　　　　计算机发展的四个阶段

阶段	第一代	第二代	第三代	第四代
年份	1946~1957	1958~1964	1965~1970	1971~至今
逻辑部件	电子管	晶体管	中小规模集成电路	大规模、超大规模集成电路
存储器	内存:磁芯 外存:纸带、卡片、磁带、磁鼓	内存:晶体管双稳态电路 外存:开始使用磁盘	内存为性能更好的半导体存储器	内存广泛采用半导体集成电路,外存储器除了大容量的软硬盘外,还引入了光盘

阶段	第一代	第二代	第三代	第四代
年份	1946～1957	1958～1964	1965～1970	1971～至今
运算速度	每秒几千次	每秒几十万次	每秒几十万到几百万次	每秒几千万次甚至上百亿次
软件	尚未使用系统软件，程序设计语言为机器语言和汇编语言	开始提出操作系统概念，程序设计语言出现了FORTRAN、COBOL、ALGOL60等高级语言	操作系统形成并普及，高级语言种类增多	操作系统不断完善发展，数据库进一步发展，软件行业已成为一种新兴的现代化工业，各种应用软件层出不穷
用途	科学计算	科学计算、数据处理	科学计算、数据处理、工业控制	应用遍及社会生中的各个领域

1.1.2 计算机的特点、用途和分类

1．计算机的特点

计算机主要具有以下特点：

（1）运算速度快

这是计算机最显著的特点之一。现在计算机的计算速度已高达每秒上百亿次，许多复杂的科学计算，在过去用人工计算需要几年、十几年才能完成，现在使用计算机计算只需几天、几小时甚至几分钟就可以完成。

（2）计算精度高

计算机采用二进制数进行计算，其计算精度随着表示数字的设备的增加和算法的改进而逐步提高，理论上，计算机的精度不受任何限制，只需要通过一定的技术手段就可以实现任意精度要求，但在实际应用中，出于成本的考虑，计算机的精度都有一定的限制，一般的计算机都能达到15位有效数字的精度。

（3）存储能力强

这是计算机最本质的特点之一。在计算机中有一个叫存储器的部件，能存储数据和程序，并能将处理或计算的结果保存起来。存储器的容量越大，计算机的"记忆"功能就越强。

（4）具有逻辑判断能力

计算机中运算器除了可以进行算术运算外，还可以进行与、或、非、异或等逻辑运算。逻辑运算功能使得计算机具有逻辑分析和判断能力。

（5）具有自动执行程序能力

将设计好的程序输入到计算机后，一旦向计算机发出运行程序的命令，它就能自动地按程序中规定的步骤完成指定的任务。

2．计算机的用途

现代计算机已经深入到社会的各个领域，大大提高了人类的生活质量。当前计算机的应用领域主要有以下几个方面：

（1）科学计算

科学计算也称数值计算，是计算机最基本的功用之一。在科学技术和工程设计中，存在大

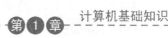

量的数学计算问题,它的特点是数据量与计算量非常庞大,如解几百个方程构成的线性联立方程组、大型矩阵运算、微分方程数值解等,不借助于计算机的快速性和精确性,其他运算工具是难以胜任的。所以,计算机是发展现代尖端科学技术不可缺少的重要工具。

(2)数据处理

除了数值计算这一传统应用以外,各种数据处理已经成为计算机最主要的应用领域。如文字处理、电子出版、财会业务、情报检索、银行账务、售票系统等。这类问题的特点是数据量特别庞大,数据之间的逻辑关系比较复杂,但计算却相对简单。如在我国人口普查中,要对120个大中城市中人口的年龄、性别、职业等十多个项目的几百亿数据进行统计分析,单靠人力是无法精确完成的,而用计算机则只需 3 个小时即可得到全部结果。

随着计算机的普及,它在数据处理方面的应用还会继续扩大和深入。

(3)过程控制

采用计算机对某个连续的工作过程进行控制,称为过程控制。在电力、冶金、石油化工、机械制造等工业部门采用过程控制,可以提高劳动效率,提高产品质量,降低生产成本,缩短生产周期。甚至在医疗过程中也可采用过程控制,提高医疗的质量。计算机在过程控制中的应用有:巡回检测、自动记录、监视报警、自动启停等。还可以直接和其他设备、仪器仪表相连接,对它们的工作进行控制和调节,使其保持最佳的工作状态。

(4)计算机辅助设计

计算机辅助设计 CAD(Computer-Aided Design)是使用计算机来帮助设计人员进行设计的一门新兴学科。使用 CAD 技术可以提高设计质量,缩短设计周期,提高设计自动化水平。CAD 技术已广泛应用于船舶设计、飞机制造、建筑工程设计、大规模集成电路设计、机械设计等行业。例如,计算机辅助制图系统就是一种 CAD,它提供了一些最基本的做图元素和命令,在这个基础上可以发展出各种供不同部门应用的图库。这就使工程设计人员从繁重的重复性的绘图工作中解放出来,需要绘制某个图,只需在图库中找一幅或几幅现成的图拼接加工即可。设计过程中的系统模拟、逻辑模拟、自动布线等均可采用 CAD 技术,以加速研制进程,提高研究质量。目前,CAD 应用的水平已成为一个国家现代化水平高低的重要标志。

CAD 技术日益发展,其应用范围日益扩大,又派生出许多新的分支。如计算机辅助制造 CAM(Computer-Aided Manufacturing)、计算机辅助测试 CAT(Computer-Aided Testing)、计算机辅助教育 CAI(Computer-Aided Instruction)、计算机集成制造系统 CIMS(Computer Integrated Manufacturing System)等。此外,由于多媒体技术的发展,计算机在音乐合成、动画制作、电影摄制等方面都发挥着越来越大的作用。

(5)人工智能

人工智能(Artificial Intelligence,AI)是指计算机模拟人类某些智力行为的理论、技术和应用。人工智能研究和应用的领域包括模式识别、自然语言理解与生成、专家系统、定理证明、联想与思维的机理、职能检索等。

(6)网络应用

计算机网络的建立,不仅解决了一个单位、一个地区、一个国家中计算机与计算机之间的通信,各种软、硬件资源共享的问题,也大大促进了国际上的文字、图像、视频和声音等各类数据的传输与处理。

(7)多媒体应用

多媒体是包括文本、图形、图像、音频、视频、动画等多种信息类型的综合。多媒体技术是指人和计算机交互进行上述多种媒介信息的捕捉、传输、转换、编辑、存储、管理,并由计算机综合处理为表格、文字、图形、动画、音频、视频等视听信息有机结合的表现形式。多媒体技术拓宽了计算机的应用领域,使计算机广泛应用于商业、服务业、教育、广告宣传、文化娱乐、家庭等方面。同时,多媒体技术与人工智能技术的有机结合,还促进了虚拟现实、虚拟制造技术的发展,使人们可以在计算机模拟环境中,感受真实的场景,通过计算机辅助制造零件和产品,感受产品各方面的功能与性能。

3. 计算机的分类

计算机的分类方式有多种,一般按其功能用途或者性能规模进行分类。

（1）按功能用途分类

按功能用途分类,可分为通用计算机和专用计算机。通用计算机功能齐全、适应性强,目前人们所用的计算机大都是通用计算机。专用计算机功能单一、可靠性高、适应性差,一般用于完成某些特定的工作。如银行系统中的叫号机等。

（2）按性能规模分类

按性能规模分类,可分为巨型计算机、大型计算机、小型计算机和微型计算机。

巨型计算机运行速度快、存储量大、功能强。运行速度每秒可达 1 亿次,主存储器容量可达百兆字节。例如银河Ⅰ、银河Ⅱ、IBM390 系列计算机等就属于巨型计算机。巨型计算机主要用于尖端科学研究领域。

大型计算机的规模仅次于巨型计算机,运行速度较快、存储量较大,主要用于计算机网络和大型计算中心,如 PPC22 系列计算机。

小型计算机规模较小,结构简单,可靠性高,可为多个用户执行任务,通常是一个多用户系统,被广泛地用于企业管理以及大学和研究所的科学计算等,如 PDF-Ⅱ就是小型计算机。

微型计算机由微处理器、半导体存储器和输入/输出接口等组成,比小型计算机体积更小、价格更低、使用更加方便。目前人们所使用的台式计算机、笔记本式计算机都是微型计算机。

1.1.3　计算科学研究与应用

最初的计算机只是为了军事上大数据量计算的需要,而如今的计算机可听、说、看,远远超过了"计算的机器"这样狭义的概念。本节介绍计算研究方面的人工智能、网格计算、中间件技术和云计算的知识。

1. 人工智能

人工智能的主要内容是研究如何让计算机来完成过去只有人才能做的智能化的工作,核心目标是赋予计算机人脑一样的智能。

在 21 世纪,以计算机为基础的人工智能技术取得了一些进展,典型的例子就是翻译效率;手写输入技术已经在手机上得到应用;语音输入在不断完善之中。人工智能让计算机有更接近人类的思维和智能,实现人机交互,让计算机能够听懂人们说话,看懂人们的表情,能够进行人脑思维。

2. 网格计算

随着计算机的普及,个人计算机进入家庭,由此产生了计算机的利用问题。越来越多的计算机处于闲置状态。互联网的出现,使得连接调用所有这些拥有计算资源的计算机系统成为现实。

对于一个非常复杂的大型计算任务,通常需要用许多台计算机或巨型计算机来完成。网格计算研究如何把一个需要非常巨大的计算能力才能解决的问题分成许多小的部分,然后把它们分配给许多计算机进行处理,最后把这些计算结果综合起来得到最终结果,从而方便地完成一个大型计算任务。对于用户来讲,关心的是任务完成的结果,并不需要知道任务是如何切分以及哪台计算机执行了哪个小任务。这样,从用户的角度看,就好像拥有了一台功能强大的虚拟计算机,这就是网格计算的思想。

网格计算是专门针对复杂科学计算的新型计算模式。这种计算模式是利用互联网分散在不同地理位置的电脑组织成一个"虚拟的超级计算机",其中每一台参与计算的计算机就是一个"结点",而整个计算是由成千上万个"结点"组成的"一张网络",所以这种计算方式称为网格计算。这样组织起来的"虚拟的超级计算机"有两个优势:一是数据处理能力超强;二是能充分利用网上的闲置处理能力。

网格计算包括任务管理、任务调度和资源管理,它们是网格计算的三要素。用户通过任务管理向网格提交任务,为任务制定所需的资源,检测任务的运行并删除任务;任务调度对用户提交的任务根据任务所需的资源、可用资源等情况安排运行日程和策略;资源管理则负责检测网络中资源的状况。

网格计算技术的特点是:

(1)能够提供资源共享,实现应用程序的互相连通。网格与计算机网格不同,计算机网格实现的是一种硬件的连通,而网格能实现应用层面的连通。

(2)协同工作。很多网格结点可以共同处理一个项目。

(3)基于国际的开放技术标准。

(4)网格可以提供动态的服务,能够适应变化。

网格计算技术是一场计算革命,它将全世界的计算机协同起来工作,它被人们视为21世纪的新型风格基础架构。

3.中间件技术

顾名思义,中间件是介于应用软件和操作系统之间的系统软件。在中间件诞生之前,企业多采用传统的客户机/服务器(Client/Server)模式,通常是一台计算机作为客户机,运行应用程序,另外一台计算机作为服务器,运行服务器软件,以提供各种不同的服务。这种模式的缺点是系统拓展性差。到了20世纪90年代,出现了一种新的思想:在客户机和服务器之间增加了一组服务,这种服务(应用服务器)就是中间件,如图1-1所示。这些组件是通用的,基于某一标准,所以它们可以被重用,其他应用程序可以使用它们提供的应用程序接口调用组件,完成所需的操作。例如,连接数据库所使用的开放数据库互联(Open Database Connectivity, ODBC)就是一种标准的数据库中间件,它是 Windows 操作系统自带的服务。可以通过 ODBC 连接各种类型的数据库。

客户机　　　　　　　　　中间件　　　　　　　　　服务器

图 1-1　中间件技术

随着 Internet 的发展,一种基于 Web 数据库的中间件技术开始得到广泛应用,如图1-2所示。在这种模式中,Internet Explorer 若要访问数据库,则请求将被发给 Web 服务器,再被转移给中间件,最后送到数据库系统,得到结果后通过中间件、Web 服务器返回给浏览器。在这里,中间件是 CGI(Common Gateway Interface,通用网关接口)、ASP(Active Server Page,动态服务器页面)或 JSP(Java Server Page,许多公司参与并共同建立的一种动态网页技术标准)等。

客户机　　　　　　　　Internet　　　　　　　　Web服务器　　　　　　　　中间件　　　　　　　　数据库

图 1-2　一种基于 Web 服务器的中间件

目前,中间件技术已经发展成为企业应用的主流技术,并形成各种不同类别,如交易中间件、消息中间件、专有系统中间件、面向对象中间件、数据存取中间件、远程调用中间件等。

4. 云计算

云计算(Cloud Computing)是分布式计算、网格计算、并行计算、网络存储及虚拟化计算和网络技术发展事例的产物,或者说是它们的商业实现。美国国家技术与标准局给出的定义是:云计算是对基于网络的、可配置的共享计算资源池,能够方便地按需访问的一种模式。这些共享计算资源池包括网络、服务器、存储、应用和服务等资源,这些资源池以最小化的管理和交互,可以快速地提供和释放。

云计算的构成包括硬件、软件和服务。用户不再需要购买复杂的硬件和软件,只需要支付相应的费用给"云计算"服务商,通过网络就可以方便地获取所需要的计算、存储等资源。云计算的核心思想是,将大量用网络连接的计算资源统一管理和调度,构成一个计算资源池向用户提供按需服务。提供资源的网络被称为"云"。云计算将传统的以桌面为核心的任务转变为以网络为核心的任务处理,利用互联网实现一切处理任务,使网络成为传递服务、计算和信息的综合媒介,真正实现按需计算、网络协作。

通俗地说,云计算就是一种基于互联网的计算方式,化繁为简。例如,你现在要处理一个大型的运算,就可以通过网络把世界各个地方的资源联合起来,为你解决问题,这样解决问题既方便又快速。还有,如果你想吃饭,又不想自己做,因为没有工具,所以你叫外卖,你不需要买锅就能吃上饭。这个例子说明云计算更加节约资源。

云计算的特点:超大规模、分布式、虚拟化、高可靠性、通用性、高可扩展性、按需服务、价廉。

利用云计算时,数据在云端,不怕丢失,不必备份,可以进行任意点的恢复;软件在云端,不必下载就可以自动升级;在任何时间,任意地点,任何设备登录后就可以进行计算服务,具有无限空间,无限速度。

1.1.4　未来计算机的发展趋势

随着微电子技术、光学技术、超导技术和电子仿生技术的发展,计算机的发展将呈多元化发展的态势。总体上来讲,计算机的发展趋势是向巨型化、微型化、网络化、智能化方向发展。

巨型化是指发展运算速度快、存储容量大和功能强的巨型计算机。巨型计算机主要用于尖端科学技术和国防军事系统的研究开发中。巨型计算机的发展集中体现了一个国家的科学技术和工业发展的程度。

微型化是指发展体积小、重量轻、性价比高的微型计算机。微型计算机的发展扩大了计算机的应用领域，推动了计算机的普及。例如，微型计算机在仪表、家电、导弹弹头等领域中的应用，这些应用是中、小型计算机无法进入的领域。

网络化是指利用通信技术和计算机技术，把分布在不同地点的计算机互联起来，按照网络协议相互通信，以达到所有用户都可共享资源的目的。未来的计算机网络必将给人们工作和生活提供极大的方便。

智能化是（第五代）计算机要实现的目标，是指计算机具有"听觉""思维""语言"等功能，能模拟人的行为动作。

目前，第一台超高速全光数字计算机已研制成功，光子计算机的运算速度比电子计算机快1000 倍。在不久的将来，超导计算机、神经网络计算机等全新的计算机也会诞生。未来的计算机将是微电子技术、光学技术、超导技术和电子仿生技术相互结合的产物。

1.1.5　电子商务

电子商务是指在互联网（Internet）、企业内部网（Intranet）和增值网（Value Added Network，VAN）上以电子交易方式进行交易活动和相关服务的活动，是传统商业活动各环节的电子化、网络化。电子商务是利用微电脑技术和网络通信技术进行的商务活动。各国政府、学者、企业界人士根据自己所处的地位和对电子商务参与的角度和程度的不同，给出了许多不同的定义。但是，电子商务不等同于商务电子化。

电子商务包括电子货币交换、供应链管理、电子交易市场、网络营销、在线事务处理、电子数据交换（EDI）、存货管理和自动数据收集系统。在此过程中，利用到的信息技术包括：互联网、外联网、电子邮件、数据库、电子目录和移动电话。

电子商务即使在各国或不同的领域有不同的定义，但其关键依然是依靠着电子设备和网络技术进行的商业模式，随着电子商务的高速发展，它不仅包括其购物的主要内涵，还包括了物流配送等附带服务。

随着互联网的快速发展，网络营销的价值也逐渐得到广大企业主的认可和重视。在互联网 Web 1.0 时代，常用的网络营销有：搜索引擎营销、电子邮件营销、即时通信营销、BBS 营销、病毒式营销。但随着互联网发展 Web 2.0 时代，网络应用服务不断增多，网络营销方式也越来越丰富起来。

1.1.6　信息技术

1.信息技术的概念

信息技术（Information Technology，IT）是指与信息的产生、获取、处理、传输、控制和利用等有关的技术。这些技术包括计算机技术、通信技术、微电子技术、传感技术、网络技术、新型元器件技术、光电子技术、人工智能技术及多媒体技术等，计算机技术、通信技术及微电子技术是它的核心技术。

信息技术是对信息的获取、传递、存储、处理和应用的技术，主要有信息石油技术、信息通信技术、信息智能技术、信息控制技术等。

信息技术涉及信息的采集、输入、存储、加工处理、传输、输出、维护和使用等。在使用处理信息时，必须将要处理的有关信息转换成计算机能识别的符号，信息符号化就是数据。数据包括文字、声音、图像、视频等,是信息的具体表现形式。

2.信息技术的应用

从应用的角度来看,信息技术经历了从数值处理、知识处理、智能处理和网络处理四个阶段。

3.信息化

信息化是指培养、发展以智能化工具为代表的新的生产力并使之造福于社会的历史过程。智能化工具一般必须具备信息获取、信息传递、信息处理、信息再生和信息利用的功能。社会信息化的过程,就是在经济活动和社会活动中,建设和完善信息基础设施,发展信息技术和信息产业,增强开发和利用信息资源的能力,促进经济发展和社会进步,使信息产业在国民经济中占主导地位,使人们的物质和文化生活高度发展的历史进程。

1.2　信息的表示与存储

1.2.1　数据与信息

数据是计算机处理的对象,计算机内部所能处理的数据是"0"和"1",即二进制编码,这是因为二进制数具有便于物理实现、运算简单、工作可靠、逻辑性强等特点。不论是哪一种数制,其计数和运算都有共同的规律和特点。

信息(Information)是人们用于表示具有一定意义的符号的集合,这些符号可以是文字、数字、图形、图像、动画、声音和光等。

计算机中的信息可分为三大类:数值信息、文本信息和多媒体信息。数值信息用来表示量的大小、正负,文本信息用来表示一些符号、标记;多媒体信息表示声音、图画、影视等。各种信息在计算机内部都是用二进制编码形式表示的。

1.2.2　计算机中的数据

一般情况下,要表示一个数字,常用十进制;要表示一些信息,通常用某种文字;要记录一段声音,需要电磁信号;要看一幅画,需要图形图像信号。由于计算机是一种数字式电子设备,计算机能够处理的所有信息都必须转换为电信号。电信号直接表示的最简单的形式有两种:高电位、低电位。要让计算机直接识别十进制数字或直接理解某种文字是十分困难的。这就要求在计算机中仅用两个符号来表示一切信息,即"0"和"1"。数字采用二进制计数,所有信息采用二进制编码的形式表示,否则无法用计算机处理。

1.2.3　计算机中数据的单位

在计算机中,常用的数据单位有位、字节和字三种。

1.位(bit)

位是计算机存储数据的最小单位。计算机中的数是二进制数,二进制数的一个数位叫位(bit)。位用小写字母"b"表示,一位二进制数的取值为 0 或者 1。

2. 字节(Byte)

字节是计算机中衡量容量大小的单位。8 位二进制位称为一个字节(Byte)。字节用大写字母"B"表示,1 B=8 bit。常用的容量单位还有 K 字节(KB)、M 字节(MB)、G 字节(GB)和 T 字节(TB),它们之间的关系如下:

1 KB=2^{10} B=1024 B

1 MB=2^{20} B=1024 KB

1 GB=2^{30} B=1024 MB

1 TB=2^{40} B=1024 GB

3. 字(Word)

字是计算机进行数据处理(存取、运算)的单位。它由若干个字节组成,其长度取决于计算机的类型、字长以及用户的要求。在程序设计中,一般定义 16 位二进制数为一个字。

字长是计算机的性能指标之一,是指计算机能直接处理的最大二进制的位数。通常所说的 64 位机是指计算机的字长为 64 位,它可以直接处理 64 位二进制数,但在实际进行数据处理时,用户可以将数据处理单位定义成 32 位或者 16 位,此时一个字就等于 4 字节或者 2 字节。

1.2.4 字符的编码

计算机中的数据是用二进制数表示的,计算机所处理的任何信息在输入计算机之前都必须用二进制数表示,用二进制数表示信息的过程叫信息编码。计算机中的十进制数、西文字符、汉字都是用特定的编码表示的。

1. BCD 码

BCD 是 Binary Coded Decimal 的缩写,BCD 码是十进制数在计算机中的编码,它的特点是,用 4 位二进制数表示 1 位十进制数,一个字节的二进制数表示 2 位十进制数。其中,0000B～1001B 这 10 个二进制数分别表示十进制数 0～9,1010B～1111B 这六个二进制数无效。例如,89 的 BCD 码为 10000110B。在 BCD 码的 4 位二进制数中,各位二进制数的位权分别为 8、4、2、1。所以,BCD 码也叫 8421BCD 码。BCD 码、十进制数以及二进制数的对应关系见表 1-2。

表 1-2　　　　　　　　　十进制数、BCD 码、二进制数的对应关系

十进制数	BCD 码	二进制数	十进制数	BCD 码	二进制数
0	0000	0000	8	1000	1000
1	0001	0001	9	1001	1001
2	0010	0010	10	00010000	1010
3	0011	0011	11	00010001	1011
4	0100	0100	12	00010010	1100
5	0101	0101	13	00010011	1101
6	0110	0110	14	00010100	1110
7	0111	0111	15	00010101	1111

2. ASCII 码

ASCII 是 American Standard Code For Information Interchange 的缩写,是美国信息交换标准代码的简称。ASCII 码的特点是,用一个字节的二进制数表示字符,其中,最高位为 0,低 7 位为字符的编码。ASCII 码共表示了 128 个符号,其中包括 34 个控制字符、10 个十进制数码 0~9、52 个英文大写和小写字母、32 个专用符号。ASCII 码表见表 1-3。

表 1-3   **ASCII 码表**

高位 低位	0000	0001	0010	0011	0100	0101	0110	0111
0000	NUL	DLE	SP	0	@	P	、	p
0001	SOH	DC1	!	1	A	Q	a	q
0010	STX	DC2	"	2	B	R	b	r
0011	ETX	DC3	#	3	C	S	c	s
0100	EOT	DC4	$	4	D	T	d	t
0101	ENQ	NAK	%	5	E	U	e	u
0110	ACK	SYN	&	6	F	V	f	v
0111	BEL	ETB	'	7	G	W	g	w
1000	BS	CAN	(	8	H	X	h	x
1001	HT	EM	)	9	I	Y	i	y
1010	LF	SUB	*	:	J	Z	j	z
1011	VT	ESC	+	;	K	[	k	{
1100	FF	FS	,	<	L	\	l	|
1101	CR	GS	—	=	M	]	m	}
1110	SO	RS	。	>	N	^	n	~
1111	SI	US	/	?	O	_	o	DEL

提示:

①查阅字符的 ASCII 码的方法是,先查字符在表 1-3 中的列号,得出其 ASCII 码的高 4 位二进制数,再查字符在表 1-3 中的行号,得出其 ASCII 码的低 4 位二进制数,然后将这 8 位二进制数拼装在一起就得到字符的 ASCII 码。例如,字符"A"在表 1-3 中的列号为 5,行号为 2,它的 ASCII 码为 0100 0001B＝41H＝65。

②表中编码 00000000B～00100000B、01111111B 为 34 个控制符的 ASCII 码,这 34 个控制符的含义见表 1-4。

表 1-4   **控制符**

控制符	ASCII	含义	控制符	ASCII	含义	控制符	ASCII	含义
NUL	0	空	FF	12	换页	CAN	24	作废
SOH	1	标题开始	CR	13	回车	EM	25	纸尽
STX	2	正文开始	SO	14	移位输出	SUB	26	替换
ETX	3	正文结束	SI	15	移位输入	ESC	27	换码
EOT	4	传输结束	DLE	16	数据链换码	FS	28	文件分隔符

（续表）

控制符	ASCII	含义	控制符	ASCII	含义	控制符	ASCII	含义
ENQ	5	询问	DC1	17	设备控制 1	GS	29	组分隔符
ACK	6	确认	DC2	18	设备控制 2	RS	30	记录分隔符
BEL	7	报警	DC3	19	设备控制 3	US	31	单元分隔符
BS	8	退格	DC4	20	设备控制 4	SP	32	空格
HT	9	水平制表符	NAK	21	否定	DEL	127	删除
LF	10	换行	SYN	22	同步空闲			
VT	11	垂直制表符	ETB	23	传输块结束			

③在字符的 ASCII 码中，控制符 DEL 的 ASCII 码最大，其他控制符的 ASCII 码较小，其值为 0～32，小写字母的 ASCII 码比对应的大写字母的 ASCII 码大 20H＝32，数字字符 0～9 的 ASCII 码依次为 30H～39H，即 48～57，它们比大写字母的 ASCII 码要小。

3. 汉字的编码

与西文字符不同，汉字的字符比较多，因此在计算机中的处理过程要比西文字符复杂。计算机在处理汉字的过程中要使用输入码、交换码、内码和字形码 4 种编码。

(1)汉字内码

汉字内码也称为机内码，它是汉字在计算机内部存储、处理的代码。汉字的内码采用 2 个字节的二进制数表示，为了与 ASCII 码区别，机内码的每个字节的二进制数的最高位(D7 位)均为 1。不同汉字的内码是不同的，每一个汉字的内码是唯一的，与所选的字库、字体、字模无关。

(2)汉字交换码

汉字交换码是各种汉字系统之间或汉字系统与通信系统之间进行汉字信息交换(即传输)的代码。1981 年我国公布了汉字交换码的国家标准《信息交换用汉字编码字符集——基本集》(GB2312-80)。该标准所制定的汉字编码称为国家标准汉字编码，简称为国标码，主要用作汉字信息交换。

GB2312-80 中，每个字符用 2 个字节的二进制数表示，其中高字节表示区码，低字节表示位码。每个字节的最高位(D7 位)都是 0，低 7 位的 128 种状态中，有 34 种状态用作控制，只有 94 种状态可用作字符的编码，因此，2 个字节的二进制数共有 $94 \times 94 = 8836$ 种状态可用于表示字符。GB2312-80 中收录了 6763 个汉字字符和 682 个非汉字图形字符(间隔、标点、运算符、制表符、数字、汉语拼音、拉丁文字母、希腊文字母、俄文字母和日文假名等)。在此之后，我国又陆续地公布了汉字交换的几个辅助集，收录了更多的汉字字符。

(3)汉字输入码

顾名思义，汉字输入码就是汉字输入的编码，其实质是汉字输入时按键组合编码。汉字输入编码方案很多，较常用的也有几十种。归纳起来，它们采用的方法有以下几类：拼音码、字形码、音形结合、具有联想功能的方案等。所产生的输入码需要借助于输入码与内码的对照表(常称为输入字典)，转换成便于加工处理的机内码。

(4)汉字的字形码

汉字的字形码也叫汉字的输出码，它是汉字在屏幕上显示或者用打印机打印输出所用的编码，它是通过点阵的形式产生的。

根据汉字显示或打印的要求,汉字的点阵有 16×16 点阵、24×24 点阵、32×32 点阵、64×64 点阵、96×96 点阵等。对于 n×m 点阵,一个汉字输出占 n 行,每行有 m 个点,每一个点用 1 位二进制数表示,其中,笔画经过处的点为黑点,用 1 表示,反之,为白点,用 0 表示。"中"字的 16×16 点阵及其字形码如图 1-3 所示。

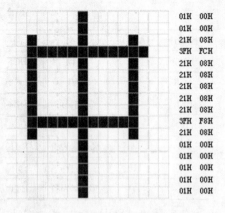

图 1-3 "中"字的点阵及其字形码

在各种点阵中,点阵越大,字形越美,存储字形码(点阵代码)所需要的存储空间越大。存储一个 n×m 点阵的汉字字形码需要 n×m/8 个字节的空间。例如,存储一个 32×32 点阵的汉字字形码就需要 128 字节。

1.3 计算机硬件系统

计算机的发展虽然经历了四代,但其结构都属于冯·诺依曼型结构,这种结构的硬件系统由运算器、控制器、存储器、输入设备和输出设备五部分组成。

1.3.1 运算器

运算器又称为算术逻辑单元(ALU),它的主要功能是完成加、减、乘、除等算术运算和与、或、非、异或等逻辑运算。在运算过程中,运算器不断从存储器中取出数据进行运算,并将运算结果送回存储器保存。运算器是计算机对信息进行加工处理的重要部件。

1.3.2 控制器

控制器是计算机的指挥中心,其主要功能是,自动地从存储器中读取指令和执行指令,并根据指令的要求协调计算机内部各功能部件的工作。计算机各部分的操作都是在控制器的控制下有条不紊地进行的。

现在的计算机,一般是把运算器和控制器集成在同一块芯片上,该芯片叫作中央处理器(Central Processing Unit),简称为 CPU。CPU 是计算机的核心部件。

1.3.3 存储器

存储器是用来存储程序和数据的部件,分为内存储器和外存储器两类。

(1)内存储器

内存储器也叫主存储器,简称为内存或者主存。内存储器的特点是,存储容量小、访问速度快、可以直接与 CPU 交换信息,用来存放正在运行的程序与数据。内存储器包括随机存储器 RAM(Random Access Memory)和只读存储器 ROM(Read Only Memory)两种。只读存储器的特点是,其内容由生产制作者写入,在计算机的使用过程中,其内容只能读取,不能修改和写入,断电后存储的信息不会丢失。只读存储器常用来存入系统中最基本的输入和输出控

制程序、引导程序、监控程序等专用程序。随机存储器的特点是,其内容既可以读取,也可以修改和写入,断电后存储的信息丢失。

(2)外存储器

外存储器也叫辅存储器,简称为外存或者辅存。外存储器的特点是,存储容量大、价格低廉、访问的速度慢,用来存放暂时不用的程序和数据,属于计算机的外部设备。外存中的程序和数据不能被 CPU 直接访问和处理,必须先调入内存中才能被 CPU 执行处理。目前常用的外存储器有软盘、硬盘、光盘、U 盘和移动硬盘等。

1.3.4 输入/输出设备

输入设备用来向计算机输入程序和数据,并将它们转换成计算机能识别的二进制代码。常见的输入设备有键盘、鼠标、扫描仪、手写板以及摄像头(输入图像)等。

输出设备用来将计算机处理的结果或者中间结果以人们可以识别的形式表达出来。常见的输出设备有显示器、打印机、绘图仪、音箱和耳机等。

1.3.5 计算机的结构

计算机硬件系统的五大部件并不是孤立存在的,它们在处理信息的过程中需要相互连接以传输数据。计算机的结构反映了计算机各个组成部分之间的连接方式。

1. 直接连接

最早的计算机基本上采用直接连接的方式,运算器、存储器、控制器和外部设备等组成部件之中的任意两个组成部件,相互之间基本上都是单独的连接线路。这样的结构可以获得最高的连接速度,但不易扩展。如由冯·诺依曼在 1952 年研制的计算机 ENVAC,基本上就采用了直接连接的结构。

ENVAC 是计算机发展史上最重要的发明之一,它是世界上第一台二进制的存储程序计算机,也是第一台将计算机分成运算器、控制器、存储器、输入设备和输出设计等组成部分的计算机,后来把符合这种设计的计算机称为冯·诺依曼机。ENVAC 是现代计算机的雏形,大多数现代计算机仍在采用这样的设计。

2. 总线结构

现代计算机普遍采用总线结构。所谓总线(Bus),就是系统部件之间传送信息的公共通道,各部件由总线连接并通过它传递数据和控制信号。总线经常被比喻为"高速公路"。它包含了运算器、控制器、存储器和 I/O 部件之间进行信息交换和控制传递所需要的全部信号。

按照信号的性质划分,总线一般又分为如下三部分:

(1)数据总线

一组用来在存储器、运算器、控制器和 I/O 部件之间传输数据信号的公共通路。一方面是用于 CPU 向主存储器和 I/O 接口传送信息,另一方面是用于主存储器和 I/O 接口向 CPU 传送数据,是双向的总线。数据总线的位数是计算机的一个重要指标,它体现了传输数据的能力,通常与 CPU 的位数相对应。

(2)地址总线

地址总线是 CPU 向主存储器和 I/O 接口传送地址信息的通路。地址总线传送地址信息,地址信息可能是存储器的地址,也可能是 I/O 接口的地址。它是自 CPU 向外传输的单向总线。由于地址总线传输地址信息,所以地址总线的位数决定了 CPU 可以直接寻址的内存范围。

(3)控制总线

一组用来在存储器、运算器、控制器和 I/O 部件之间传输控制信号的公共通路。控制总线是 CPU 向主存储器和 I/O 接口发出命令信号的通道,又是外界向 CPU 传送状态信息的通道。

总线体现在硬件上就是计算机主板,它也是配置计算机时的主要硬件之一。主板上配有插 CPU、内存条、显示卡、声卡、网卡、鼠标和键盘等的各类扩展槽或接口,而光盘驱动器和硬盘驱动器则通过数据线与主板相连。主板的主要指标是:所用芯片组工作的稳定性和速度,提供插槽的种类和数量等。

1.4 计算机软件系统

1.4.1 计算机软件概述

软件是指按照特定顺序组织的计算机数据和指令的集合,它可以是计算机系统中的一个程序、一组数据,也可以是一个说明性文档。一般来说,计算机软件可以分为系统软件和应用软件两大类。

1.4.2 软件系统及其组成

1. 系统软件

系统软件也称为系统程序,是指为了高效地使用和管理计算机而编写的程序。它能够合理地调度计算机的各种资源,使之得到高效的使用。系统软件包括操作系统、数据库管理系统、各种程序设计语言的处理程序等。

(1)操作系统

操作系统(Operating System)简称为 OS,是最基本、最核心、最重要的系统软件。操作系统是其他系统软件和应用软件运行的基础,它对计算机中的软、硬件资源进行有效管理和控制,合理地组织计算机的工作流程,是用户和计算机之间的接口。常见的操作系统有Windows、Mac OS、Linux 等。

(2)数据库管理系统

数据库管理系统是负责数据库的存取、维护和管理的系统软件,它是数据库系统的核心。常见的数据库管理系统有 Access、MySQL、SQL Server、Oracle 等。

(3)程序设计语言的处理程序

程序设计语言有机器语言、汇编语言和高级语言。机器语言是计算机的指令系统,是最原始的程序设计语言,使用机器语言程序烦琐、难度大、易出错。汇编语言是一种符号语言,它用助记符表示指令,汇编指令与机器指令一一对应。汇编语言编写程序可移植性差,程序开发的效率低。高级语言泛指接近于人们习惯而使用的自然语言和数学语言的计算机程序设计语言,如 C、Java、C♯ 等。使用高级语言编写程序难度小、开发效率高,而且程序的通用性好、可移植性强。

　　由机器语言组成的程序叫作目标程序,它是计算机能够直接识别和执行的程序。用汇编语言或者高级语言编写的程序叫作源程序,源程序需要翻译成目标程序才能被计算机直接识别和执行。程序设计语言的处理程序的功能就是将源程序翻译成目标程序。

　　2.应用软件

　　应用软件是指为了解决计算机应用中的实际问题而编制的软件,它是面向特定的用户、特定的应用领域的实用软件,如文字处理软件 Office、网页制作软件 Dreamweaver、图像编辑软件 Photoshop、辅助设计软件 CAD 等。

1.5　多媒体技术简介

　　多媒体即多重媒体,媒体是人与人进行信息交流的中介,是信息的表示与传播的载体,也称为媒介或媒质。声音、文字、图片、图像等是表示信息的载体,报纸、广播、电视等是传播信息的载体,两种载体都称为媒体。

　　多媒体技术是指利用计算机技术对文字、声音、图形、图像等多种媒体信息进行数字化采集、获取、存储、加工处理,使其成为一个有机的整体进行传输和表现的技术。多媒体技术涉及的技术包括信息化处理技术、数据压缩和编码技术、多媒体同步技术、大容量存储技术、多媒体网络通信技术等。其中最基本的技术是信息化处理技术,核心技术是数据压缩和编码技术。

1.5.1　多媒体的特征

　　多媒体技术具有多样性、集成性、交互性和实时性等特征。

　　(1)多样性

　　多样性是指多媒体技术所能处理的媒体是多样的。多媒体技术不仅可以处理文字信息,还能处理图形、图像、声音等信息。

　　(2)集成性

　　集成性是指多媒体技术可以将多种媒体信息进行同步组合,使其成为一个有机的整体,做到图、文、声、像一体化。

　　(3)交互性

　　交互性是指用户和多媒体设备之间可以互动,用户既可以从多媒体设备中获取多种媒体信息,又可以主动地向多媒体设备提出要求和控制信息。

　　(4)实时性

　　实时性是指多媒体技术能使多种媒体信息同步表现,例如,能使讲话的声音和图像同步表现,即音像同步。

1.5.2　媒体的数字化

　　数字化是多媒体技术的基础,数字、文字、图像、语音等各种信息通过采样定理都可以用 0

和1来表示,数字化以后的0和1就是各种信息最基本、最简单的表示。计算机之所以不仅可以计算数据,还可以打电话、发传真、播视频,就是因为0和1可以表示各种多媒体的形象。

1. 声音

(1)声音的数字化

声音的主要物理性质包括频率和振幅。用电表示时,声音信号是在时间上和幅度上都连续的模拟信号,而计算机只能存储和处理离散的数字信号,将连续的模拟信号变为离散的数字信号就是数字化的过程,数字化的基本技术是脉冲编码调制,主要包括采样、量化、编码三个基本过程。

为了记录声音信号,需要每隔一定的时间间隔,获取声音信号的幅度值,并记录下来,这个过程称为采样。采样是以固定的时间对模拟波形的幅度值进行抽取,把时间上的连续信号变成时间上的离散信号,该时间间隔称为采样周期,其倒数称为采样频率。显而易见,时间间隔越短,记录的信息就越精确,由此带来的问题是需要更多的存储空间。因此,需要确定一个合适的时间间隔,既能记录足够的声音信号的信息,又不浪费过多的存储空间。

根据美国物理学家奈奎斯特的采样定理,采样频率大于或等于声音信号最高频率的两倍时,就可以将采集到的样本还原成原声音信号。

获取的样本幅度值用数字量来表示,这个过程称为量化,表示采样点幅值的二进制位数称为量化位数,它是决定数字音频质量的另一个重要参数,一般为8位、16位。量化位数越大,采集到的样本精度就越高,声音的质量就越高。但量化位数越多,需要的存储空间也就越大。

记录声音时,每次只产生一组声波数据,称为单声道,每次产生两组声波数据,称为双声道。双声道具有空间立体效果,但所占空间比单声道多一倍。

经过采样、量化后,还需要进行编码,即将量化后的数值转换成二进制码组。编码是将量化的结果用二进制数的形式表示,有时也将量化和编码过程统称为量化。

最终产生的音频数据量按照下面的公式计算:

$$音频数据量(B)=采样时间(s)×采样频率(Hz)×量化位数(b)×声道数/8$$

例如,计算3分钟双声道、16位量化位数、44.1 kHz采样频率声音的不压缩的数据量为:

$$音频数据量=180×44100×16×2/8=31752000 \text{ B}≈30.28 \text{ MB}$$

(2)声音的文件格式

存储声音信息的文件格式有很多,常用的有 WAV、MPEG、AU 等。

WAV 是微软公司采用的波形声音文件存储格式,以 .wav 作为文件的扩展名,是最早的数字音频格式,主要针对外部设备(麦克风、录音机)录制,经声卡转换成数字化信息,播放时还原成模拟信号由扬声器输出。WAV 文件直接记录了真实声音的二进制采样数据,文件通常较大,多用于存储简短的声音片断。它是对声音信号进行采样、量化后生成的声音文件。

MPEG 是指采用 MPEG(.mp1/.mp2/.mp3)音频压缩标准进行压缩的文件。MPEG 音频文件根据压缩质量和编码复杂程序的不同可分为三层(MPEG-1 Audio Player 1/2/3),分别对应 MP1、MP2、MP3 这三种音频文件,压缩比分别为 4∶1、6∶1～8∶1、10∶1～12∶1。其具有压缩比高、音质接近 CD、制作简单、便于交换等优点,非常适合在网上传播,是目前使用最多的音频格式文件,其音质稍差于 WAV 格式。

AU 文件主要用在 UNIX 工作站上,它以.au 作为文件的扩展名。

2.图像

图像是多媒体中最基本、最重要的数据,常见图像有黑白图像、灰度图像、彩色图像、摄影图像等。在自然界中,景和物有两种形态,即动和静,静止的图像称为静态图像,活动的图像称为动态图像。

(1)静态图像的数字化

一幅图像可以看成由许许多多的点组成,其数字化通过采样和量化就可以实现。图像的采样就是采集组成一幅图像的点,量化就是将采集到的信息转换成相应的数值。组成一幅图像的每个点被称为一个像素,每个像素值表示其颜色、属性等信息。存储图像颜色的二进制数的位数,称为颜色深度,如 3 位二进制数可以表示为 8 种不同的颜色,因此 8 色图的颜色深度是 3;真彩色图的颜色深度是 24,可以表示 16777412 种颜色。

(2)动态图像的数字化

人眼看到的一幅图像消失后,还将在视网膜上滞留几毫秒,动态图像正是根据这样的原理而产生的。动态图像是将静态图像以每秒 n 幅的速度播放,当 $n \geqslant 25$ 时,显示在人眼中的就是连续的画面。

(3)图像文件格式

①.bmp 文件:Windows 常用的图像文件存储格式。

②.gif 文件:供联机图形交换使用的一种图像文件格式,目前被广泛采用。

③.png 文件:常见的图像文件格式,其最初目的是替代 GIF 文件格式和 TIFF 文件格式。

④.dxf 文件:一种向量格式,绝大多数绘图软件都支持这种格式。

1.5.3 多媒体数据压缩

1.数据压缩的必要性和可行性

多媒体技术是面向三维图像、动画、视频、音频等多媒体信息的处理技术,为了达到令人满意的视听效果,必须对视频、音频进行实时处理,解决海量多媒体数据的存储、传输问题。

未经压缩的数字化信息的数据量非常庞大,对于计算机的存储容量、处理速度及通信信道的传输率都造成了极大的压力。解决这一问题,单纯采用扩大存储容量、提高处理速度、增加通信线路的传输率并不是根本的解决方法。研究并采用数字压缩技术显得非常必要,通过行之有效的压缩算法进行数据压缩,以压缩的形式进行存储和传输,既可节约存储空间,又可提高传输效率,也使计算机实时处理音、视频信息成为可能。

2.图像信息的压缩编码方法

压缩编码方法有许多种,从信息论角度可分为两大类:

(1)冗余度压缩方法,也称无损压缩,解码图像和压缩编码前的图像严格相同,没有失真。

(2)信息量压缩方法,也称有损压缩,解码图像和原始图像是有差别的,允许有一定的失真。

衡量一个压缩编码方法优劣的重要指标是:

(1)压缩比要高,有几倍、几十倍,也有几百乃至几千倍;

（2）压缩与解压缩要快，算法要简单，硬件实现容易；

（3）解压缩的图像质量要好。

选用编码方法时应考虑图像信源本身的统计特征、多媒体系统（硬件和软件产品）的适应能力、应用环境以及技术标准等因素。

3.数据压缩编码国际标准

（1）JPEG

JPEG 是联合图像专家组的英文缩写，其算法称为 JPEG 算法，并且成为国际上通用的标准，因此又称为 JPEG 标准。JPEG 是一个适用范围很广的静态图像数据压缩标准，既可用于灰度图像又可用于彩色图像。

（2）MPEG

MPEG 是运动图像专家组的英文缩写，阐明了声音电视编码和解码过程，严格规定声音和图像数据编码后组成位数据流的句法，提供了解码器的测试方法等。

1.6 信息安全

1.6.1 计算机安全知识

互联网发展至今，除了它表面的繁荣外，也出现了一些不良现象，其中黑客攻击是最令广大网民头痛的事情，它是计算机网络安全的主要威胁。下面着重分析黑客进行网络攻击的几种常见手法及其防范措施。

1.利用系统漏洞进行攻击

许多系统都存在一些漏洞，这些漏洞有可能是系统本身所有的，如 Windows 系列、UNIX 等都有数量不等的漏洞，也有可能是由于网管的疏忽而造成的。黑客利用这些漏洞就能完成密码探测、系统入侵等攻击。

对于系统本身的漏洞，可以安装软件补丁；另外，网管也需要仔细工作，尽量避免因疏忽而使他人有机可乘。

2.通过电子邮件进行攻击

电子邮件是互联网上运用十分广泛的一种通信方式。黑客可以使用一些邮件炸弹软件或 CGI 程序向目的邮箱发送大量内容重复、无用的垃圾邮件，从而使目的邮箱被撑爆而无法使用。当垃圾邮件的发送流量特别大时，还有可能造成邮件系统对于正常的工作反映缓慢，甚至瘫痪，这一点和后面要讲到的"拒绝服务攻击（DDoS）"比较相似。

对于遭受此类攻击的邮箱，可以使用一些垃圾邮件清除软件来解决，其中常见的有 SpamEater、Spamkiller 等，Outlook 等收信软件同样也能达到此目的。

3.解密攻击

在互联网上，使用密码是最常见并且最重要的安全保护方法，用户时时刻刻都需要输入密码进行身份校验。而现在的密码保护手段大都认密码不认人，只要有密码，系统就会认为你是经过授权的正常用户,因此,取得密码也是黑客进行攻击的一个重要手法。取得密码也有好几种方法,一种是对网络上的数据进行监听。因为系统在进行密码校验时,用户输入的密码需要从用户端传送到服务器端,而黑客就能在两端之间进行数据监听。但一般系统在传送密码时都进行了加密处理,即黑客所得到的数据中不会存在明文的密码,这给黑客进行破解又提了一道难题。这种手法一般运用于局域网,一旦成功,攻击者将会得到很大的操作权益。另一种解密方法就是使用穷举法对已知用户名的密码进行暴力解密。这种解密软件对尝试所有可能字符所组成的密码,虽然这项工作十分费时,但如果用户的密码设置得比较简单,如"12345""ABC"等,就有可能只需很短的时间就可搞定。

为了防止受到这种攻击的危害,用户在进行密码设置时一定要将其设置得复杂,也可使用多层密码,或者变换思路使用中文密码,并且不要以自己的生日和电话甚至用户名作为密码,因为一些密码破解软件可以让破解者输入与被破解用户相关的信息,如生日等,然后对这些数据构成的密码进行优先尝试。另外,应该经常更换密码,使其被破解的可能性又下降了不少。

4.后门软件攻击

后门软件攻击是互联网上比较多的一种攻击手法。Back Orifice 2000、冰河等都是比较著名的特洛伊木马,它们可以非法取得用户电脑的超级用户级权利,可以对电脑进行完全的控制,除了可以进行文件操作外,也可以进行对方桌面抓图、取得密码等操作。这些后门软件分为服务器端和用户端,当黑客进行攻击时,会使用用户端程序登录已安装好服务器端程序的电脑,这些服务器端程序都比较小,一般会附带于某些软件上。有可能当用户下载了一个小游戏并运行时,后门软件的服务器端就安装完成了,而且大部分后门软件的重生能力比较强,给用户进行清除造成一定的麻烦。

当在网上下载数据时,一定要在其运行之前进行病毒扫描,并使用一定的反编译软件,查看来源数据是否有其他可疑的应用程序,从而杜绝这些后门软件。

5.拒绝服务攻击

互联网上许多大网站都遭受过此类攻击。实施拒绝服务攻击(DDoS)的难度比较小,但它的破坏性却很大。它的具体手法就是向目的服务器发送大量的数据包,几乎占取该服务器所有的网络带宽和系统资源,从而使其无法对正常的服务请求进行处理,导致网站无法进入、网站响应速度大大降低或服务器瘫痪。现在常见的蠕虫病毒或与其同类的病毒都可以对服务器进行拒绝服务攻击。它们的繁殖能力极强,一般通过 Microsoft 的 Outlook 软件向众多邮箱发出带有病毒的邮件,而使邮件服务器无法承担如此庞大的数据处理量而瘫痪。

对于个人上网用户而言,也有可能遭到大量数据包的攻击使其无法进行正常的网络操作,所以大家在上网时一定要安装好防火墙软件,同时也可以安装一些可以隐藏 IP 地址的程序,这样能大大降低受到攻击的可能性。

1.6.2　计算机病毒及其防范

1.计算机病毒的概念

按照《中华人民共和国计算机信息系统安全保护条例》,计算机病毒是指编制或者在计算机程序中插入的破坏计算机功能或者数据,影响计算机使用,并能自我复制的一组计算机指令或者程序代码。计算机病毒并不是自然界中发展起来的生命体,而是一种程序,是一种具有传染性、隐蔽性、触发性、潜伏性和破坏性的程序。

(1)传染性

传染性是病毒的基本特征。计算机病毒都具有自我复制能力,能主动地把自己或者自己的变种通过自我复制嵌入到一切符合传染条件但未受传染的程序中,每个被传染的程序都将成为一个新的传染源,将会感染其他程序。这样病毒程序可以在程序之间、计算机之间、计算机网络之间迅速传播。病毒传染的途径有网络、可移动存储设备(如软盘、移动硬盘、U 盘等)。是否具有传染性是判断一个程序是否为计算机病毒的最重要条件。

(2)隐蔽性

病毒程序一般都短小精悍,通常只有几百 KB 甚至几十 KB,而且一般是附在正常文件中或者磁盘较隐蔽的地方(如磁盘的引导扇区中),在病毒发作前,计算机系统仍能正常工作,不借助专门的查毒工具软件,用户很难发现计算机中的病毒。

(3)触发性

计算机病毒一般都有一个或者多个触发条件,这些条件可以是特定的文件,也可以是特定的日期或者时间,还可以是某种计数值等。病毒程序运行时会检查触发条件是否满足,一旦条件满足,病毒就触发感染或破坏。

(4)潜伏性

计算机感染了病毒后,在触发条件满足之前,病毒程序并不会进行任何破坏,计算机不会表现出任何症状,病毒程序会长期潜伏在计算机中。只有触发条件满足时,病毒程序才会进行传染或者对计算机进行破坏。

(5)破坏性

计算机病毒是一种可执行程序,它的存储会占用磁盘空间,运行时会占用内存空间和系统的运行时间。而有的病毒程序只占用系统资源,有的病毒程序会破坏计算机中的数据、删除其他程序,甚至造成计算机硬件系统瘫痪。病毒程序对计算机系统的破坏程度取决于病毒程序的设计目的。

根据病毒程序的设计目的,计算机病毒可分为良性病毒和恶性病毒两类。

良性病毒只消耗系统资源、降低计算机系统的工作效率、干扰用户工作,一般不破坏计算机的软、硬件系统。这类病毒发作时,一般只是在屏幕上出现一些提示消息或者发出一些奇怪的声音,有时也会出现暂时的死机。例如,小球病毒就属于这种良性病毒。

恶性病毒除了要消耗系统资源外,一般还要破坏计算机系统,例如删除系统中的程序,更改计算机中的数据,破坏计算机的硬件系统等。恶性病毒的危害性很大,其后果不堪设想。CIH 病毒、熊猫烧香病毒都是恶性病毒。

2.计算机病毒的危害

不同的病毒程序会产生不同的危害,概括起来,计算机病毒主要有以下几方面危害:

①干扰用户工作。表现为在屏幕上出现一些不正常的显示或者发出异常的声音。例如,小球病毒发作时在屏幕上出现小球,Win32.QLEXP 病毒在攻击时会屏幕上跳出消息提示框等。

②占用系统资源,使计算机运行缓慢或耗尽资源而停止运行。例如冲击波病毒发作时会

使 CPU 占用率达到 100%。

③破坏计算机的数据和文件。计算机病毒发作时会删除或修改计算机中的文件、加密或解密计算机中的文件、将磁盘格式化。例如磁盘杀手病毒发作后会强行关闭计算机并破坏磁盘数据,导致系统无法启动,同时还会向硬盘中写入垃圾数据,造成硬盘中的文件损坏,并且较难恢复。

④破坏计算机的硬件系统。例如 CIH 病毒发作时会破坏计算机的 BIOS 芯片,使计算机系统瘫痪。

⑤盗取计算机中的信息。例如计算机感染了 netspy.exe 木马后,木马病毒会将计算机中的信息泄露至网络中。

⑥堵塞网络。例如计算机感染了蠕虫病毒后,蠕虫病毒会使计算机向网络中发送大量的广播包,从而占用大量的网络带宽,造成网络堵塞。

⑦控制计算机中的设备。例如乱飞虫病毒可以远程控制计算机中的摄像头,给用户的个人隐私带来安全风险。

3. 计算机病毒的预防

对于计算机用户而言,对计算机病毒应采取"预防为主,防治结合"的方针,通常采取以下措施预防病毒:

①安装正版的杀毒软件,并及时更新升级、定期查杀病毒。常用的国产杀毒软件有瑞星公司的瑞星杀毒软件、金山公司的金山毒霸、江民公司的 KV2011、奇虎公司的 360 杀毒等,常用的国外杀毒软件有美国的 Symantec Norton Antivirus 2010(诺顿)、俄罗斯的 Kaspersky Lab Anti-Virus 2010(卡巴斯基)等。

②开启杀毒软件的实时监控功能。

③经常升级系统补丁。

④上网时要提高浏览器的安全级别。

⑤访问陌生网站时不要轻易安装网页上提示的插件和程序,确实需要安装的,则先下载,再查毒,确认无毒后再安装。

⑥不要随意打开电子邮件中的附件文件。必须打开时,则先下载,再查毒,确认无毒后再打开。

⑦对于外来磁盘要先查杀病毒后使用。

⑧禁止计算机从软盘、光盘和 U 盘启动系统。

⑨异地备份数据,以防计算机感染病毒后数据丢失。

1.6.3　网络安全知识

计算机网络安全实质上来说,指的是计算机网络上信息的安全,它主要包括计算机网络系统中的软硬件以及其中的数据、信息不受偶然或恶意原因的破坏,系统中的数据信息不被随意更改、不被泄露,以保证计算机网络系统能够连续正常的运行。计算机网络安全技术是一门多种学科交叉的综合性学科,它主要是对外部非法用户的攻击进行防范,以保证网络的安全运行。

1. 防火墙技术

防火墙是指设置在不同网络或网络安全域之间的一系列部件的组合。它作为网络安全的一道屏障,拥有限制外部用户访问内部网络的作用,还能够管理内部用户访问外界网络的权限。它是信息进出的唯一通道,能够有效地根据相关的安全政策对进出的信息进行控制,并且其自身也具有一定的抗攻击能力,能够强化计算机网络安全策略,可以对暴露的用户点进行保护,还可以对网络存取访问行为进行监控和审计,能够有效地保护内部信息,防止其外泄。鉴于以上的种种优势,使防火墙技术成为了实现计算机网络安全必不可少的基础技术。

2. 数据加密技术

通过计算机网络进行信息传播时,由于计算机网络系统的庞大与复杂,使得信息在传递的过程中很有可能会经过不可信的网络,使信息发生泄露,因此,要在计算机网络系统中应用信息加密技术,以保证信息安全。在计算机网络中数据加密有链路加密、结点加密和端到端加密三个层次。链路加密使得包括路由信息在内的所有链路数据都以密文的形式出现,有效地保护了网络结点间链路信息的安全。结点加密能够有效地保护源结点到目的结点间的传输链路的信息安全。端到端加密使数据从源端用户传输到目的端用户的整个过程中都以密文形式进行传输,有效地保护了传输过程中的数据安全。

3. 网络访问控制技术

计算机系统在提供远程登录、文件传输等功能的同时,也为黑客等不法分子闯入系统留下了漏洞,因此,针对这些情况对非法访问进行网络访问控制,对非法入侵者进行有效的控制,对计算机网络信息安全进行控制。具体的实施措施可以使用路由器对外界进行控制,将路由器设置为局域网的网关,通过路由器控制外网访问内网的权限;也可以通过对系统文件权限的设置来确认访问是否合法,以此来保证计算机网络信息的安全。

4. 计算机病毒的防范技术

计算机病毒是威胁计算机网络安全的重大因素,因此,应该对常见的计算机病毒知识进行熟练的掌握,对其基本的防治技术手段有一定的了解,能够在发现病毒的第一时间对其进行及时处理,将危害降到最低。对于计算机病毒的防范可以采用以下一些技术手段,可以加密执行程序、引导区保护、系统监控和读写控制等,对系统中是否有病毒进行监督判断,进而阻止病毒侵入计算机系统。

5. 漏洞扫描及修复技术

计算机系统中的漏洞是计算机网络安全中存在的极大隐患,因此,要定期对计算机进行全方位的系统漏洞扫描,以确认当前的计算机中是否存在着系统漏洞。一旦发现计算机中存在系统漏洞,要及时对其进行修复,避免被黑客等不法分子利用。漏洞的修复分两种,有的漏洞系统自身进行恢复,而有一部分漏洞则需要手动进行修复。

6. 备份和镜像技术

实现计算机网络信息安全,不仅要有防范技术,还需要做好数据的备份工作,以便在计算机系统发生故障时,利用备份的数据进行还原,避免数据信息的丢失。还可以采用镜像技术,当计算机系统发生故障时,启动镜像系统,进行系统还原,保证计算机系统可用。

在当前通信与信息产业高速发展的形势下,计算机网络安全技术的研究与应用也要与时俱进,不断研究探讨更加优化的计算机网络防范技术,将其应用到计算机系统的运行中,减少计算机网络使用的安全风险。实现安全地进行信息交流、资源共享的目的,使计算机网络系统更好地为人们的生活工作服务。

 习 题

【主要术语自测】

计算机辅助设计	字节	系统软件
人工智能	机内码	应用软件
网格计算	总线	多媒体技术
位	计算机病毒	

【基本操作自测】

利用金山打字通输入 20 分钟,测验自己的速度和准确度。

【填空题】

1.计算机按性能规模可分为_____、_____、_____和微型机四部分。

2.计算机的发展经历了四个阶段,它们是电子管计算机时代、_____、_____、_____。

3.8 位二进制数为一个_____,它是计算机的基本存储单位。

4.字母 A 的 ASCII 编码是_____。

5.计算机的硬件系统由_____、_____、_____、_____和_____五部分组成。

6.计算机病毒是一种具有_____、_____、_____、_____和_____的程序。

7.软件是指按照特定顺序组织的计算机数据和_____的集合。

8.计算机软件可以分为系统软件和_____两大类。

9.程序设计语言分为机器语言、汇编语言和_____。

10._____是计算机能够直接识别和执行的程序。

11.为了记录声音信号,需要每隔一定的时间间隔,获取声音信号的幅度值,并记录下来,这个过程称为_____。

【选择题】

1.第一台电子计算机是 1946 年在美国研制的,它的英文缩写名称是(   )。

A. ENIAC   B. EDVAD   C. EDSAC   D. MARK-II

2.第二代电子计算机使用的电子器件是(   )。

A. 电子管   B. 晶体管   C. 集成电路   D. 超大规模集成电路

3.计算机是以字节为单位计算存储器的容量,一个字节由(   )位二进制组成。

A. 16   B. 8   C. 32   D. 4

4.下面对计算机病毒的危害描述不正确的是(   )。

A. 破坏计算机的数据和文件   B. 盗取计算机中的信息

C. 不破坏计算机的硬件系统   D. 控制计算机中的设备

5. 下列哪种不是计算机病毒的传播途径？（　　）

A. 电子邮件　　　　B. 移动硬盘　　　　C. U 盘　　　　　D. 显示器

6. 下面计算机病毒防范措施不正确的是（　　）。

A. 安装正版的杀毒软件，并及时更新升级、定期查杀病毒

B. 经常升级系统补丁

C. 访问陌生网站直接安装网页上提示的插件和程序

D. 对于外来磁盘要先查杀病毒后使用

7. 以下各软件中，哪个属于系统软件？（　　　　）

A. Photoshop CS4　　　　　　　　B. QQ 2013

C. Office 2010　　　　　　　　　　D. Windows 8

8. 程序设计语言处理程序的功能是（　　　　）。

A. 负责数据库的存取、维护和管理　　B. 对计算机中的软硬件资源进行有效管理和控制

C. 将源程序翻译成目标程序　　　　　D. 合理地组织计算机的工作流程

9. （　　）属于传播信息的载体。

A. 声音　　　　　　B. 图像　　　　　C. 广播　　　　　D. 文字

10. （　　）是应用最为广泛的音频格式。

A. MPEG　　　　　B. WAV　　　　　C. AU　　　　　　D. APE

11. 以下各项中，哪一项不是图像文件格式？（　　　　）

A. DOC　　　　　　B. GIF　　　　　C. PSD　　　　　D. PNG

2

第 2 章　计算机操作系统——Windows 7

本章学习要求

1. 了解操作系统的基本概念。
2. 掌握 Windows 7 的基本操作。
3. 掌握键盘、鼠标的基本操作。
4. 掌握 Windows 7 的个性化设置。
5. 掌握 Windows 7 的系统设置。
6. 掌握 Windows 7 的文件管理、磁盘管理。
7. 了解 Windows 7 附件的应用。

2.1　操作系统概述

操作系统是用户和计算机之间的接口,用户只有通过操作系统才能使用计算机。所有的应用程序(如 Word、Excel、Photoshop 等)必须在操作系统的支持下才能运行。因此,在使用计算机前,必须首先掌握操作系统的基本应用。

Windows 7 是微软公司于 2009 年 10 月发布并投入市场的新一代操作系统,具有良好的人机交互界面,与之前的 Windows XP 系统相比,Windows 7 在视觉效果、可操作性、安全性、对软硬件的兼容性以及个性化、功耗等方面都有了很大的改进,是当前的主流微机操作系统。

2.1.1　操作系统的基本概念

计算机软件系统分为系统软件和应用软件,而系统软件中最重要的就是操作系统(Operating System,OS)。操作系统位于硬件与应用程序之间,一方面对硬件资源进行管理和分配,另一方面将应用程序与计算机硬件进行连接,同时还为计算机用户提供方便的操作环境和与计算机交互的界面。

自 1947 年晶体管被发明以来,操作系统伴随计算机元器件的更新换代经历了一系列革命性的变迁。在其发展过程中,经历了发生、发展、成熟的过程。它从无到有,从小到大,从简单到复杂,从单一到多样,形成了计算机科学的一个重要分支。

操作系统的种类很多,各种设备安装的操作系统从简单到复杂,可分为智能卡操作系统、实时操作系统、传感器结点操作系统、嵌入式操作系统、个人计算机操作系统、多处理器操作系统、网络操作系统和大型机操作系统等。

按操作系统的应用领域划分,主要可分为以下三类操作系统:

1. 微型计算机操作系统,主要有 UNIX 操作系统和 Windows 操作系统;

2. 服务器操作系统,主要有 UNIX 操作系统、Linux 操作系统和 Windows 操作系统;

3. 嵌入式操作系统,如广泛使用在智能手机或平板电脑等电子产品上的 Android、iOS 等。

在所有操作系统中,微型计算机操作系统应用最为广泛,也是本章将要重点介绍的内容。现在微机上比较流行的操作系统有 Linux、Windows、Mac OS X 等,这三个操作系统的 Logo 如图 2-1 所示。

图 2-1　Linux、Windows、Mac OS X 三个微机操作系统的 Logo

市场上比较流行的智能手机的操作系统有:Windows Mobile、安卓(Android)、iOS 等,如图 2-2 所示。

图 2-2　Windows Mobile、Android、iOS 三个智能手机操作系统的 Logo

2.1.2　微型计算机操作系统

在计算机的发展过程中,出现过许多不同的微型计算机操作系统,具有代表性的有 DOS、Windows、Mac OS、UNIX、Linux 等。

1. DOS 操作系统

DOS 操作系统(Disk Operation System,磁盘操作系统)于 1981 年问世,它的主要特点是单用户、单任务、字符界面,它曾是计算机最主要的操作系统。DOS 最初是微软公司为 IBM-PC 开发的操作系统,它对硬件平台的要求很低,因此适用性较广。随着计算机硬件产品的不断更新,DOS 系统也经历了不断升级的过程,但目前已基本退出历史舞台。为了实现对过去产品的兼容,微软公司在其后的产品 Windows 系统中仍然以"命令提示符"的方式对 DOS 命令兼容,用户可以在"附件"菜单中找到它。

2. Windows 操作系统

Windows 操作系统是 Microsoft(微软)公司于 1985 年发布的第一代窗口式多任务操作系统,自此微机开始进入图形用户界面时代。

随着电脑硬件和软件的不断升级,微软的 Windows 也在不断升级,从架构的 16 位、32 位

再到 64 位，系统版本从 Windows 1.0、Windows 95、Windows 98、Windows 2000 到家喻户晓的 Windows XP、Windows Vista、Windows 7、Windows 8、Windows 8.1 和 Windows Server 服务器企业级操作系统。

Windows 操作系统经过微软的不断开发和完善，成为当前微机上最主流的操作系统。Windows 7 发布于 2009 年 10 月 22 日，是一款具有革命性变化的视窗操作系统，旨在让人们的日常计算机操作更简单和快捷，为人们提供高效易行的工作环境。

3. Mac OS 操作系统

Mac OS 操作系统是苹果计算机公司为其 Macintosh 计算机设计的操作系统，该机型于 1984 年推出。在当时的 PC(Personal Computer，个人计算机)还只是 DOS 枯燥的字符界面的时候，Mac OS 率先采用了一些至今仍为人称道的技术，如图形用户界面(GUI)、多媒体应用、鼠标等，Microsoft Windows 至今在很多方面还有 Mac 的影子。

4. UNIX 操作系统

UNIX 操作系统于 1969 年在 AT&T 的贝尔实验室诞生，它是一个强大的多用户、多任务操作系统，是世界上唯一能在便携式计算机、个人计算机、工作站，甚至巨型机上运行的操作系统，并且能在所有主要 CPU 芯片搭建的体系结构上运行。

UNIX 操作系统技术成熟，开放性好，可靠性高，目前多用于大中型计算机和网络服务器。UNIX 操作系统的可靠性和稳定性是其他系统所无法比拟的，是公认的最好的 Internet 服务器操作系统。从某种意义上讲，整个因特网的主干几乎都是建立在运行 UNIX 的众多机器和网络设备之上的。

5. Linux 操作系统

Linux 操作系统诞生于 1991 年，是一套免费使用和自由传播的类 UNIX 操作系统。它能运行主要的 UNIX 工具软件、应用程序和网络协议。Linux 继承了 UNIX 以网络为核心的设计思想，是一个性能稳定的多用户网络操作系统。Linux 可安装在各种计算机硬件设备中，如手机、平板电脑、路由器、视频游戏控制台、台式计算机、大型机和超级计算机等。

2.2　Windows 7 的启动、关闭和注销

1. 开机启动 Windows 7

启动 Windows 7 的操作步骤如下：

(1)依次打开外部设备的电源开关和主机电源开关。

(2)在启动过程中，Windows 7 会自动进行自检、初始化硬件设备，如果系统正常运行，则无须进行其他任何操作。

(3)进入 Windows 7 后，首先出现登录界面，登录界面上显示了当前系统中已经建立的用户帐户，每个用户都拥有一个帐户图片。如果用户没有设置密码，单击相应的帐户图片，可直接进入系统。如果用户设置了密码，则需输入正确的密码才能登录 Windows 7 系统。如图 2-3 所示。

(a)选择用户帐户

(b)输入登录密码

图 2-3　用户登录界面

2. 关闭 Windows 7 系统

用户使用完计算机以后应将其正确关闭,这样做不仅可以节能,还有助于保护计算机的安全。

关闭计算机的操作步骤如下:

(1)单击 Windows 7 工作界面左下角的"开始"按钮。

(2)在弹出的"开始"菜单里,单击右下角的"关机"按钮 关机 ,计算机将关闭所有打开的程序及 Windows 本身。关机时,系统将会提示用户保存文件。

(3)关闭显示器及其他外部设备的电源。

3. 进入睡眠状态

当用户暂时离开计算机时,可选择使计算机进入睡眠状态,而不是将其关闭。使用睡眠的操作步骤如下:

(1)单击 Windows 7 工作界面左下角的"开始"按钮,弹出"开始"菜单,单击菜单右下角的"关机"按钮 关机 右侧的扩展按钮,在弹出的菜单列表中选择"睡眠"命令,即可使电脑进入睡眠状态。通常,计算机主机箱上的指示灯闪烁或变黄就表示计算机处于睡眠状态。

(2)睡眠状态时,Windows 7 会自动保存当前打开的文档和程序中的数据,并且使 CPU、硬盘和光驱等设备处于低能耗状态,从而达到节能省电的目的;敲击键盘上的任意按键或按下计算机机箱上的电源按钮,可以在数秒内唤醒计算机,恢复到进入"睡眠"前的工作状态。

4. 注销与用户切换

若使用注销,则当前用户正在使用的所有程序都会关闭,但计算机不会关闭,其他用户无须重新启动计算机即可以登录计算机。操作步骤是:单击"开始"按钮 ,然后单击"关机"按钮 关机 右侧的扩展按钮,单击"注销",或按下键盘上的 Ctrl＋Alt＋Delete 键,然后单击"注销"按钮。

如果计算机上有多个用户帐户,则另一用户登录该计算机的便捷方法是使用"切换用户",该方法不需要注销或关闭程序和文件。操作步骤是:单击"开始"按钮 ,然后单击"关机"按钮 关机 右侧的扩展按钮,单击"切换用户",或按下键盘上的 Ctrl＋Alt＋Delete 键,然后单击"切换用户"按钮。

2.3　Windows 7 的基本元素

　　Windows 7 是多用户多任务的操作系统,系统允许每个用户拥有自己的桌面环境,用户登录系统后,可根据自己的喜好设置个性化桌面环境。

2.3.1　桌面

　　用户成功登录 Windows 7 后,看到的界面就是 Windows 7 的桌面。桌面是用来放置操作计算机时最常用的"物品",如"计算机""回收站"、常用应用程序的快捷方式、文件及文件夹等。

　　Windows 7 桌面系统主要包括桌面图标、桌面背景、任务栏等组成部分,如图 2-4 所示。

图 2-4　Windows 7 系统桌面

1.桌面图标

　　桌面的小型图片称为图标,桌面上的每个图标都代表一个文件、文件夹或程序等。将鼠标放在图标上,将显示出文字标识图标的名称和内容等。双击桌面图标会启动或打开它所代表的项目。

　　(1)初始桌面图标

　　桌面上的图标并不是与生俱来的,首次启动 Windows 7 时,桌面上只在右下角显示一个图标,即"回收站"。

　　(2)常用桌面图标

　　Windows 7 系统常用图标有五个,分别是:计算机、回收站、用户的文件、控制面板和网络。这五个图标的功能简介见表 2-1。

表 2-1　　　　　　　　　　　　常用桌面图标的功能

图标名称	功　能
计算机	显示连接到此计算机的驱动器和硬件
回收站	存放被用户删除的文件或文件夹,如有误删文件,可进行还原
用户的文件	用户的文件夹。它包含"我的文档""我的图片""联系人"等个人文件夹
控制面板	调整计算机的设置
网络	访问网络上的计算机和设备

(3)快捷方式图标

桌面上某些图标的左下角带有一个小箭头,这类图标被称为快捷方式,如图 2-5 所示。快捷方式图标是通过用户手动添加或在应用程序安装时自动生成的。

【例 2.1】　在桌面上添加"Microsoft Word 2010"的快捷方式。

操作步骤如下:

①单击"开始"按钮。

②在弹出的"开始"菜单中,展开"所有程序"|"Microsoft Office"|"Microsoft Word 2010"。

③在"Microsoft Word 2010"上单击右键,在弹出的快捷菜单中选择"发送到"|"桌面快捷方式",如图 2-6 所示。

图 2-5　普通图标(左)与快捷方式图标(右)　　图 2-6　添加"Microsoft Word 2010"的桌面快捷方式

④桌面上即添加了"Microsoft Word 2010"的快捷方式,双击该快捷方式图标,可以便捷地打开 Microsoft Word 2010 程序。

(4)桌面小工具

Windows 7 系统中包含 11 个称为"小工具"的小程序,这些小工具使得用户能够在桌面上显示 CPU 和系统利用率、日期、时间等信息,还能进行媒体播放或玩拼图游戏等。如图 2-7 所示。

【例 2.2】　在桌面上添加小工具。

操作步骤如下:

①在桌面空白处单击鼠标右键,在弹出的快捷菜单中选择"小工具"命令。

②在打开的小工具管理界面中双击或直接拖曳所选小工具至桌面,即可将指定小工具添加至桌面。

2."开始"菜单

Windows 7 中的"开始"菜单是操作计算机程序、文件夹和系统设置的主通道,Windows

图 2-7　Windows 7 桌面小工具

中的基本操作几乎都可以从这里开始。

　　Windows 7 对"开始"菜单做了全新的设计,风格清新而且更加智能,它提供了更多的自定义选项,可以自动将使用最频繁的程序添加到菜单顶层。单击桌面左下角的"开始"按钮或使用键盘上的 Windows 键，将弹出如图 2-8 所示的"开始"菜单。

图 2-8　"开始"菜单

　　使用"开始"菜单可执行的常用操作有:启动程序,打开常用的文件夹,搜索文件、文件夹和程序,调整计算机设置,关闭计算机,注销 Windows 或切换到其他用户帐户等。

　　3.任务栏

　　桌面底部的长条为任务栏,通过它可以实现各种管理任务。Windows 是一个多任务操作系统,可以同时运行多个程序,每个打开的任务窗口在任务栏上都有一个对应的按钮,通过单击这些按钮可以实现在多个窗口之间的切换。

　　(1)任务栏的组成

　　任务栏由"开始"按钮、快速启动按钮、应用程序栏、通知区域和显示桌面按钮五部分组成,如图 2-9 所示,其功能描述见表 2-2。

图 2-9　任务栏

表 2-2 任务栏的组成及其功能

组 成	功 能
"开始"按钮	打开"开始"菜单
快速启动按钮	单击按钮可快速启动相应程序
应用程序栏	显示当前打开的程序和文件
通知区域	包括"时间""音量"等系统图标和后台运行程序的图标
显示桌面按钮	可快速最小化当前所有任务窗口,单击任务栏上的窗口图标,即可在桌面上按原尺寸大小恢复窗口显示

(2)任务栏的预览效果

Windows 7 默认会合并相似活动任务按钮,如打开了多个 Internet 窗口,那么在任务栏中只会显示一个活动任务按钮。将鼠标移动到任务栏的活动任务按钮上稍微停留,即可预览各个窗口内容,单击窗口预览图标即可进行窗口切换,如图 2-10、图 2-11 所示。

图 2-10 任务栏的预览效果窗口切换

图 2-11 Windows 7 的任务栏

2.3.2 窗口

当打开程序、文件或文件夹时,都会在屏幕上一个矩形方框中显示,这个矩形方框就称为窗口。

1.窗口的组成

虽然每个窗口的内容各不相同,但所有的窗口都有一些共同点。一方面,窗口始终显示在桌面(屏幕的主要工作区域)上。另一方面,大多数窗口都具有相同的基本组成部分,如菜单栏、标题栏、"最小化"按钮、"最大化"按钮、"关闭"按钮等。图 2-12 为"计算机"窗口的组成,表 2-3 说明了窗口的组成以及各部分的功能。

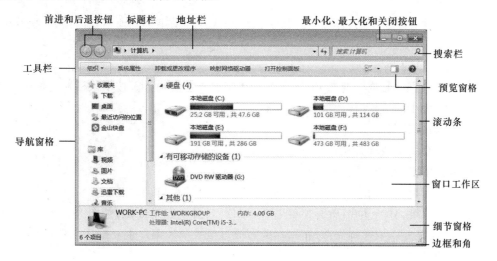

图 2-12　窗口的组成

表 2-3　　　　　　　　　　**窗口的组成及各部分的功能**

窗口部件	功　能
标题栏	显示文档和程序的名称
工具栏	执行一些常见任务,如更改文件和文件夹的外观等
前进和后退按钮	使用"后退"按钮 ⬅ 和"前进" ➡ 按钮,跳转到前一个和下一个窗口
导航窗格	组织形式为树状列表,方便用户快速定位文件或文件夹
地址栏	显示当前工作区域的位置,即路径
最小化、最大化和关闭按钮	作用分别是隐藏窗口、放大窗口使其填充整个屏幕以及关闭窗口
搜索栏	可根据文件名称、修改日期或大小快速查找文件
滚动条	可以滚动窗口的内容以查看当前视图之外的信息
窗口工作区	显示窗口中的操作对象或操作结果
细节窗格	查看与选定文件关联的常见属性
预览窗格	预览大多数文件的内容
边框和角	可以用鼠标指针拖动边框和角以更改窗口的大小

Windows 7 中的窗口可以分为两种类型:文件夹窗口和应用程序窗口。如图 2-13 所示。

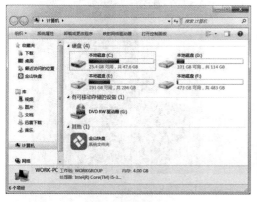 

(a)文件夹窗口　　　　　　　　　　(b)应用程序窗口

图 2-13　两种类型的窗口

2.窗口的操作

（1）移动窗口

将鼠标指针对准窗口的"标题栏"，按下鼠标不放并移动鼠标到所需要的位置，松开鼠标按钮，窗口就被移动了。

（2）调整窗口的大小

将鼠标对准窗口的边框或角，鼠标指针自动变成双向箭头↕。按下鼠标左键拖曳，即可改变窗口到所需大小。

（3）切换窗口

切换窗口有以下四种方法：

①用鼠标单击"任务栏"上的窗口图标。

②在所需窗口没有被完全挡住处，单击所需要显示的窗口。

③使用快捷键 Alt＋Tab，所有窗口以缩略图形式显示在桌面上，如图 2-14 所示。通过按 Alt＋Tab 快捷键可以切换到先前的窗口，或者通过按住 Alt 键并重复按 Tab 键循环切换所有打开的窗口和桌面。

图 2-14　按下 Alt＋Tab 快捷键显示的窗口切换缩略图效果

④使用快捷键 Win＋Tab，可进行 Aero 三维窗口切换。

Aero 三维窗口切换以三维堆栈排列窗口，便于用户快速浏览窗口，如图 2-15 所示。使用三维窗口切换的操作步骤如下：

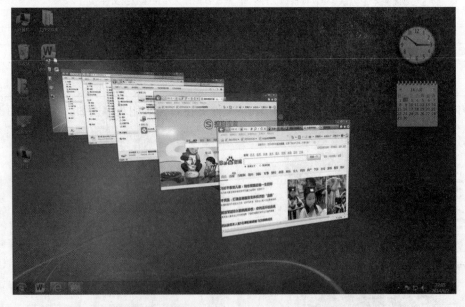

图 2-15　按下 Win＋Tab 快捷键显示的 Aero 三维窗口效果

- 按住 Windows 徽标键 的同时按 Tab 键可打开三维窗口切换。
- 当按下 Windows 徽标键时，重复按 Tab 键或滚动鼠标滚轮可以循环切换打开的窗口。

● 释放 Windows 徽标键可以显示堆栈中最前面的窗口，或者单击堆栈中某个窗口的任意部分来显示该窗口。

（4）排列窗口

当桌面打开窗口过多时，可以对显示在桌面上的窗口进行排列操作。

右键单击任务栏空白处，在弹出的如图 2-16 所示的快捷菜单中包含了三种窗口排列方式：层叠窗口、堆叠显示窗口、并排显示窗口。图 2-17 为"堆叠显示窗口"排列方式。

图 2-16　快捷菜单

图 2-17　"堆叠显示窗口"排列方式

2.3.3　对话框

对话框是窗口的一种特殊形式，它通常用于人机对话的场合，如图 2-18 所示。

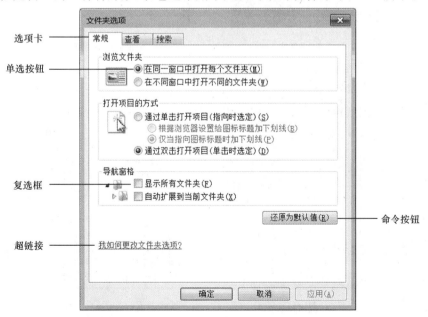

图 2-18　"文件夹选项"对话框

对话框有多种形式,一般包括选项卡、命令按钮、文本框、单选按钮、复选框、列表框、下拉列表框等内容。

对话框与窗口有两点不同:其一,对话框一般只能移动,不能最大化、最小化。其二,用途不同,对话框展示执行命令过程中的人机对话,窗口显示的是应用程序、文件夹或文档,在任务栏上有"最小化"按钮。

2.3.4 菜单

菜单通常由可供选择的一组选项组成,是一系列命令的列表。Windows 7 中的大部分工作是通过菜单中的命令来完成的。

菜单通常使用鼠标或键盘来操作,单击这些命令会运行某个程序或弹出某个对话框。如果命令选项为灰色,表示该命令在当前窗口暂不可用。

Windows 的常用菜单包括"开始"菜单、窗口控制菜单、应用程序菜单、快捷菜单等,如图2-19 所示。

(a)"开始"菜单

(b)窗口控制菜单

(c)应用程序菜单

(d)快捷菜单

图 2-19　Windows 7 的常用菜单

2.4　鼠标和键盘的基本操作

1.使用鼠标

在 Windows 操作系统中,鼠标是主要的输入设备之一。学会使用鼠标,是熟练使用 Windows 操作系统的前提条件。

正像用手与物质世界中的对象进行交互一样,用户可以使用鼠标与计算机屏幕上的对象进行交互,可以对对象进行移动、打开、更改、丢弃以及执行其他操作,这一切只需点击鼠标即可。

鼠标一般有两个按钮:主要按钮和次要按钮。主要按钮通常被称为鼠标左键,次要按钮被称为鼠标右键,通常情况下使用主要按钮。大多数鼠标在按钮之间还有一个"滚轮",帮助用户快速地滚动文档和网页。

表 2-4 介绍了鼠标相关的常用术语。

表 2-4　　　　　　　　　　　　鼠标操作常用术语

术语	功　能
指向	将鼠标指针移到目标位置
释放	松开按住的鼠标按钮
单击	将鼠标指针指向某个对象,按下鼠标左键并立即释放
双击	将鼠标指针指向某个对象,连续快速地单击两次
右击	将鼠标指针指向某个对象,按下鼠标右键并立即释放
选定	将鼠标指针指向某个对象,然后单击鼠标左键
拖动	将鼠标指针指向某个对象,按住鼠标左键并移动鼠标指针到所需位置,然后松开鼠标左键

2.使用键盘

键盘是向计算机中输入信息的主要方式。键盘操作可以分为输入操作和命令操作两种形式。其中,输入操作是用户通过键盘向计算机输入信息,如文字、数据等;命令操作的目的是向计算机发布命令,让计算机执行特定的操作,由系统的快捷键来完成。

许多菜单命令可以使用键盘来执行,若要查看菜单命令具有哪些键盘快捷方式(快捷键),可以打开应用程序的菜单,如果该菜单命令有对应的键盘快捷方式,则会显示在菜单项的旁边,如图 2-20 所示。

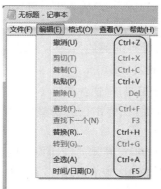

图 2-20　菜单命令的键盘快捷方式

在 Windows 7 中,常用的快捷键及其功能见表 2-5。

表 2-5　　常用快捷键及其功能

快捷键	功　能
Windows 徽标键	打开"开始"菜单
Alt＋Tab	在打开的程序或窗口之间切换
Alt＋F4	关闭活动项目或者退出活动程序
Ctrl＋S	保存当前文件或文档
Ctrl＋C	复制选择的项目
Ctrl＋X	剪切选择的项目
Ctrl＋V	粘贴选择的项目
Ctrl＋Z	撤消操作
Ctrl＋A	选择文档或窗口中的所有项目
F1	显示程序或 Windows 的帮助
Esc	取消当前任务
Delete(Del)	删除选中对象(放入回收站)
Shift＋Delete	直接删除对象(不放入回收站)
PrintScreen(PrtSc)	复制当前屏幕图像到剪贴板
Alt＋PrintScreen	复制当前活动窗口或对话框到剪贴板
Ctrl＋Shift	输入法切换
Ctrl＋Space	中英文切换

2.5　Windows 7 个性化设置

2.5.1　个性化桌面

1. 设置 Windows 7 桌面主题

桌面主题是计算机上的图片、颜色和声音的组合,它可以使用户的桌面具有与众不同的外观。Windows 7 系统提供了多种风格的主题,每种主题都有一组默认的桌面背景、屏幕保护程序、窗口边框颜色和声音方案等。

Windows 7 主题可分为"Aero 主题"和"基本和高对比度主题"两类。"Aero 主题"具有 3D 渲染和 Aero 半透明效果,外观十分漂亮、效果非凡;"基本和高对比度主题"相对于绚丽的"Aero 主题",更能够节省系统资源,从而加快系统的运行速度。

用户可以根据需要切换不同的主题,操作步骤如下:

(1)在桌面空白处单击鼠标右键,在弹出的如图 2-21 所示的桌面快捷菜单中选择"个性化"命令。

(2)在弹出的"个性化"窗口中,单击主题进行切换。图 2-22 和图 2-23 所示分别为"Windows 7"主题和"Windows 经典"主题的窗口效果。

图 2-21　桌面快捷菜单

图 2-22 "Windows 7"主题

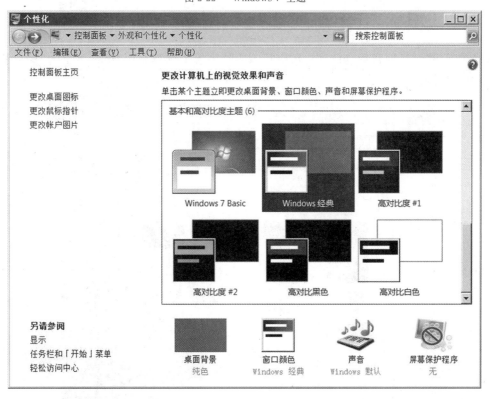

图 2-23 "Windows 经典"主题

2.设置桌面背景

桌面背景指操作系统桌面上的背景图片,用户可以根据个人喜好设置个性化桌面背景。步骤如下:

(1)在桌面空白处单击鼠标右键,在弹出的快捷菜单中选择"个性化"命令。

(2)在弹出的如图 2-24 所示的"个性化"窗口下方,单击"桌面背景"超链接。

图 2-24 "个性化"设置窗口

(3)在弹出的"桌面背景"窗口中,在中间的图片列表中选择桌面背景,再单击"保存修改"按钮即可。如图 2-25 所示。

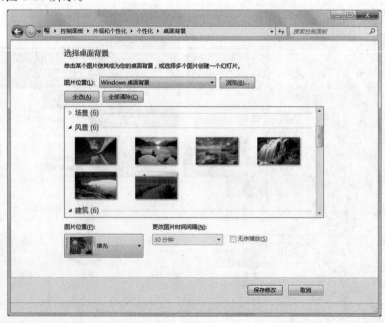

图 2-25 "桌面背景"窗口

（4）如果没有用户喜欢的桌面背景，可以单击"图片位置"下拉列表，从其余选项，如"图片库""顶级照片""纯色"中选择其他图片，如图 2-26 所示；或者单击下拉列表框右侧的"浏览"按钮，从计算机的其他位置选择自己喜欢的图片并设置为桌面背景。若用户单击"全选"按钮或选中多个图片，并在"更改图片时间间隔"下拉列表中选择一定的时间间隔，背景图片会以指定的时间进行切换。

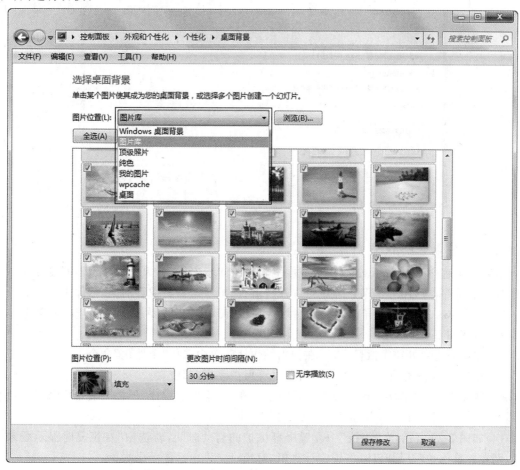

图 2-26　"选择桌面背景"设置

3. 设置窗口外观

用户可以对窗口外观进行设置，包括更改窗口的颜色、是否启用透明效果等。操作步骤如下：

（1）在桌面空白处单击鼠标右键，在弹出的快捷菜单中选择"个性化"命令。

（2）在弹出的"个性化"窗口下方，单击"窗口颜色"超链接。

（3）在弹出的"窗口颜色和外观"窗口中进行"更改窗口边框、「开始」菜单和任务栏的颜色""启用透明效果""颜色浓度""高级外观设置"等操作进行样式修改，如图 2-27 所示。

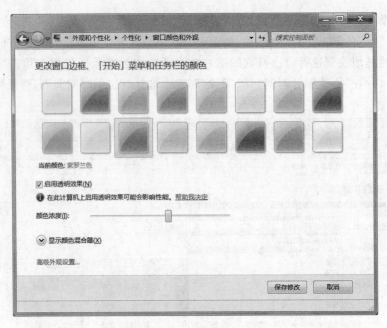

图 2-27 "窗口颜色和外观"设置

4. 设置屏幕保护程序

屏幕保护程序是 Windows 操作系统在电脑长时间不工作时,为保护显示器而设计的一种自动运行的程序。启用屏幕保护程序可以在省电、保护显示器显像管的同时,保护个人隐私。

在 Windows 7 系统中,屏幕保护程序默认是没有开启的,需要用户自行开启屏幕保护程序,操作步骤如下:

(1)在桌面空白处单击鼠标右键,在弹出的快捷菜单中选择"个性化"命令。

(2)在弹出的"个性化"窗口下方,单击"屏幕保护程序"超链接。

(3)在弹出的"屏幕保护程序设置"对话框中,在"屏幕保护程序"下拉列表框中选择合适的屏幕保护程序,例如可选择"彩带"选项,如图 2-28 所示。

(4)如图 2-29 所示,在"等待"中设置屏幕保护的启动时间,若选中"在恢复时显示登录屏幕",则在屏幕保护程序开启时将锁定计算机,解锁时将显示系统登录界面。

图 2-28 "屏幕保护程序设置"对话框

图 2-29 屏幕保护程序预览效果

（5）单击"预览"按钮，预览设置后的效果，单击"确定"按钮，使设置生效。

5.设置屏幕分辨率

屏幕分辨率是指显示器所能显示的像素的多少。屏幕分辨率低时（例如 800×600），在屏幕上显示的项目少，但尺寸比较大。屏幕分辨率高时（例如 1024×768），在屏幕上显示的项目多，但尺寸比较小。用户可以根据需要进行设置，操作步骤如下：

（1）在桌面空白处单击鼠标右键，在弹出的快捷菜单中选择"屏幕分辨率"命令，弹出如图 2-30 所示的"屏幕分辨率"窗口。

（2）在"分辨率"下拉列表框中，通过拖动滑块来改变分辨率的大小，如图 2-31 所示，选择分辨率后，单击"确定"按钮。

图 2-30　屏幕分辨率设置窗口

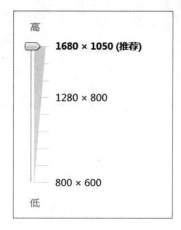

图 2-31　改变屏幕分辨率

6.设置桌面图标

（1）显示桌面常用图标

Windows 7 安装完成后，初始桌面显示的常用图标只有"回收站"，为便于用户操作，可以通过设置将其余四个图标显示在桌面上。操作步骤如下：

①在桌面空白处单击鼠标右键，在弹出的桌面快捷菜单中选择"个性化"命令。

②在"个性化"窗口中，选择"更改桌面图标"。

③在弹出的"桌面图标设置"对话框中，依次勾选"计算机""回收站""用户的文件""控制面板"和"网络"前面的复选框，如图 2-32 所示。最后单击"确定"按钮。

（2）整理桌面上的图标

用户可以根据个人习惯对桌面上的图标进行整理。右键单击桌面空白处，在弹出的如图 2-33 所示的桌面快捷菜单设置查看或排列图标的方式。图 2-34 展示了两种不同桌面图标查看效果，（a）为小图标效果，（b）为大图标效果。

图 2-32　"桌面图标设置"对话框

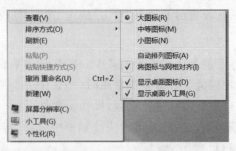

图 2-33　桌面快捷菜单

(a)桌面显示"小图标"效果　　　　　　　　　　(b)桌面显示"大图标"效果

图 2-34　两种不同的图标效果

2.5.2　个性化"开始"菜单

Windows 7 系统允许用户个性化"开始"菜单,可以将常用的程序图标附到"开始"菜单以便访问,也可以从列表中移除程序,还可以选择在右边窗格中隐藏或显示某些项目。

1. 自定义"开始"菜单

自定义"开始"菜单的操作步骤如下:

(1)在"开始"菜单空白处单击右键,在快捷菜单中选择"属性"命令,或使用"控制面板"|"外观和个性化"|"自定义开始菜单",都将弹出如图 2-35 所示的"任务栏和「开始」菜单属性"对话框,已自动切换到"「开始」菜单"选项卡。

(2)单击"自定义"按钮,可以自定义"开始"菜单上的链接、图标以及菜单的外观和行为,如图 2-36 所示。

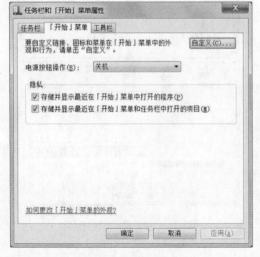
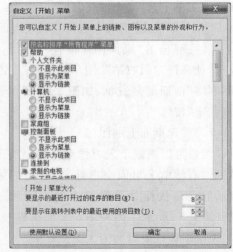

图 2-35　"任务栏和「开始」菜单属性"对话框　　　　图 2-36　"自定义「开始」菜单"对话框

2.将程序图标锁定到"开始"菜单

如果定期使用某程序,可以将程序图标锁定到"开始"菜单以创建程序的快捷方式。将程序图标锁定到"开始"菜单的操作步骤如下:

(1)在"开始"菜单的"所有程序"级联菜单中找到应用程序的图标。

(2)在应用程序上单击鼠标右键,从快捷菜单中选择"附到「开始」菜单"命令,则选定的程序图标将出现在"开始"菜单左侧的固定程序列表区域。

当程序不经常使用时,可以从"开始"菜单固定程序列表区域解锁程序图标。操作步骤是:右键单击需要解除锁定的应用程序图标,在弹出的快捷菜单中选择"从「开始」菜单解锁"命令。若要更改固定的项目顺序,可以将程序图标拖动到列表中的新位置。

3.从"开始"菜单删除程序图标

若要从"开始"菜单删除程序图标,则可在"开始"菜单中右键单击所要删除的程序图标,从快捷菜单处选择"从列表中删除"。从"开始"菜单的固定程序列表区域删除程序图标,并不会将它从"所有程序"列表中删除或卸载该程序,若需要卸载程序,可以从"控制面板"的"程序"管理中进行卸载。

2.5.3　个性化任务栏

Windows 7允许用户个性化任务栏外观及操作。用户可以将整个任务栏移向屏幕的左边、右边或上边。可以使任务栏变大,或者在不需要时自动隐藏任务栏。

1.自定义任务栏

在"任务栏"上空白处单击鼠标右键,在快捷菜单中选择"属性"命令,或使用"控制面板"|"外观和个性化"|"任务栏和「开始」菜单",将会弹出如图2-37所示的"任务栏和「开始」菜单属性"对话框,已切换到"任务栏"选项卡。

图2-37　自定义任务栏

用户可以自定义是否锁定任务栏、是否自动隐藏任务栏、任务栏上的图标按钮显示状态、是否隐藏通知区域的图标和通知等。

2.将程序图标锁定或解锁到"任务栏"

将程序图标锁定到任务栏或从任务栏解锁的操作方式和将程序图标锁定到"开始"菜单或从"开始"菜单解锁的操作相似,区别在于从快捷菜单中选择的命令是"锁定到任务栏"或"将此程序从任务栏解锁",即可将常用图标锁定到任务栏或从任务栏解锁,在此不再赘述。

单击锁定到"任务栏"的应用程序图标即可启动程序,实现了快速启动的功能。

2.6 Windows 7 系统设置

控制面板集成了 Windows 7 几乎所有的系统设置,用户可以通过"控制面板"来调整计算机的设置。通过控制面板,用户可以管理计算机的系统和安全、用户帐户和家庭安全、网络和 Internet、硬件和声音等。

单击"开始"|"控制面板",可以打开"控制面板"窗口。控制面板的显示有两种方式,一是以分类方式显示,二是以具体项的图标方式显示。在"控制面板"窗口上,单击"查看方式"后的下拉列表,可切换控制面板的显示方式。如图 2-38 和图 2-39 所示。

图 2-38 "控制面板"分类视图窗口

图 2-39 "所有控制面板项"窗口

2.6.1 系统和安全设置

Windows 7 允许用户通过控制面板对系统属性进行更改,对系统安全进行相关的设置。主要包括查看并更改系统和安全状态、备份并还原文件和系统设置、更新计算机、查看 RAM 和处理器速度以及检查防火墙等。

用户可以在"控制面板"窗口中单击"系统和安全"超链接,即可打开如图 2-40 所示的"系统和安全"窗口。

图 2-40 "系统和安全"设置窗口

1. 系统设置

用于查看有关计算机的信息,并更改硬件、性能和远程连接的设置。

通过计算机系统属性设置,可对计算机的名称进行更改。操作步骤如下:

(1)打开如图 2-40 所示的"系统和安全"窗口,在选项的图标列表中单击"系统"超链接,或者右键单击"计算机",在弹出的快捷菜单中选择"属性",即可打开"系统"窗口,如图 2-41 所示。

图 2-41 "系统"窗口

(2)单击"计算机名称、域和工作组设置"区域中的"更改设置"超链接,弹出如图 2-42 所示的"系统属性"对话框。

(3)在"系统属性"对话框中,单击"更改"按钮,弹出如图 2-43 所示的"计算机名/域更改"对话框,在"计算机名"文本框中输入新的计算机名称,单击"确定"按钮即可完成计算机名称的更改。

图 2-42 "系统属性"对话框

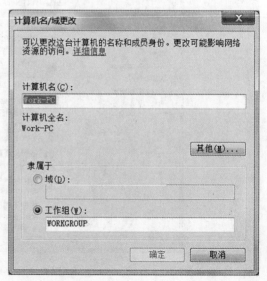

图 2-43 "计算机名/域更改"对话框

2. 设置自动更新

Windows 7 提供自动更新，即 Windows Update 功能，用于检查 Windows 和 Microsoft 提供的软件或驱动程序更新，可查看更新或自动安装更新，以获取更高的系统安全性和可靠性。

启用自动更新的操作步骤如下：

（1）打开"系统和安全"窗口，如图 2-44 所示，单击"Windows Update"下面的"启用或禁用自动更新"超链接。

（2）在"更改设置"窗口中，如图 2-45 所示，从"重要更新"下拉列表中选择"自动安装更新（推荐）"，最后单击"确定"按钮，即允许 Windows 进行自动更新。

图 2-44　Windows Update 选项

图 2-45　"更改设置"窗口

2.6.2　用户帐户和家庭安全

用户帐户和家庭安全用于更改用户帐户设置和密码设置，并允许用户设置家长控制。其中，家长控制功能可以限制儿童使用计算机的时段、可以玩的游戏类型以及可以运行的程序。

Windows 7 系统的用户帐户分为三种类型：管理员、标准帐户和来宾帐户。其中，管理员帐户拥有对系统的最高权限，可以更改系统的所有设置；标准帐户可以更改基本设置；来宾帐户无权限更改设置。

1. 创建新帐户

Windows 7 系统允许具有管理员权限的用户创建新的用户，操作步骤如下：

（1）打开"控制面板"窗口，单击"用户帐户和家庭安全"超链接。

（2）在打开的如图 2-46 所示的"用户帐户和家庭安全"窗口中，单击"添加或删除用户帐户"超链接。

（3）在打开的"管理帐户"窗口中，单击"创建一个新帐户"超链接，如图 2-47 所示。

图 2-46　"用户帐户和家庭安全"窗口

（4）在"创建新帐户"窗口中，依次设定帐户名称、帐户类型后，单击"创建帐户"按钮，即可完成新帐户的创建，如图 2-48 所示。

 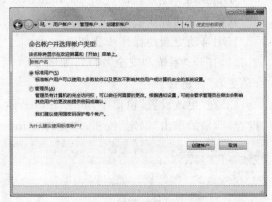

图 2-47 "管理帐户"窗口　　　　　　　　　图 2-48 "创建新帐户"窗口

2.更改帐户属性

Windows 7 系统允许修改已存在用户的属性，操作步骤如下：

（1）打开"控制面板"窗口，单击"用户帐户和家庭安全"超链接。

（2）在打开的新窗口中，单击"添加或删除用户帐户"超链接。

（3）在如图 2-47 所示的"管理帐户"窗口中，单击选择一个已有的帐户。

（4）在弹出如图 2-49 所示的"更改帐户"窗口的左侧位置，列出了所有可对当前帐户进行更改的选项，单击选项的链接即可进行帐户属性更改设置。

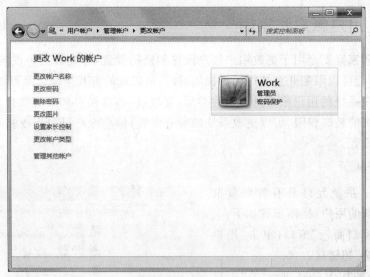

图 2-49 "更改帐户"窗口

2.6.3　程序管理

程序管理用于实现卸载程序或 Windows 功能、卸载小工具等功能。

1.下载并安装"搜狗拼音输入法"应用程序

（1）单击"开始"|"所有程序"|"Internet Explorer"，打开 IE 浏览器。

（2）在浏览器的地址栏中，输入网址 http://pinyin.sogou.com/，访问搜狗拼音输入法官网。

（3）在打开的网页中，单击"7.1 正式版"超链接，下载搜狗拼音输入法的安装文件，如图 2-50所示，单击流览器底部出现的"保存"按钮，则程序安装文件默认下载到"下载"文件夹。

图 2-50　下载"搜狗拼音输入法"窗口

（4）打开如图 2-51 所示的"下载"窗口，双击搜狗拼音输入法的安装文件，或右键单击安装文件，在弹出的快捷菜单中选择"打开"，即可运行搜狗拼音输入法安装程序。

图 2-51　"下载"窗口

（5）根据图 2-52 所示的应用程序安装向导提示，完成搜狗拼音输入法的安装，如图 2-53所示。

图 2-52　"搜狗拼音输入法"安装向导

图 2-53　"搜狗拼音输入法"安装完成提示

(6)"搜狗拼音输入法"安装成功后,桌面语言栏将显示已成功添加的"搜狗拼音输入法",如图 2-54 所示。同时按下键盘上的 Ctrl+Shift 键,可在多种输入法之间进行切换;同时按下键盘上的 Ctrl+Space 键,可在中英文输入法之间进行切换。

(7)单击"搜狗拼音输入法"在语言栏上的图标按钮,可完成全/半角、中/英文标点的切换,如图 2-55 所示。

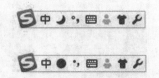

图 2-54　"搜狗拼音输入法"语言栏　　　　2-55　"全/半角与中/英文标点"状态切换

2.卸载"搜狗拼音输入法"应用程序

(1)打开"控制面板"窗口,单击"程序"下的"卸载程序"超链接。

(2)在打开的"程序和功能"窗口中,从应用程序列表中选中"搜狗拼音输入法 7.1 正式版",单击"卸载/更改"按钮。如图 2-56 所示。

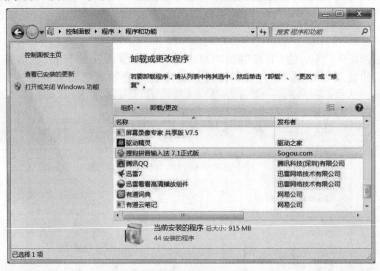

图 2-56　"程序和功能"窗口

(3)根据弹出的如图 2-57 所示的"搜狗拼音输入法 7.1 正式版 卸载向导"对话框,完成搜狗拼音输入法应用程序的卸载。

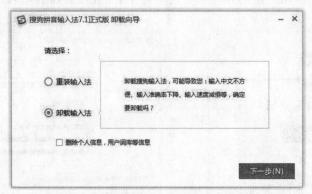

图 2-57　"搜狗拼音输入法 7.1 正式版 卸载向导"对话框

2.6.4　网络和 Internet 设置

用户可以在"控制面板"窗口中单击"网络和 Internet"超链接,即可打开如图 2-58 所示的"网络和 Internet"窗口。网络和 Internet 用于检查网络状态并更改网络设置、设置共享文件、更改 Internet 选项等。

图 2-58　"网络和 Internet"窗口

【**例 2.3**】　设置计算机的 IP 地址。

操作步骤如下:

(1)在"网络和 Internet"窗口中,单击"网络和共享中心"超链接,打开如图 2-59 所示的"网络和共享中心"窗口。

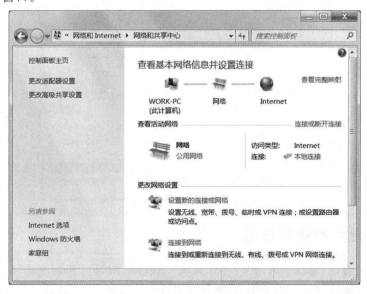

图 2-59　"网络和共享中心"窗口

（2）在"网络和共享中心"窗口中单击"更改适配器设置"超链接，打开"网络连接"窗口。

（3）选中"本地连接"后，展开窗口工具栏，单击"更改此连接的设置"选项，打开"本地连接属性"对话框，如图2-60、图2-61所示。

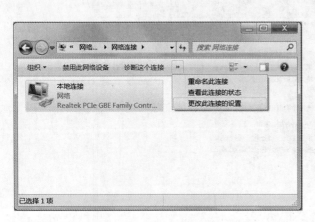

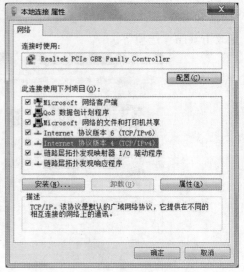

图 2-60 "网络连接"窗口　　　　　　　　图 2-61 "本地连接 属性"对话框

（4）选中"Internet 协议版本 4（TCP/IPv4）"后，单击"属性"按钮，可查看当前 IP 地址，或设置新的 IP 地址，如图 2-62 所示。

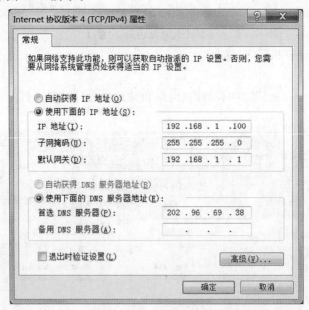

图 2-62 "Internet 协议版本 4（TCP/IPv4）属性"对话框

2.6.5 硬件和声音设置

用户在"控制面板"窗口中单击"硬件和声音"超链接，即可打开如图 2-63 所示的"硬件和声音"窗口。硬件和声音主要用于添加/删除打印机和其他硬件、更改系统声音、更新设备驱动程序等。

图 2-63　"硬件和声音"窗口

1. 设备管理器

在"硬件和声音"窗口,单击"设备管理器"超链接,可打开"设备管理器"窗口,可查看当前计算机的硬件信息。

【例 2.4】　更改网络适配器驱动程序。

(1)右键单击"设备管理器"列表中网络适配器下方内容,选择快捷菜单中的"属性"命令,如图 2-64 所示。

图 2-64　"设备管理器"窗口

(2)在弹出的属性对话框中,单击"驱动程序"选项卡。

(3)在"驱动程序"选项卡中,单击"更新驱动程序"按钮,如图 2-65 所示。接下来根据系统提示,完成驱动程序的更新。

图 2-65　更新驱动程序

2. 添加打印机

在 Windows 7 系统下安装打印机的操作步骤如下:

(1)用数据线将打印机与计算机连接起来,连接成功后可在"设备管理器"列表中查看新发现的打印机硬件。如图 2-66 所示。

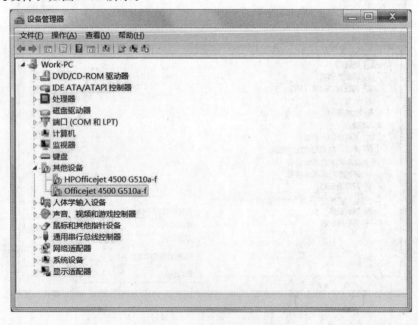

图 2-66　查看新发现的打印机硬件

（2）安装打印机驱动程序。按照例 2.4 所描述的方法，从光盘或者互联网下载获得打印机驱动程序，根据安装向导提示进行驱动程序的安装。如图 2-67、图 2-68 所示。

图 2-67　更新打印机驱动程序　　　　　　　　图 2-68　"打印机驱动程序"安装向导

用户也可以使用控制面板的添加打印机向导来完成打印机的安装，操作步骤如下：

（1）用数据线将打印机与计算机连接起来。

（2）在"硬件和声音"窗口中，单击"设备和打印机"超链接。

（3）在"设备和打印机"窗口的工具栏上单击"添加打印机"按钮，如图 2-69 所示。

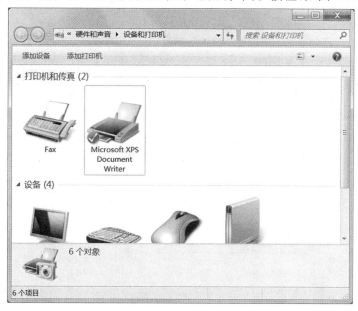

图 2-69　"设备和打印机"窗口

（4）在"添加打印机"向导提示列表中，根据打印机型号选择合适的驱动程序进行安装。如图 2-70 所示。

图 2-70 "添加打印机"向导

3.鼠标的设置

在"硬件和声音"窗口中,单击"鼠标"超链接,即可进行鼠标属性的设置。鼠标的属性设置包括:切换主要和次要的按钮、双击速度、单击锁定、鼠标的指针方案、指针的移动速度等。

【例 2.5】 更改鼠标指针的外观。

用户可根据个人喜好更改鼠标指针的外观,操作步骤如下:

(1)在"硬件和声音"窗口中,单击"鼠标"超链接。

(2)在"鼠标 属性"对话框中,单击"指针"选项卡。

(3)单击"方案"下拉列表,如图 2-71 所示,选择鼠标指针方案后,单击"确定"按钮。

图 2-71 "鼠标 属性"对话框

在 Windows 7 系统中,系统的工作状态可从鼠标的指针形状得知,不同的鼠标指针表示系统所处的不同状态。Windows 7 系统常用的鼠标指针方案——Windows Aero 方案的形状及作用见表 2-6。

表 2-6　　　　　　　　　　　　常见鼠标指针及其作用

指针形状	功　能	指针形状	功　能	指针形状	功　能
↖	正常选择	I	文本选择	↗	沿对角线调整
↖?	帮助选择	✎	手写	✥	移动
↖○	后台运行	⊘	不可用	↑	候选
○	忙	↕	垂直调整	☝	链接选择
✛	精确选择	↔	水平调整		

2.7　程序、文件和文件夹

2.7.1　程　序

在计算机上做的几乎每一件事都需要使用程序。例如，如果想要绘图，则需要使用绘图或画图程序；若要写信，需使用字处理程序；若要浏览 Internet，需使用称为 Web 浏览器的程序。在 Windows 上可以使用的程序有数千种。

1. 启动程序

通过"开始"菜单可以访问计算机上几乎所有的程序。当鼠标指针指向"开始"菜单中的"所有程序"选项时，将出现"所有程序"级联菜单。级联菜单中包含了一些应用程序及下一层级联菜单，通过单击某程序名可以运行该程序。

【例 2.6】　启动"附件"中的"写字板"。

①在桌面单击"开始"按钮，出现"开始"菜单。

②将鼠标指针指向"所有程序"，出现其级联菜单。

③将鼠标指针指向"附件"，出现其级联菜单。

④在级联菜单中单击"写字板"，即可启动该程序。如图 2-72、图 2-73 所示。

图 2-72　"附件"级联菜单

图 2-73　"写字板"应用程序窗口

2.退出程序

一般情况下,单击应用程序窗口上的"关闭"按钮 ,或选择菜单"退出"命令,即可退出程序。

当程序长期没有响应时,可以使用任务管理器结束程序的进程。任务管理器显示计算机上当前正在运行的程序、进程和服务,可以用来监视计算机的性能或者关闭没有响应的程序。

【例 2.7】 使用任务管理器结束"写字板"应用程序。

①右键单击"任务栏"空白处,在快捷菜单中选择"启动任务管理器"命令,或按下快捷键 Ctrl+Alt+Delete,单击"启动任务管理器"命令按钮,即可打开如图 2-74 所示的"Windows 任务管理器"窗口。

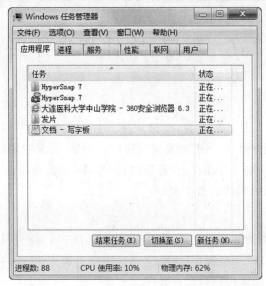

图 2-74 "Windows 任务管理器"窗口

②在任务列表中选择任务"文档-写字板"后,单击"结束任务"按钮。

任务管理器不仅可以用来结束程序,窗口中的"性能"选项卡还提供计算机使用系统资源的相关信息,如 CPU 使用率和内存使用情况等。

2.7.2 文件和文件夹

1.初识文件

(1)文件的命名

计算机中的所有数据都是以文件形式存放在文件夹中的。文件是各类型信息的集合,它可以是文本、图片、声音、应用程序或者其他内容。每个文件都有唯一的一个能标识其身份的名字。

Windows 7 对文件的命名约定如下:

● 文件的名字通常是由文件名和扩展名两部分组成的,格式为"文件名.扩展名",也可以没有扩展名。

● 文件名可以使用数字、字母、汉字、圆点、空格等,最长可以包含 255 个字符,但不能包含下列字符:\、/、:、*、?、<、>、|。

● 同一个文件夹下不能存在同名的文件。

（2）文件的类型

文件的扩展名表示文件的类型，操作系统将文件类型与特定的程序相关联，决定打开文件的默认程序，因而一般不可随意修改文件的扩展名，否则系统将无法识别。

常见的文件类型与其扩展名对照表见表 2-7。

表 2-7　　　　　　　　　　常见文件类型与其扩展名对照表

扩展名	文件类型	扩展名	文件类型
docx	Word 文档	zip、rar	压缩文件
xlsx	Excel 电子表格	bmp、jpg	图像文件
pptx	PowerPoint 演示文稿	gif、png	图像文件
txt	文本文件	exe、com	可执行程序文件
ico	图标文件	sys	系统文件
wav、mp3	音频文件	wmv、avi	流媒体文件
html	超文本文件	c、cpp	源程序文件
lnk	快捷方式	bat	批处理文件

2. 初识文件夹

如果在桌面上放置数以千计的纸质文件，要在需要时查找某个特定文件几乎是不可能的，因此人们时常把纸质文件存储在文件柜的文件夹中。同样，为便于用户管理计算机中的文件，操作系统将人们日常生活中文件夹的概念引入到了计算机中。

计算机的文件夹是用来组织和管理磁盘文件的一种容器，是为了在计算机磁盘空间上分类存储文件而设立独立路径的目录，它提供了指向磁盘空间的路径。

（1）结构

文件夹通常是以树形结构来组织的，在文件夹中还允许嵌套其他文件夹，包含在其他文件夹里面的文件夹通常被称为"子文件夹"，如图 2-75 所示。

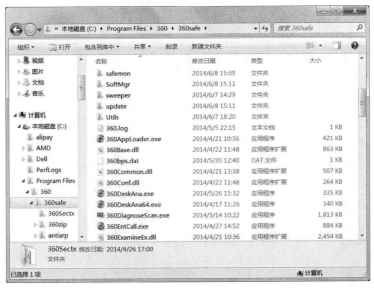

图 2-75　文件夹的树形结构

（2）路径

在树形结构中，文件或文件夹所在位置即路径。Windows 7 的路径分为两种：相对路径与绝对路径。

● 相对路径：从当前文件夹开始的路径。

● 绝对路径：从根文件夹开始，由一系列上级文件夹名组成，并由斜杠"\"分隔的路径。

例如，桌面上的"工作文件夹"，窗口地址栏显示当前文件夹所在的相对路径为"桌面"；右键单击"工作文件夹"，选择"属性"，可获取文件夹的绝对路径："C:\Users\Work\Desktop"。如图 2-76 所示。

图 2-76　相对路径与绝对路径

3.使用库访问文件和文件夹

Windows 7 系统允许用户使用库来访问文件和文件夹，并且可以采用不同的方式组织它们，库是 Windows 7 的一项新功能。Windows 7 提供了四个默认库，分别是视频库、图片库、文档库和音乐库，如图 2-77 所示。

图 2-77　"库"窗口

Windows 7 的默认库及其用途说明见表 2-8。

表 2-8　　　　　　　　　　　Windows 7 的默认库及其用途

库名称	用　途
文档库	用于组织和排列字处理文档、电子表格、演示文稿以及其他与文本有关的文件
图片库	用于组织和排列数字图片,图片可从照相机、扫描仪或者从电子邮件中获取
音乐库	用于组织和排列数字音乐,如从音频 CD 翻录或从 Internet 下载的歌曲
视频库	用于组织和排列视频,如从数码相机、摄像机获取的剪辑,或者从 Internet 下载的视频文件

4.文件与文件夹的操作

文件和文件夹都可以被创建、打开、查找、修改和删除,也可以被移动、复制和重命名。操作系统及用户对文件及文件夹的管理和操作,都是通过文件名来实现的,即所谓的"按名存取"。

(1)查看文件和文件夹

在计算机上,文件和文件夹都以图标的形式显示,单击窗口工具栏上的"视图"按钮可直接切换视图方式;也可通过单击"视图"按钮后的向下箭头,在弹出的下拉菜单上,拖动滑块位置选择不同的视图方式,如图 2-78 所示;还可以通过在窗口空白处单击右键,选择"查看"命令。

为便于文件或文件夹的查找,可对文件或文件夹重新排序,右键单击窗口空白处,在弹出的快捷菜单上选择"排序方式",可出现如图 2-79 所示的排序方式级联菜单,选择其中一种,系统将按指定的方式对窗口内的文件或文件夹进行重新排序。

图 2-78　视图方式快捷菜单　　　　　　　　图 2-79　排序方式

图 2-80 和图 2-81 分别为文件窗口的"大图标"视图方式和"详细信息"视图方式。"大图标"视图方式下,不同文件类型有不同的图标,便于通过图标识别文件类型;"详细信息"视图方式便于用户直观地查看文件名称、大小、修改时间等信息。

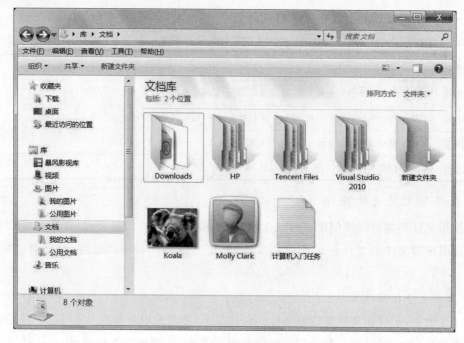

图 2-80　"大图标"视图方式

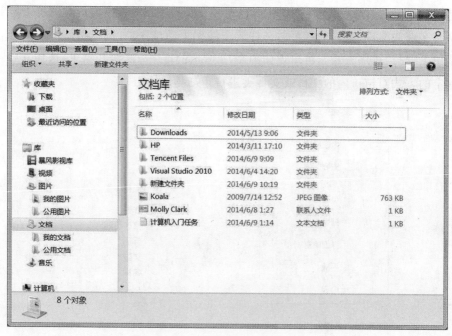

图 2-81　"详细信息"视图方式

（2）文件和文件夹的选取

对文件和文件夹进行操作，最基本的操作是要先选定对象，才可以进行下一步的操作。Windows 的许多操作都是在选定的前提下进行的。选定对象的方法有如下几种：

● 单个对象：单击要选定的对象。

● 多个连续对象：单击第一个，按住 Shift 键，再单击最后一个对象，如图 2-82 所示。

图 2-82　选定连续对象

● 多个不连续的对象：单击第一个，按住 Ctrl 键，单击其他对象，如图 2-83 所示。

图 2-83　选定不连续对象

● 全部对象：使用 Ctrl＋A 快捷键或使用菜单栏"编辑"|"全选"命令。

（3）查看文件属性

右键单击选定的文件，在弹出的菜单中选择"属性"命令，弹出如图 2-84 所示的"文件属性"对话框，可查看文件类型、打开方式、位置、创建时间等信息。文件的属性包括只读和隐藏两种：

● 只读：只读文件只允许用户打开查看文件，不允许用户修改文件。

● 隐藏：为保护某些文件或文件夹，可以将其属性设置为"隐藏"，在默认情况下，系统不会将文件显示在磁盘的存储位置上。

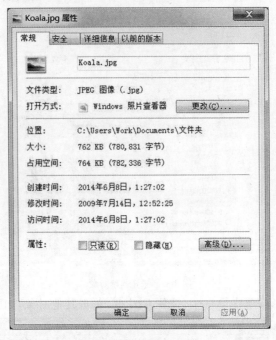

图 2-84 文件属性对话框

（4）设置文件夹选项

在菜单栏中选择"工具"|"文件夹选项"，或单击工具栏"组织"|"文件夹和搜索选项"按钮，均可打开"文件夹选项"对话框。单击"查看"选项卡，可对是否隐藏文件和文件夹、是否隐藏已知文件类型的扩展名等选项进行设置，如图 2-85 所示。

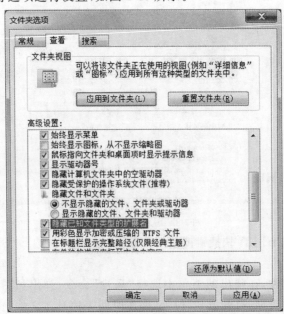

图 2-85 "文件夹选项"对话框

（5）打开文件和文件夹

一般情况下，双击文件或文件夹图标或右键单击选定对象，选择"打开"命令，即可打开选定文件或文件夹。

对于文件，操作系统会根据文件扩展名判断文件类型，并调用文件类型所关联的默认程序来打开文件。用户可以更改文件的打开方式，方法是：选中对象后，单击右键，在弹出的快捷菜单中选择"打开方式"|"选择默认程序"，在打开的"打开方式"对话框中进行更改；若勾选"始终使用选择的程序打开这种文件"复选框，则改变了当前文件类型的默认打开方式，如图 2-86 所示。

图 2-86　"打开方式"对话框

（6）新建文件或文件夹

创建文件夹有三种方式：

● 单击窗口工具栏上的"新建文件夹"按钮；

● 使用窗口菜单"文件"|"新建"|"文件夹"命令；

● 在指定磁盘的空白处单击右键，选择"新建"命令，并在下级菜单中选择"文件夹"，如图 2-87所示。

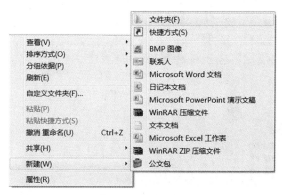

图 2-87　创建文件夹快捷菜单

创建文件有三种方式：

● 创建新文件最常见的方式是使用程序。打开程序，在工作区编辑内容后，单击"保存"按钮，即可创建该应用程序类型的文件；

● 使用窗口菜单"文件"|"新建"命令,并在下级菜单中选择要建立的文件类型,则在当前窗口创建一个所选类型的新文件;

● 在指定磁盘的空白处单击右键,选择"新建"命令,并在下级菜单中选择要新建的文件类型,参考图 2-87。

【例 2.8】 在 E 盘根目录下名称为"abc"的文件夹中,创建一个名称为"计算机操作系统.rtf"的文本文档。

操作步骤如下:

①双击打开"计算机",双击"本地磁盘(E:)"图标,进入 E 盘根目录。

②查看根目录下是否存在名称为"abc"的文件夹,若不存在,则单击工具栏上的"新建文件夹"按钮创建文件夹,命名为"abc"。

③选择"开始"|"所有程序"|"附件"|"写字板",即可打开"写字板"应用程序,用户可在工作区域进行文本内容编辑,如图 2-88 所示。

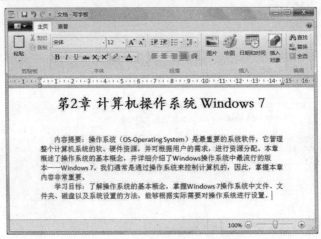

图 2-88　写字板窗口

④单击"保存"按钮，在弹出的"保存为"对话框中选择文件存储位置为 E 盘根目录下的"abc"文件夹,文件名为"计算机操作系统",单击"保存"按钮,如图 2-89 所示。

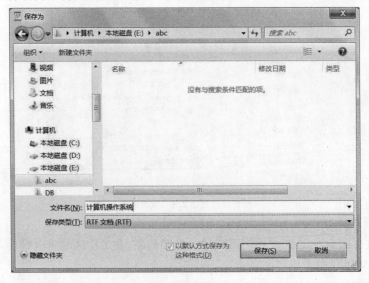

图 2-89　"保存为"对话框

（7）重命名文件或文件夹

磁盘上的文件和文件夹都可以被重新命名。右键单击文件或文件夹图标,在快捷菜单中选择"重命名"命令,即可进行重命名操作。

（8）移动文件或文件夹

复制和剪切对象都能实现文件或文件夹的移动,不同之处在于:复制可以不改变对象本身,新文件是该对象的副本,而剪切则是移动了对象本身。必须先使用复制或剪切命令,将对象复制到剪贴板上,才可以进行粘贴操作。

除了复制和剪切,还可以利用鼠标拖动的方法进行文件的移动。具体方法是:选中要移动的对象,用鼠标左键将选定对象移动到目的地。

复制的三种方式如下:
● 选中对象,单击菜单栏中的"组织"|"复制"命令;
● 右键单击选中对象,快捷菜单中选择"复制"命令;
● 选中对象,使用快捷键 Ctrl+C。

剪切的三种方式如下:
● 选中对象,单击菜单栏中的"组织"|"剪切"命令;
● 右键单击选中对象,快捷菜单中选择"剪切"命令;
● 选中对象,使用快捷键 Ctrl+X。

粘贴的三种方式如下:
● 单击菜单栏中的"组织"|"粘贴"命令;
● 右键单击窗口空白处,在快捷菜单中选择"粘贴"命令;
● 使用快捷键 Ctrl+V。

（9）删除文件或文件夹

右键单击选中对象,在快捷菜单中选择"删除"命令或单击键盘上的 Delete 键,可删除选定对象,被删除的对象暂时放在"回收站"文件夹中,而不是直接从硬盘上删除。在"回收站"中,可对已经删除的对象进行还原或彻底删除。

若要直接彻底地从计算机中删除文件,可在执行删除操作时,同时按下键盘的 Shift 键。两种删除方式如图 2-90、图 2-91 所示。

图 2-90　删除文件到回收站　　　　　　　图 2-91　彻底删除文件

（10）查找文件或文件夹

打开"开始"菜单,在下方的搜索框中输入"mi",会在开始面板中显示相关的程序、控制面板项以及文件等,如图 2-92 所示。

图 2-92 "开始"菜单的搜索框

2.7.3 磁盘管理

磁盘是计算机的重要组成部分,计算机中的文件、应用程序甚至所安装的操作系统都保存在磁盘上,因而对磁盘的管理和维护非常重要。

为了提高磁盘的空间利用率,用户可以利用 Windows 7 系统自带的磁盘清理程序和磁盘碎片整理程序对磁盘进行优化。

1. 查看磁盘信息

在桌面上双击"计算机",出现如图 2-93 所示的窗口,窗口中含有计算机所有磁盘的图标,每个磁盘图标的下方显示了该磁盘的总容量及剩余可用空间。

选中一个磁盘图标,单击右键,选择"属性",弹出如图 2-94 所示的磁盘属性对话框,可以查看磁盘的类型、文件系统、可用空间等信息。

图 2-93 "计算机"窗口

图 2-94 磁盘的属性

2.磁盘格式化

硬盘是计算机上的主要存储设备,使用前需要进行格式化。在格式化磁盘时,使用文件系统(如 NTFS)对其进行配置,以便 Windows 可以在磁盘上存储信息。与 Windows 的某些早期版本中使用的 FAT 文件系统相比,NTFS 文件系统为硬盘和分区或卷上的数据提供的性能更好、安全性更高。Windows 7 默认为 NTFS 格式的文件系统。

磁盘格式化是在磁盘所有数据区上写零的过程,将会清空磁盘上的所有数据。格式化的操作步骤:

(1)右键单击磁盘图标,如本地磁盘(F:);

(2)在弹出的快捷菜单中,选择"格式化"命令,弹出如图 2-95 所示的"格式化 本地磁盘(F:)"对话框。

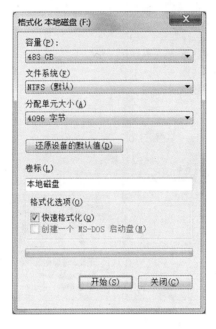

图 2-95 "格式化 本地磁盘(F:)"对话框

3.磁盘清理

为释放磁盘上的空间,用户可以使用 Windows 提供的磁盘清理功能来查找并删除计算机上确定不再需要的临时文件。如果计算机上有多个驱动器或分区,则用户需选择要进行磁盘清理的驱动器。

【例2.9】 对 C 盘进行磁盘清理。

操作步骤如下:

①启动磁盘清理程序。单击"开始"|"所有程序"|"附件"|"系统工具"|"磁盘清理"命令,或直接在"开始"菜单的搜索栏中输入"磁盘清理"后按下回车键,打开"磁盘清理:驱动器选择"对话框,选择驱动器 C 盘后,单击"确定"按钮。

②清理程序自动分析所选分区的信息。如图 2-96 所示。

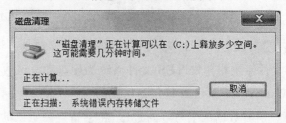

图 2-96 "磁盘清理"对话框

③在打开的如图 2-97 所示的"(C:)的磁盘清理"对话框中,选择要删除的文件后,单击"确定"按钮。

④磁盘清理程序根据用户的选择清理磁盘文件,如图 2-98 所示。完成清理后,自动退出。

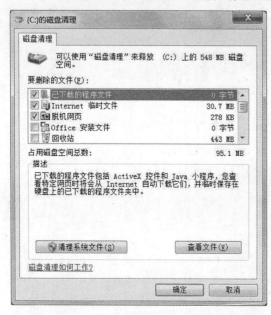

图 2-97 "(C:)的磁盘清理"对话框

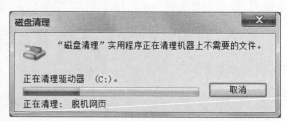

图 2-98 磁盘清理中

4. 磁盘碎片整理

用户反复写入和删除文件将在磁盘的空间上产生许多存储区域的碎片,这将影响系统读取数据的速度。磁盘碎片整理程序可以重新排列碎片数据,以便磁盘能够更有效地工作。

启动磁盘碎片整理程序的方式有两种:

● 在"磁盘属性"对话框的"工具"选项卡中,单击"立即进行碎片整理"按钮;

● 选择"开始"|"所有程序"|"附件"|"系统工具"|"磁盘碎片整理程序"命令。

【例 2.10】 对 C 盘进行磁盘碎片整理。

①启动碎片整理程序,打开如图 2-99 所示的"磁盘碎片整理程序"窗口。

图 2-99 "磁盘碎片整理程序"窗口

②选中磁盘"(C:)"单击"分析磁盘"按钮,程序将分析磁盘(C:)的碎片,如图 2-100 所示。

图 2-100 分析磁盘碎片

③碎片分析完成后,若需碎片整理,则单击"磁盘碎片整理"按钮;否则,单击"关闭"按钮退

出程序。如图 2-101 所示，C 盘存在 2% 的碎片。

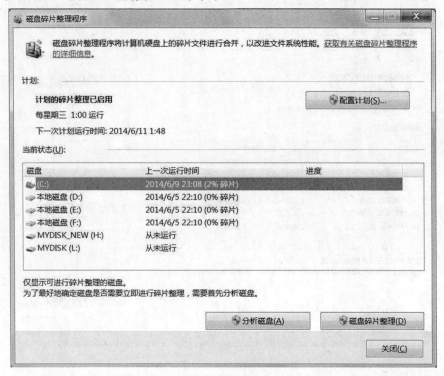

图 2-101　碎片分析结果

④单击"磁盘碎片整理"按钮进行碎片合并，如图 2-102 所示。

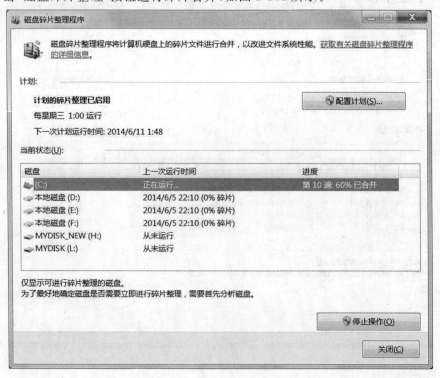

图 2-102　碎片合并

2.8　Windows 7 附件的应用

2.8.1　画图的使用

画图是 Windows 7 系统自带的一个图像编辑程序，可以绘制、编辑简单的图形。

打开画图工具的方法是：单击"开始"|"所有程序"|"附件"|"画图"命令，如图 2-103 所示。

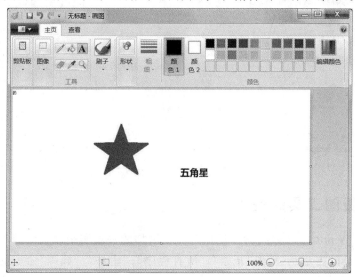

图 2-103　"画图"窗口

2.8.2　计算器的使用

计算器是 Windows 7 系统自带的非常实用的工具，不仅可以进行加、减、乘、除等简单的运算，还提供了程序员计算器、科学型计算器和统计信息计算器等高级功能。

打开计算器的方法是：单击"开始"|"所有程序"|"附件"|"计算器"命令，如图 2-104 所示。

图 2-104　"计算器"窗口

2.8.3 记事本的使用

记事本是一个用来创建文档的基本文本编辑程序。打开记事本的方法是：单击"开始"|"所有程序"|"附件"|"记事本"命令，如图 2-105 所示。

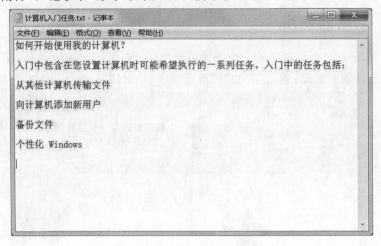

图 2-105 "记事本"窗口

2.8.4 截图工具的使用

截图工具是 Windows 7 系统为方便用户而新增加的一款实用性很强的工具。

打开截图工具的方法是：单击"开始"|"所有程序"|"附件"|"截图"命令，打开"截图工具"窗口，如图 2-106 所示。

图 2-106 "截图工具"窗口

当打开该工具后，鼠标随即变成"十字"，拖曳出一个矩形框即为截图区域，所截取图形可立即显示在"截图工具"窗口中。捕获截图后，在窗口中单击"保存截图"按钮，在"另存为"对话框中，输入截图的名称，选择保存截图的位置，单击"保存"，即可完成截图操作。

 **操 作 实 践**

实验一 Windows 7 个性化设置

1. 实验目的

(1)熟悉 Windows 7 的基本元素。

(2)掌握 Windows 7 的基本操作。

(3)掌握 Windows 7 的个性化设置的方法。

2.实验内容

(1)隐藏桌面上的"计算机"和"回收站"图标。

操作步骤如下：

①右键单击桌面空白处，在快捷菜单上选择"个性化"命令。

②在弹出的"个性化"窗口左侧导航上单击"更改桌面图标"超链接。

③在弹出的"桌面图标设置"对话框上的"桌面图标"分组框中，取消选中"计算机"复选框和"回收站"复选框。如图 2-107 所示。

(2)隐藏任务栏，并将任务栏上按钮设置为"从不合并"。

操作步骤如下：

①右键单击任务栏空白处，在快捷菜单上选择"属性"命令。

②在弹出的"任务栏和「开始」菜单属性"对话框中选中"任务栏"选项卡。

③对"任务栏外观"分组框中的内容进行设置，选中"自动隐藏任务栏"复选框，从"任务栏按钮"列表中选择"从不合并"。如图 2-108 所示。

图 2-107　"桌面图标设置"对话框

图 2-108　"任务栏和「开始」菜单属性"对话框

实验二　使用控制面板

1.实验目的

(1)掌握控制面板的使用方法。

(2)掌握系统设置的简单方法。

2.实验内容

(1)更改计算机的显示设置，使屏幕上的内容更易于阅读。

操作步骤如下：

①选择"控制面板"|"个性化和外观"|"显示"，打开如图 2-109 所示的"显示"窗口。

②单击窗口左侧的导航栏,进行"调整分辨率""校准颜色""更改显示器设置""调整 ClearType 文本""调整自定义文本大小(DPI)"等设置。

(2)使用"打开或关闭 Windows 功能"关闭本机的游戏功能。

操作步骤如下:

①选择"控制面板"|"程序"|"打开或关闭 Windows 功能",打开如图 2-110 所示的 "Windows 功能"对话框。

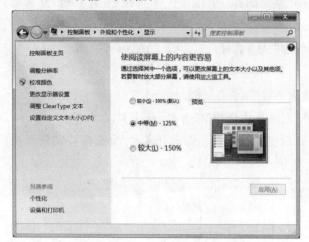

图 2-109 "显示"窗口

图 2-110 "Windows 功能"对话框

②在"打开或关闭 Windows 功能"列表框中,去掉选中"游戏"复选框。

实验三　文件和文件夹操作

1. 实验目的

(1)掌握文件与文件夹的基本操作。

(2)掌握磁盘管理的方法。

2. 实验内容

(1)新建文件名为 aaa. txt 的文本文档并保存文件到 E 盘。

(2)在 D 盘创建两个文件夹并命名为 user 和 student。

(3)先将 aaa. txt 复制到 D 盘的 student 文件夹下,然后移动 student 文件夹到 user 文件夹内。

(4)将 aaa. txt 重命名为 abc. txt,并修改为只读属性,更改文件扩展名为. doc。

(5)删除 E 盘下的 aaa. txt 文件,并清空回收站。

(6)将 abc. txt 文件发送到桌面快捷方式。

(7)将 E 盘格式化。

习　题

【主要术语自测】

操作系统	滚动条	屏幕保护程序
桌面	快捷键	桌面背景
对话框	图标	控制面板
选项卡	文件	任务
复选框	文件夹	按钮
单选框	路径	标题栏
列表框	文件属性	状态栏
菜单	附件	工具栏

【基本操作自测】

1. 在桌面上添加一个 Microsoft Excel 的快捷方式图标,然后将其删除。

2. 添加桌面小工具时钟,并对时钟外观进行设置。

3. 设置等待 1 分钟出现屏幕保护程序"三维文字",文字内容"计算机应用基础",文字的旋转类型为"滚动",在恢复系统时显示登录屏幕。

4. 打开"设备管理器",查看计算机上的硬件设备及其属性。

5. 使用磁盘碎片整理程序,整理计算机的 C 盘。

6. 启动画图程序,绘画出创意的图画,并保存文件名为"画图.png"。

【填空题】

1. 计算机系统是由_____和_____两部分组成。

2. Windows 7 中,选定多个连续文件的操作是:单击第一个文件,然后按住_____键的同时,单击要选定区域中的最后一个文件。

3. Windows 7 的"记事本"所创建文件的默认扩展名是_____。

4. 在 Windows 操作环境下,将整个屏幕画面复制到剪贴板中使用的快捷键是_____。

5. 文件 abc.jpg 存放在 D 盘的 photo 文件夹中的 20140926 子文件夹下,则该文件的完整标识符是_____。

【选择题】

1. 在 Windows 7 系统中,按照(　　)排列桌面上的图标后,用户不能随意移动图标。

A. 名称　　　　　B. 类型　　　　　C. 大小　　　　　D. 自动排列图标

2. 下列各组软件中,完全属于系统软件的一组是(　　)。

A. UNIX、WPS Office 2010、MS-DOS

B. AutoCAD. Photoshop、PowerPoint 2010

C. Oracle、FORTRAN 编译系统、UNIX

D. 物流管理程序、Sybase、Windows 7

3. Windows 7 中,文件的属性不包含(　　)。

A. 只读　　　　　B. 隐藏　　　　　C. 存档　　　　　D. 运行

4. 有关显示器的叙述,错误的是(　　)。

A. 显示器的尺寸以显示屏的对角线来度量

B. 计算机的显示系统由显示器和显示卡组成

C. 显示器是通过显卡与主机连接的,所以显示器必须与显示卡匹配

D. 显存的大小,不影响显示器的分辨率与颜色数

5. 有关 Windows 7 对话框的叙述,错误的是( )。

A. 对话框是提供给用户与计算机对话的界面

B. 对话框的位置可以移动,但大小不能改变

C. 对话框的位置和大小都不能改变

D. 对话框中可能包含选项卡

6. 在 Windows 7 中,要设置屏幕的分辨率,可以通过控制面板中的( )。

A. 系统和安全　　　　　　　　　B. 网络和 Internet

C. 硬件和声音　　　　　　　　　D. 外观和个性化

7. 在 Windows 7 中,删除桌面上的某个应用程序图标,意味着( )。

A. 该应用程序连同其图标一起被删除

B. 只删除了该应用程序,对应的图标被隐藏

C. 只删除了图标,对应的应用程序被保留

D. 该应用程序连同其图标一起被隐藏

8. 在 Windows 7 中,选中窗口中全部文件的快捷键是( )。

A. Ctrl＋A　　　　B. Ctrl＋C　　　　C. Ctrl＋V　　　　D. Win＋Tab

9. 下列选项中,不属于操作系统的是( )。

A. UNIX　　　　B. Windows XP　　　　C. Access　　　　D. Android

第3章　计算机网络与 Internet 应用

本章学习要求

1. 了解计算机网络的基础知识。
2. 了解 IP 地址的分类和域名的基础知识。
3. 了解 Internet 的基本概念。
4. 了解接入 Internet 的常用方式。
5. 掌握 Internet 的应用。

3.1　计算机网络

3.1.1　计算机网络基本概念

1969 年,美国国防部研究计划局(ARPA)主持研制的 ARPANet 计算机网络投入运行。在这之后,世界各地计算机网络的建设如雨后春笋般迅速发展起来。

计算机网络的产生和演变经历了从简单到复杂、从低级到高级、从单机系统到多机系统的发展过程,可概括为三个阶段:

1. 具有远程通信功能的单机系统

这一阶段已具备了计算机网络的雏形。

2. 具有远程通信功能的多机系统

这一阶段的计算机网络属于面向终端的计算机通信网。

3. 以资源共享为目的的计算机——计算机网络

这一阶段的计算机网络才是今天意义上的计算机网络。

一般地说,将分散的多台计算机、终端和外部设备用通信线路互连,彼此间实现互相通信,并且计算机的硬件、软件和数据资源可以被共同使用,实现资源共享的整个系统就叫作计算机网络。

联网的每台计算机本身都是一台完整独立的设备。它可以独立工作,例如可以对它进行启动、运行和停机等操作。还可以通过网络去使用网络上的另外一台计算机。

计算机之间可以用双绞线、同轴电缆和光纤等进行有线通信,也可以使用微波、卫星等无线媒体把它们连接起来。例如,家用计算机要想连到 Internet 上去,只要在邮电部门办一个手续,用电话线通过通信设备(调制解调器-Modem)进行连接,再装上相应的软件,就可以通过拨号方式登录 Internet,查询 Internet 上的信息。

3.1.2 计算机网络的分类

1.按网络的覆盖区域划分

按覆盖的地理范围进行分类,计算机网络可以分为以下几类:

(1)局域网 LAN(Local Area Network):局域网的地理范围一般在十公里以内,属于一个部门或一个单位组建的小范围网络。局域网用于将有限范围内(如一个实验室、一幢大楼、一个校园)的各种计算机、终端与外部设备互联成网。

局域网具有广泛的应用。将基于个人计算机的智能工作站连成局域网,可以共享文件,相互协同工作,还可以共享磁盘、打印机等资源,提高办公效率。同时,综合声音、图像、图形的多媒体网络技术,使计算机网络的应用更加绚丽多彩。

(2)广域网 WAN(Wide Area Network):广域网也称为远程网(RCN)。广域网覆盖一个地区、国家,甚至可以横跨几个洲,形成国际性的远程网络。广域网的通信子网主要使用分组交换技术,可以利用公用分组交换网、卫星通信网和无线分组交换网,将分布在不同地区的计算机系统互连起来,以达到资源共享的目的。

Internet 通常只代表一般的互联网络,即网际网,通常将互联的网络集合称为互联网,如通过 WAN 连接起来的 LAN 集合。而 Internet 也称为因特网,其特指通过网络互连设备把不同的众多网络或网络群体根据全球统一的通信规则(TCP/IP)互连起来形成的全球最大的、开放的计算机网络。它被广泛地用于连接大学、政府机关、公司和个人用户。用户可以利用 Internet 来实现全球范围的电子邮件传输、WWW 信息查询与浏览、文件传输、语音与图像通信服务等功能。

2.按网络所有权划分

(1)公共网:由电信部门组建,政府和电信部门管理和控制,社会集团用户或公众可以租用的网络,如我国已建立的数字数据网(DDN)、公共电话网(PSTN)、X.25 和帧中继(FR)等。

(2)专用网:一般为某一单位或系统组建,该网一般不允许其他单位或系统外的用户使用,如军队、银行、公安和铁路等系统建立的网络。

3.1.3 计算机网络的组成

计算机网络由计算机系统、网络结点和通信线路组成。计算机系统进行各种数据处理和网络管理,通信线路和网络结点提供通信功能,从逻辑功能上可以把计算机网络分成两个子网:通信子网和资源子网。

1.计算机系统

网络中的计算机系统通常是指用于完成大量信息的采集、存储和加工处理的服务器或服务器集群系统,具有提供满足用户需求的网络服务功能。

2.网络结点

在大型网络中,网络结点一般由一台通信处理机或通信控制器来担当,在局域网中使用的网络适配器(网卡)也属于网络结点。

网络结点主要负责信息的发送、接收和转发,是计算机与网络的接口。计算机通过网络结点向其他计算机发送信息;结点鉴别和监视其他计算机发送来的信息,接收信息并送给本地计算机。由通信处理机或通信控制器组成的网络结点还具有存储转发和路径选择的功能。

3.通信线路

通信线路是连接两个结点之间的通信信道,通信信道包括通信线路和相关的通信设备。通信线路可以是双绞线、同轴电缆和光纤等传输介质,也可以是无线通信介质,如红外线、微波等。相关的通信设备包括交换机、路由器、中继器、调制解调器,以及用于卫星通信的地面站、微波站、集中器等。

4.通信子网

通信子网提供计算机网络的通信功能,由网络结点和通信链路组成。通信子网是由结点处理机和通信线路组成的一个独立的数据通信系统,如图 3-1 所示。图中虚线以内为通信子网。它承担着网络的数据传输、转接、加工和变换等通信处理工作。

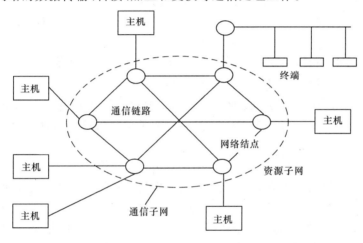

图 3-1　数据通信系统

5.资源子网

资源子网提供访问网络和数据处理的能力,由主机、终端控制器和终端组成。图 3-1 中虚线以外为资源子网。

主机负责本地或全网的数据处理,运行各种应用程序或大型数据库系统,向网络用户提供各种软硬件资源和网络服务。

终端控制器用于把一组终端连入通信子网,并负责控制终端信息的接收和发送。终端控制器可以不经主机直接和网络结点相连。当然,还有一些设备也可以不经主机直接和结点相连,如打印机和大型存储设备等。

3.1.4　计算机网络协议

计算机网络是由各种计算机、各种类型的终端通过通信线路连接起来的复合系统,在这个系统中,实现资源共享、均衡负载、分布处理等网络功能都离不开数据交换(即通信)。要做到有条不紊地交换数据,每个结点就必须遵守一些事先约定好的规则。这些为进行网络中的数据交换而建立的规则、标准或约定称为网络协议。网络协议主要由以下三个要素组成：

（1）语义，规定通信双方彼此之间准备"讲什么"，即确定协议元素的类型，如规定通信双方需要发出何种控制信息，完成何种动作以及做出何种应答；

（2）语法，规定通信双方彼此之间"如何讲"，即确定协议元素的格式，如数据与控制信息的格式；

（3）同步，规定通信双方彼此之间的"应答关系"，即规定通信过程中状态的变化、执行顺序及速度匹配和排序问题。

由此可见，网络协议是计算机网络不可缺少的组成部分。

ARPANet 的研制经验表明，对于非常复杂的计算机网络协议，最好采用层次结构。为什么计算机网络会和层次有联系呢？我们举一个简单的例子来说明。

例如相距很远的甲乙两人，通过电话讨论有关计算机网络的问题，则至少有三个层次的问题，其中每一层都涉及了协议：

最高层（认识层），双方具有起码的计算机网络方面的知识，或者说通信双方必须有共同感兴趣的话题和相关的知识，因而能听懂对方谈话的内容。

中间层（语言层），双方使用共同的语言，或通过翻译彼此能听懂对方的话（从语言的角度）。

最低层（传输层），负责将每一方的语言信号转变为电信号，传输到对方后再还原成对方可听懂的语言信号。这一层不考虑使用的语言及谈话内容。

这样的分层做法所带来的好处是每一层实现一种相对独立的功能，因而可将一个难以处理的复杂问题分解为若干个易于处理的小问题，简化了网络协议的设计，达到大而化小，分而治之的目的。

网络协议是分层的，我们就将计算机网络的各层及其协议的集合，称为网络体系结构。网络体系结构定义了网络及其组成部分的功能，同时也包括各部分之间的交互功能。具体地说，网络体系结构是关于计算机网络应设置哪几层，每个层次又应提供哪些功能的精确定义。至于这些功能应如何实现，则不属于网络体系结构部分。换言之，网络体系结构只是从层次结构及功能上来描述计算机网络，并不涉及每一层硬件和软件的组成，更不涉及这些硬件和软件本身的实现问题。由此可见，网络体系结构是抽象的、存在于书面上的对精确定义的描述。可见，对于同样的网络体系结构，可采用不同的方法设计出完全不同的硬件和软件来为相应层次提供完全相同的功能和接口。

3.1.5 计算机局域网

计算机局域网是一种可以提供高速交换连接的通信网络，适用于一幢大楼、一个校园等，一般在十公里以内。LAN 具有以下特点：

● 多个系统共享同一传输介质；

● 具有较高的传输速率，一般为 100 Mbps 以上，不同类型的传输介质传输相差较大，无线局域网一般是几十 Mbps；

● 具有较高的可靠性，误码率低、传输时延小；

● 具有单播、组播和广播的能力；

● 由于归一个单位或组织所有，容易维护和管理。

用户可以通过 LAN 交换文件共享资源。如图 3-2 所示，某台打印机与 PC 机 A 直接相连,那么与 A 机所属同一 LAN 的其他 PC 机 B、C、D 都可以通过配置享用打印机。A 机被称为打印服务器,它为其他的 PC 机提供了打印业务的接入。再如,LAN 中作为通信服务器的 PC 机可以通过 Modem 或宽带接入远端的计算机和业务,其他 PC 机则通过这台 PC 机接入远端计算机和业务。

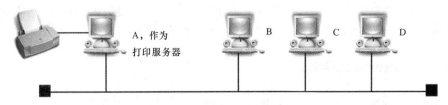

图 3-2　LAN 的硬件共享

常见的计算机网络结构是客户机/服务器结构,数据库或资源重要的话,用户还可接入连接 LAN 的服务器的程序。客户机与服务器之间的数据流能在 LAN 上产生巨大的数据流量,这个流量在安装和管理 LAN 时必须仔细考虑。

3.2　Internet 基础知识

3.2.1　Internet 概述

"Inter"在英语中的含义是"交互的","net"是指"网络"。简单地讲,Internet 是一个计算机交互网络,又称网间网。它是一个全球性的巨大的计算机网络体系,它把全球数万个计算机网络,数千万台主机连接起来,包含了难以计数的信息资源,向全世界提供信息服务,它的出现,是世界由工业化走向信息化的必然和象征,但这并不是对 Internet 的一种定义,仅仅是对它的一种解释。

从网络通信的角度来看,Internet 是一个以 TCP/IP 网络协议连接各个国家、各个地区、各个机构的计算机网络的数据通信网。

从信息资源的角度来看,Internet 是一个集各个部门、各个领域的各种信息资源为一体,供网上用户共享的信息资源网。

从娱乐休闲的角度来看,Internet 是一个花样众多的娱乐厅,网络上有很多专门的视频站点和广播站点、BT 网站、MP3 网站,还可以浏览全球各地的风景名胜和风土人情,网上的 QQ 和 BBS 更是一个大家聊天交流的好地方。

从经商的角度来看,Internet 是一个既能省钱又能赚钱的场所,在 Internet 上已经注册有上千万家公司,利用 Internet,足不出户,就可以得到各种免费的经济信息,还可以将生意做到海外。无论是股票证券行情,还是房地产、商品信息,在网上都可实时跟踪。通过网络还可以图、声、文并茂地召开订货会、新产品发布会,做广告等。

今天的 Internet 已经远远超过了一个网络的含义,它是一个信息社会的缩影。虽然至今还没有一个准确的定义来概括 Internet,但是这个定义应从通信协议、物理连接、资源共享、相互联系、相互通信等角度来综合加以考虑。一般认为,Internet 的定义至少包含以下三个方面的内容:

（1）Internet 是一个基于 TCP/IP 协议簇的国际互联网络。

（2）Internet 是一个网络用户的团体，用户使用网络资源，同时也为该网络的发展壮大贡献力量。

（3）Internet 是所有可被访问和利用的信息资源的集合。

因此，可以这样理解 Internet，它是一个遵循一定协议自由发展的国际互联网，它利用覆盖全球的通信系统使各类计算机网络互联，从而实现智能化的信息交流和资源共享。

3.2.2　Internet 接入

接入 Internet 的方式有很多，常用的接入 Internet 方式有以下几种。

1. xDSL 接入方式

xDSL 是通过铜线或者本地电话网提供数字连接的一种技术，其所要解决的问题就是如何能在同样的电话线上将数据传输速率提高。目前 xDSL 技术已经开发出了 HDSL、SDSL、VDSL、ADSL 与 RADSL 等多种不同类型的 DSL 接入技术，这些统称为"xDSL"。

ADSL(Asymmetrical Digital Subscriber Loop，非对称数字用户环路)是目前最广泛使用的一种 xDSL 技术。ADSL 技术是运行在原有普通电话线上的一种新的高速宽带技术，它利用现有的一对电话线，为用户提供上、下行非对称的传输速率(带宽)。非对称主要体现在上行速率和下行速率(最高 8 Mbps)的非对称性上。上行(从用户到网络)为低速的传输，可达 640 kbps；下行(从网络到用户)为高速传输，可达 8 Mbps。

ADSL 的特点是：

（1）直接利用现有用户电话线，节省投资。

（2）可享受超高速的网络服务，为用户提供上、下行不对称的传输带宽。

（3）节省费用，上网同时可以打电话，互不影响，而且上网时不需要另交电话费。

（4）安装简单，不需要另外申请线路，只需要在普通电话线上加装 ADSL Modem，在计算机上安装网卡即可。

2. Wi-Fi 热点网络

Wi-Fi 是无线保真(Wireless Fidelity)的缩写，现在已成为以无线方式接入网络的一种主要方式。

Wi-Fi 是由 AP(Access Point)和无线网卡组成的无线网络。所谓"热点"，也就是Hotspot，指提供免费或付费方式获得 Wi-Fi 服务的地方，实际上就是指这些地方安装了无线路由器，有无线上网信号。AP 一般称为网络桥接器或接入点，它被当作传统的有线局域网络与无线局域网络之间的桥梁，因此任何一台装有无线网卡的 PC 均可通过 AP 去分享有线局域网络甚至广域网络的资源，其工作原理相当于一个内置无线发射器的 Hub 或者是路由，而无线网卡则是负责接收由 AP 所发射信号的 Client 端设备。

Wi-Fi 接入的主要优势体现在以下几点：其一，无线电波的覆盖范围广，半径则可达 100 m，办公室自不用说，就是在整栋大楼中也可使用。最近，由 Vivato 公司推出的一款新型交换机。据悉，该款产品能够把 Wi-Fi 无线网络的通信距离扩大到约 6.5 km。其二，虽然由 Wi-Fi 技术传输的无线通信质量不是很好，数据安全性能比蓝牙差一些，传输质量也有待改进，但传输速度非常快，可以达到 11 Mbps，符合个人和社会信息化的需求。其三，厂商进入该领域的门槛比较低。厂商只需要在机场、车站、咖啡店、图书馆等人员较密集的地方设置"热点"，并通过高速线路将因特网接入上述场所即可。由于"热点"所发射出的电波可以达到距接入点 10 m 至 100 m 的地方,用户只要将支持无线 LAN 的笔记本电脑或 PDA 拿到该区域内,即可高速接入 Internet。

3. 小区宽带接入

这是大中城市目前较普及的一种宽带接入方式,网络服务商采用光纤接入到楼(FTTB)或小区(FTTZ),再通过网线接入用户家,为整幢楼或小区提供共享带宽(通常是 10 Mbps)。目前国内有多家公司提供此类宽带接入方式,如网通、长城宽带、联通和电信等。

这种宽带接入通常由小区出面申请安装,网络服务商不受理个人服务。用户可询问所居住小区物业管理部门或直接询问当地网络服务商是否已开通本小区宽带。这种接入方式对用户设备要求最低,只需一台带 10/100 Mbps 自适应网卡的电脑。

目前,绝大多数小区宽带均为 10 Mbps 共享带宽,这意味如果在同一时间上网的用户较多,网速则较慢。即便如此,多数情况的平均下载速度仍远远高于电信 ADSL,达到了几百 kbps,在速度方面占有较大优势。

小区宽带接入的主要优点是,初装费用较低(通常在 100~300 元,视地区不同而异),下载速度很快,通常能达到上百 kbps,很适合需要经常下载文件的用户,而且没有上传速度慢的限制。存在的主要不足是,由于这种宽带接入主要针对小区,因此个人用户无法自行申请,必须待小区用户达到一定数量后才能向网络服务商提出安装申请,较为不便。不过一旦该小区已开通小区宽带,那么从申请到安装所需等待的时间非常短。此外,各小区采用哪家公司的宽带服务由网络运营商决定,用户个人无法选择。

4. 手机 GPRS 包月上网

GPRS(General Packet Radio Service,通用分组无线业务)是一种以全球手机系统(GSM)为基础的数据传输技术,它是 GSM 移动电话用户可用的一种移动数据业务,是 GSM 的延续。它通过利用 GSM 网络中未使用的 TDMA 信道,提供中速的数据传递。GPRS 的传输速率可达 56~114 kbps。而且,因为不再需要现行无线应用所需要的中介转换器,所以连接及传输都会更方便容易。如此,使用者可联机上网,参加视讯会议等互动传播,而且在同一个视讯网络上(VRN)的使用者,甚至可以无须通过拨号,而持续与网络连接。

5. CDMA 无线上网

CDMA(Code Division Multiple Access)是"码分多址"数字无线通信技术的英文缩写,它是在数字技术的分支——扩频通信技术上发展起来的一种崭新的无线通信技术。

CDMA 无线上网是基于 CDMA 1X 网络提供的笔记本电脑高速无线上网业务。速度可高达 153.6 kbps 或者是 230.4 kbps,是普通拨号上网速度的 3 倍,手机能打电话的地方就可以移动上网,在高速行进的汽车、火车中连接稳定,不掉线。实际的下载速度一般可以在 10~15 kbps。CDMA 无线上网可以通过 CDMA 手机连接电脑或者是 CDMA 的无线上网卡进行上网,速度较 GPRS 快。

6. 卫星接入

目前,国内一些 Internet 服务提供商开展了卫星接入 Internet 业务。适合偏远地区又需要较高带宽的用户。卫星用户一般需要安装一个小口径终端(Very Small Aperture Terminal),包括天线和其他接收设备,下行数据的传输速率一般为 1 Mbps 左右,上行通过 PSTN 或者 ISDN 接入 ISP。终端设备和通信费用都比较低。

7. 光纤接入

在一些城市已开始兴建高速城域网,主干网速率可达几十 Gbps,并且推广宽带接入。光纤可以铺设到路边或者大楼里,可以以 100 Mbps 以上的速率接入,适合大型企业。

3.2.3 IP 地址

IP 地址是一个四字节 32 位长的地址码。一个典型的 IP 地址为 200.1.25.7(以点分十进制表示)。IP 地址可以用点分十进制数表示,也可以用二进制数来表示:

200.   1.   25.   7
11001000 00000001 00011001 00000111

IP 地址被封装在数据包的 IP 报头中,供路由器在网间寻址的时候使用。因此,网络中的每个主机,既有自己的 MAC 地址,也有自己的 IP 地址。MAC 地址用于网段内寻址,IP 地址则用于网段间寻址。如图 3-3 所示。

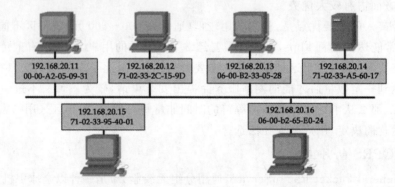

图 3-3　每台主机需要有一对地址

IP 地址分为 A、B、C、D、E 共五类地址,其中前三类是我们经常涉及的 IP 地址。

分辨一个 IP 是哪类地址可以从其第一个字节来区别。如图 3-4 所示。

IP address class	IP address range (First Octet Decimal Value)
Class A	1~126 (00000001~01111110) *
Class B	128~191 (10000000~10111111)
Class C	192~223 (11000000~11011111)
Class D	224~239 (11100000~11101111)
Class E	240~255 (11110000~11111111)

图 3-4　IP 地址的分类

A 类地址的第一个字节在 1 到 126 之间,B 类地址的第一个字节在 128 到 191 之间,C 类地址的第一个字节在 192 到 223 之间。例如 200.1.25.7,是一个 C 类 IP 地址。155.22.100.25 是一个 B 类 IP 地址。

A、B、C 类地址常用来为主机分配 IP 地址。D 类地址用于组播组的地址标识。E 类地址是 Internet Engineering Task Force (IETF)组织保留的 IP 地址,用于该组织自己的研究。

一个 IP 地址分为两部分:网络地址码部分和主机码部分。A 类 IP 地址用第一个字节表示网络地址编码,低三个字节表示主机编码。B 类地址用前两个字节表示网络地址编码,后两个字节表示主机编码。C 类地址用前三个字节表示网络地址编码,最后一个字节表示主机编码。如图 3-5 所示。

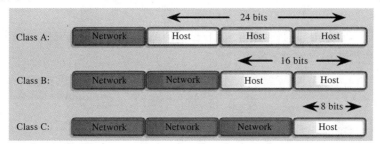

图 3-5 IP 地址的网络地址码部分和主机码部分

把一个主机的 IP 地址的主机码置为全 0 得到的地址码,就是这台主机所在网络的网络地址。例如 200.1.25.7 是一个 C 类 IP 地址。将其主机码部分(最后一个字节)置为全 0,200.1.25.7.0 就是 200.1.25.7 主机所在网络的网络地址。155.22.100.25 是一个 B 类 IP 地址。将其主机码部分(最后两个字节)置为全 0,155.22.0.0 就是 155.22.100.25 主机所在网络的网络地址。

MAC 地址是固化在网卡中的,由网卡的制造厂家随机生成,那 IP 地址是怎么得到的呢?IP 地址是由 InterNIC (Network Information Center of Chantilly) 分配的,它在美国 IP 地址注册机构(Internet Assigned Number Authority) 的授权下操作。用户通常是从 ISP(互联网服务提供商)处购买 IP 地址,ISP 可以分配它所购买的一部分 IP 地址。

A 类地址通常分配给非常大型的网络,因为 A 类地址的主机位有三个字节的主机编码位,提供多达 1600 万个 IP 地址给主机($2^{24}-2$)。也就是说 61.0.0.0 这个网络,可以容纳多达 1600 万个主机。全球一共只有 126 个 A 类网络地址,目前已经没有 A 类地址可以分配了。当使用 IE 浏览器查询一个国外网站的时候,留心观察左下方的地址栏,可以看到一些网站分配了 A 类 IP 地址。

B 类地址通常分配给大机构和大型企业,每个 B 类网络地址可提供六万五千多个 IP 主机地址($2^{16}-2$)。全球一共有 16384 个 B 类网络地址。

C 类地址用于小型网络,大约有 200 万个 C 类地址。C 类地址只有一个字节用来表示这个网络中的主机,因此每个 C 类网络地址只能提供 254 个 IP 主机地址(2^8-2)。

你可能注意到了,A 类地址第一个字节最大为 126,而 B 类地址的第一个字节最小为 128。第一个字节为 127 的 IP 地址,既不属于 A 类也不属于 B 类。第一个字节为 127 的 IP 地址实际上被保留用作回返测试,即主机把数据发送给自己。例如 127.0.0.1 是一个常用的用作回返测试的 IP 地址。如图 3-6 所示。

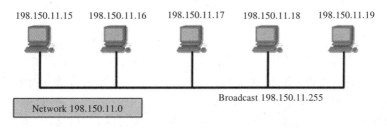

图 3-6 网络地址和广播地址不能分配给主机

由图 3-6 可见,有两类地址不能分配给主机:网络地址和广播地址。广播地址是主机码置为全 1 的 IP 地址。例如 198.150.11.255 是 198.150.11.0 网络中的广播地址。在图中的网络里,198.150.11.0 网络中的主机只能在 198.150.11.1 到 198.150.11.254 范围内分配,198.150.11.0 和 198.150.11.255 不能分配给主机。

有些 IP 地址不必从 IP 地址注册机构(Internet Assigned Number Authority,IANA)处申请得到,这类地址的范围由图 3-7 给出。

Class	RFC 1918 internal address range
A	10.0.0.0 ~ 10.255.255.255
B	172.16.0.0 ~ 172.31.255.255
C	192.168.0.0 ~ 192.168.255.255

图 3-7　内部 IP 地址

RFC1918 文件分别在 A、B、C 类地址中指定了三块作为内部 IP 地址。这些内部 IP 地址可以随便在局域网中使用,但是不能用在互联网中。

IP 地址是在 20 世纪 80 年代开始由 TCP/IP 协议使用的。不幸的是,TCP/IP 协议的设计者没有预见到这个协议会如此广泛地在全球使用。三十年后的今天,4 个字节编码的 IP 地址不久就要被使用完了。

A 类和 B 类地址占了整个 IP 地址空间的 75%,却只能分配给 1.7 万个机构使用。只有占整个 IP 地址空间的 12.5% 的 C 类地址可以留给新的网络使用。

新的 IP 版本已经开发出来,被称为 IPv6。而旧的 IP 版本被称为 IPv4。IPv6 中的 IP 地址使用 16 个字节的地址编码,拥有足够的地址空间迎接未来的商业需要。

由于现有的数以千万计的网络设备不支持 IPv6,所以如何平滑地从 IPv4 迁移到 IPv6 仍然是个难题。不过,在 IP 地址空间即将耗尽的压力下,人们最终会改用 IPv6 的 IP 地址描述主机地址和网络地址。

3.2.4　域　名

域名管理系统——DNS(Domain Name System)是域名解析服务器的意思,它在互联网中的作用是:把域名转换成网络可以识别的 IP 地址。首先,互联网的网站都是一台一台的服务器,但是怎么找到要访问的网站服务器呢?这就需要给每台服务器分配对应的 IP 地址,IP 地址是一种数字型网络和主机标识。数字型标识对使用网络的人来说有不便记忆的缺点,加之互联网上的网站非常多,因而很难记住每个网站的 IP 地址,这就产生了域名管理系统 DNS,它可以把我们输入的域名转换为要访问的服务器的 IP 地址,比如:我们在浏览器输入 www.baidu.com,DNS 服务器会将其解析为 202.108.22.5。

DNS 是一个以分级的、基于域的命名机制为核心的分布式命名数据库系统。DNS 将整个 Internet 视为一个域名空间(Name Space),域名空间是由不同层次的域(Domain)组成的集合。在 DNS 中,一个域代表该网络中要命名资源的管理集合。这些资源通常代表工作站、PC 机、路由器等,但理论上可以标识任何东西。不同的域由不同的域名服务器来管理,域名服务器负责管理存放主机名和 IP 地址的数据库文件,以及域中的主机名和 IP 地址的映射。每个域名服务器只负责整个域名数据库中的一部分信息,而所有域名服务器中的数据库文件中的主机和 IP 地址集合组成 DNS 域名空间。域名服务器分布在不同的地方,它们之间通过特定的方式进行联络,这样可以保证用户通过本地的域名服务器查找到 Internet 上所有的域名信息。

DNS 的域名空间是一个树状结构分层域名组成的集合，如图 3-8 所示。

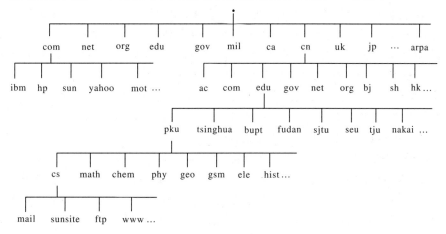

图 3-8　DNS 域名空间

DNS 域名空间树的最上面是一个无名的根（root）域，用点"."表示。这个域只是用来定位的，并不包含任何信息。

在根域之下就是顶级域名。目前顶级域名有：com、edu、gov、org、mil、net 和 arpa 等。所有的顶级域名都由 Internet 网络信息中心（Internet Network Information Center）控制。顶级域名一般分成组织上的和地理上的两大类。

美国的顶级域名（其他国家作为次顶级域名）是由代表机构性质的英文单词的三个缩写字母组成，常用的最高层次域名见表 3-1。

表 3-1　　　　　　　　　　　　　　　组织上的顶级域名

域名	表示	域名	表示
com	通信组织	mil	军队
edu	教育机构	net	网间连接组织
gov	政府	org	非营利性组织
int	国际组织		

除美国以外的国家或地区都采用代表国家或地区的顶级域名，它们一般是相应国家或地区的英文名的两个缩写字母，部分国家或地区的顶级域名见表 3-2。

表 3-2　　　　　　　　　　　　　　　地理上的顶级域名

域名	表示	域名	表示
au	澳大利亚	at	奥地利
ca	加拿大	cn	中国
de	德国	dk	丹麦
fr	法国	hk	中国香港
it	意大利	in	印度
jp	日本	kr	韩国
tw	中国台湾	ru	俄罗斯

提示：按照这些规律，可以推算出某些站点的域名。如：美国迈阿密大学（University

of Miami)Web 网站的域名为 www. miami. edu,美国 Intel 公司 Web 网站域名为 www. intel. com 等,这样显然比 IP 地址好记得多。

顶级域名之下是二级域名。二级域名通常是由 NIC 授权给其他单位或组织管理的。举例来说,berkeley. edu 是伯克利大学的域名,是由伯克利大学自己管理的,而不是由 NIC 管理。一个拥有二级域名的单位可以根据自己的情况再将二级域名分为更低级的域名授权给单位下面的部门管理。DNS 域名树的最下面的叶结点为单个的计算机。

在 DNS 树中,每一个结点都用一个简单的字符串(不带点)标识。这样,在 DNS 域名空间的任何一台计算机都可以用如下所示的中间用点“.”相连接的字符串来表示:

叶结点名. 三级域名. 二级域名. 顶级域名

域名使用的字符包括字母、数字和连字符,而且必须以字母或数字开头和结尾。级别最低的写在最左边,级别最高的顶级域名写在最右边,高一级域包含低一级域。整个域名总长度不得超过 255 个字符。在实际使用中,每个域名的长度一般小于 8 个字符,域名的级数通常不多于 5 个。比如:cwb. dmuzs. edu. cn 这个域名表示大连医科大学中山学院的一台服务器,它和一个唯一的 IP 地址对应。dmuzs 是中国教育领域(edu)的一部分,edu 又是中国(cn)的一部分。这种表示域名的方法可以保证主机域名在整个域名空间中的唯一性。因为即使两个主机的标识是一样的,只要它们的上一级域名不同,那么它们的主机域名就是不同的。又如:hq. dmuzs. edu. cn 和 lib. dmuzs. edu. cn 分别代表两台不同的计算机,一台是大连医科大学中山学院后勤部服务器,另一台是大连医科大学中山学院图书馆服务器。

3.2.5　WWW(万维网)

WWW(World Wide Web),中文名字为“万维网”或“环球信息网”。它起源于 1989 年 3 月,是由欧洲量子物理实验室 CERN(the European Laboratory for Particle Physics)开发进而发展起来的主从结构分布式超媒体系统,它解决了远程信息服务中的文字显示、数据链接以及图像传递等问题,而且界面非常友好,用户不必再熟记复杂的操作命令,使信息的获取变得非常迅速和便捷。可以说,WWW 为 Internet 的普及迈出了开创性的一步,是近年来 Internet 上取得的最激动人心的成就。

1. WWW 的工作方式

WWW 服务的功能很强大,可以传递文字、图像、声音等多种类型的信息,WWW 服务器成为 Internet 上最大的计算机群,Web 文档之多、链接的网络之广,令人难以想象。WWW 服务主要有以下几个特点:

(1)以超文本的方式组织网络多媒体信息。

(2)可以在世界范围内任意查找、检索、浏览和添加信息。

(3)提供直观、统一、使用方便的图形用户界面。

(4)站点之间可以互相链接,可以提供信息查找和漫游的透明访问。

(5)可以访问图像、声音、视频与文本信息。

WWW 就像张巨大的网,通过 Internet 将位于世界各地的相关信息资源有机地编织在一起。在介绍 WWW 工作原理之前先介绍几个与 WWW 有关的概念。

(1)超链接和 HTML。WWW 中的信息资源以 Web 页为基本元素构成。这些 Web 页采用超文本(Hyper Text)的格式,即可以含有指向其他 Web 页或其本身内部特定位置的超链接。可以将超链接理解为指向其他 Web 页的“指针”。超链接使得 Web 页交织为网状,这样,如果 Internet 上的 Web 页和超链接非常多的话,就构成了一个巨大的信息网。

当用户从 WWW 服务器读取一个文件后,需要在自己的屏幕上将它正确无误地显示出来。为保证每个人在屏幕上都能读到正确显示的文件,必须以各类型的计算机或终端都能"看懂"的方式来描述文件,于是就产生了 HTML(Hyper Text Markup Language)——超文本标记语言。

HTML 的正式名称是超文本标记语言。HTML 对 Web 页的内容、格式及 Web 页中的超链接进行描述,而 Web 浏览器的作用就在于读取 Web 站点上的 HTML 文档,再根据此类文档中的描述组织并显示相应的 Web 页面。

HTML 文档本身是文本格式的,用任何一种文本编辑器都可以对它进行编辑。HTML 语言有一套相当复杂的语法,专门提供给专业人员用来创建 Web 文档,一般用户并不需要掌握它。HTML 文档的后缀为".html"或".htm"。

(2)网页和主页。在 Internet 上有无数的 Web 站点,每个站点包含着各种文档,这些文档称为 Web 页,也叫网页。每个网页对应唯一的网页地址,网页中包含各种信息,并设置了许多超链接,用户单击这些超链接就可以浏览到相应的网页。

主页也称为首页,是 Web 站点中最重要的网页,是用户访问这个站点时最先看到的网页。通过主页,用户可大致了解到该站点的主要内容,并可以通过主页上的超链接访问到站点的其他网页。

(3)URL 与资源定位。上面提到每个网页都对应唯一的地址,这个地址就是该网页的 URL。URL 是 Universal Resource Locator 的缩写,也称为统一资源定位器,URL 地址由传输协议和信息页所在服务器的主机地址以及网页所在的路径和文件名组成。

(4)HTTP 协议。HTTP(Hyper Text Transfer Protocol)是超文本传输协议,它特别适用于交互式、超媒体(Hypermedia)Web 环境;FTP 协议是文件传输协议,适合于在两台计算机之间传输文件。下面是新浪网主页的 URL:http://www.sina.com.cn/index.html,其中 http 是使用的传输协议,www.sina.com.cn 是域名,index.html 是主页的文件名。

WWW 采用的是客户机/服务器结构,当用户查询信息时,便执行一个客户机程序,并输入一个 URL,客户机程序也被称为"浏览器"程序。该程序将用户的要求转换成一个或多个标准的信息查询请求,通过 Internet 发送给提供信息的服务器。而服务器则执行一个服务器程序,与 WWW 的客户机程序通过 HTTP 超文本传输协议进行通信,将查询的结果发送给客户机。

在实际运行中,当服务器接收到客户机发出的查询请求后,便完成上述操作,将查询结果通过 Internet 传送到客户机的计算机内存中,客户机再将其转换为一定的显示格式,这个过程对用户来说是看不到的,用户所见到的只是在 Windows、Mac OS、UNIX 或 Linux 等操作系统平台上显示的友好的图形界面。

2. WWW 浏览器

Web 浏览器(Browser)是 WWW 的客户端程序,用户使用它来浏览 Internet 上的各种 Web 页。Web 浏览器采用 HTTP 协议与 Internet 上的 Web 服务器相连,而 Web 页则按照 HTML 格式进行制作,只要遵循 HTML 标准和 HTTP 协议,任何一个 Web 浏览器都可以浏览 Internet 上任何 Web 服务器上存放的 Web 页。目前比较流行的 Web 浏览器软件是 Microsoft 公司的 Internet Explorer,简称为 IE。

Web 浏览器的功能已经非常强大,不仅可以浏览各种 Web 页,而且可以访问 Internet 上几乎所有类型的消息。Web 浏览器的主要功能有:

（1）以浏览网页的形式直接访问 E-mail 服务器，收发和处理电子邮件。

（2）在浏览某些网页时直接下载所需的文本、图形或 MP3 音乐等。

（3）在浏览器的地址栏中键入 URL，可以访问指定的 FTP 服务器，进行文件传输。

（4）某些网页在制作时其中嵌入有数据库管理系统的 SQL 语句，此时用户可以通过浏览器直接检索或发送相应数据库中的数据。

（5）大多数浏览器还支持 Java 语言，它可以通过嵌入各种小的应用程序 Applet 来扩充浏览器的功能。

（6）可以直接在浏览器中播放声音、动画及视频等。

（7）可以复制、保存和打印用户感兴趣的网页。

（8）提供"历史"与"收藏"功能，可以将最近访问过的网页地址记录下来保存在历史记录中，或将用户个人喜欢的 Web 站点地址保存在"收藏夹"中，以使日后更方便、更快速地进行访问与浏览。

3.3　Internet 的应用

3.3.1　IE 浏览器的使用

要想获取 Internet 上海量的资源信息，必须借助于浏览器这类工具，浏览器是可以独立运行的应用程序，能把 WWW 服务器上的文档转换成网页供用户浏览。下面介绍应用广泛的 IE 浏览器。

1. IE 基础

IE 是集成在 Windows 操作系统中的浏览器软件，具有标准的 Windows 风格界面，使用起来非常方便。IE 10 浏览器的窗口由标题栏、菜单栏、地址栏、浏览窗口和状态栏等部分组成，如图 3-9 所示。

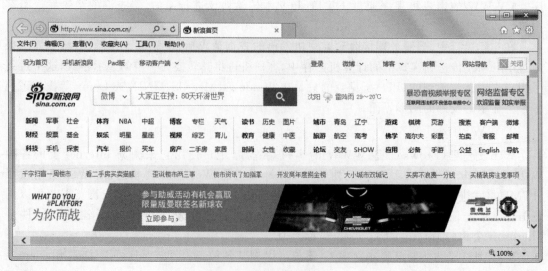

图 3-9　IE 10 窗口

(1)标题栏。标题栏位于窗口的最上方,在标题栏上显示了用户当前正在打开的网页的名称,如上图所示,在标题栏可看出当前打开的网页是新浪网的首页。

(2)菜单栏。IE 10 的菜单栏是标准 Windows 风格,用户使用起来很方便。菜单栏包括文件、编辑、查看、收藏夹、工具和帮助六个菜单项,如图 3-10 所示,用户可以通过菜单栏中的命令来实现相应功能。

文件(F)　　编辑(E)　　查看(V)　　收藏夹(A)　　工具(T)　　帮助(H)

图 3-10　IE 10 菜单栏

下面介绍几个常用的菜单命令:

另存为:在"文件"菜单项中,用于将当前浏览的网页保存在本地硬盘上,方便进行脱机浏览。

打印:在"文件"菜单项中,用于打印当前网页的内容。

脱机工作:在"文件"菜单项中,作用是当没有连接到 Internet 上时,浏览已下载的网页。

查找:在"编辑"菜单项中,作用是在当前网页中查找所需信息。

文字大小:在"查看"菜单项中,可以设置浏览器窗口显示字体的大小。

源文件:在"查看"菜单项中,可以显示当前网页的 HTML 源代码。

添加到收藏夹:在"收藏夹"菜单项中,可以将当前网页添加到收藏夹列表中。用户把经常浏览的网站或网页添加到收藏夹中,省去了每次都要输入地址的麻烦,方便以后进行浏览。

整理收藏夹:在"收藏夹"菜单项中,可以整理收藏夹列表,进行创建、删除、移动、重命名等操作,用户可以按照自己的意愿排列和分类所收藏的网页。

Internet 选项:在"工具"菜单项中,可以进行浏览器的功能设置。

(3)选项卡标签栏。从 IE 7 开始,微软允许在一个 IE 内打开多个浏览窗口,每个窗口占用一个选项卡页,当前选项卡最右边有可供关闭的"×"标记;选项卡标签栏最右侧是"新建选项卡"按钮,如图 3-11 所示。

图 3-11　IE 10 标签栏

(4)地址/搜索栏。用户可以在地址栏中输入网页地址,IE 浏览器会打开相应的网页供用户浏览,当然也可以输入本地计算机上的路径名,来打开本地机上的相应内容。当用户在浏览网页时,地址栏中显示的是当前网页所对应的地址信息。如图 3-12 所示。

http://www.sina.com.cn/

图 3-12　IE 10 地址栏

如果地址栏内输入的既不是网页地址,也不是本地地址,浏览器会自动使用搜索引擎对这些关键字展开搜索,并将搜索结果显示在浏览窗口中。

(5)浏览窗口。浏览窗口是用户获取当前网页内容的区域,用于显示当前所浏览的网页的内容,通过拖动右侧和底部的滚动条可以查看到网页的所有信息。

(6)状态栏。状态栏位于窗口的底部,用来显示当前浏览器的操作状态和信息,如图 3-13 所示。状态栏左侧显示当前网页的加载状况,右侧显示当前网页所在的区域。

图 3-13　IE 10 状态栏

(7)IE 属性设置。IE 10 允许用户对浏览器的工作环境做一些设置,例如可以设置主页、更改计算机的安全级别等。进入 IE 属性设置有以下几种方法,在 IE 菜单栏中单击"工具"项,在下拉菜单中选择"Internet 选项",或在控制面板中选择"Internet 选项"。用以上几种方法都可以打开更改 IE 属性的对话框,对话框的标题是"Internet 选项"或"Internet 属性",如图 3-14 所示。

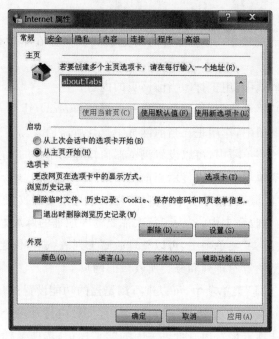

图 3-14　"Internet 属性"对话框

①"常规"选项卡。在该选项卡中可以设置 IE 的主页、Internet 临时文件以及历史记录等选项。

主页。在"地址"文本框中输入网址,可以设置 IE 每次启动时自动打开的网页,也就是 IE 的主页。如果单击"使用当前页"按钮,就把当前正打开的网页作为 IE 的主页;如果单击"使用默认值"按钮,则会把微软公司中文网站的首页设为 IE 的主页;如果单击"使用新选项卡"按钮,则启动 IE 后将打开空白选项卡。

启动。可以选择 IE 启动时的动作。

选项卡。可以设置 IE 打开新选项卡的方式与时机。

浏览历史记录。IE 可以将访问过的网页作为临时文件存储于本地机的某个特定文件夹中,并可在脱机工作时调用这些文件供用户浏览,而且当用户再次浏览这些网页时会提高浏览的速度。

单击"设置"按钮,可打开"网站数据设置"对话框,能够进行改变临时文件存储文件夹、调整存放临时文件所需的磁盘空间、查看临时文件等操作,如图 3-15 所示。

图 3-15　设置 Internet 临时文件

"历史记录"选项卡里可以更改网页保存在历史记录中的天数，还可以清除历史记录。

外观。在"常规"选项卡的最下方有四个按钮，单击后可以改变网页文字的颜色、字体，设置网页的优先语言及其他辅助功能。

②"连接"选项卡。在该选项卡中可以建立连接，对网络连接方式和代理服务器等选项进行设置。如图 3-16 所示。

图 3-16　"连接"选项卡

单击"设置"按钮，可以通过网络连接向导来配置连接。IE 中的 Internet 连接有两种方式：拨号方式和局域网方式。

拨号和虚拟专用网络设置。在拨号设置列表框中，列出了用户设置的拨号连接，如果用户需要添加或删除拨号连接可以点击列表框右侧的相应按钮。选中某个拨号连接后，点击"设置"按钮或双击该连接，就会打开"局域网（LAN）设置"对话框，可以指定是否使用自动设置、设置代理服务器等。

局域网(LAN)设置。单击"局域网设置"按钮,在打开的对话框中可以选择使用自动检测设置和设置代理服务器,在局域网中代理服务器是内网计算机与 Internet 连接的枢纽,并可以通过防火墙等工具来阻止 Internet 上的其他计算机访问内网计算机中的机密信息,如图 3-17 所示。

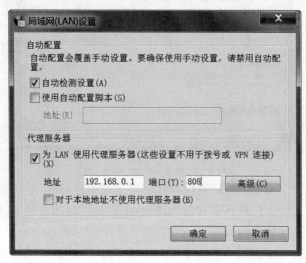

图 3-17　局域网设置

③"程序"选项卡。"程序"选项卡中可以指定为完成 IE 的某些功能所对应的 Windows 程序,选中"如果 Internet Explorer 不是默认的 Web 浏览器,提示我"选项的功能是,如果计算机中安装了多个浏览器,那么最后一个安装的浏览器将作为系统默认的浏览器,如图 3-18 所示。当打开网页时的默认浏览器不是 IE 时,会出现提示信息,询问是否将 IE 设为默认浏览器。

图 3-18　"程序"选项卡

④"高级"选项卡。在"高级"选项卡中可以进行关于安全、多媒体信息显示等方面的设置。在安全选项中选中对无效站点证书发出警告、使用 SSL 2.0、使用 SSL 3.0 和使用 TLS 1.0

复选框,会使用户在接收和发送信息时得到安全保证,另外还可以设置为"关闭浏览器时清空'Internet 临时文件'文件夹"等,如图 3-19 所示。相对于文字信息,多媒体信息的显示所花费的时间要长一些,对拨号用户来说尤为明显,在多媒体选项中用户可以根据自己的情况,指定在浏览网页时不显示动画、声音、图片等,可以提高网页显示的速度。

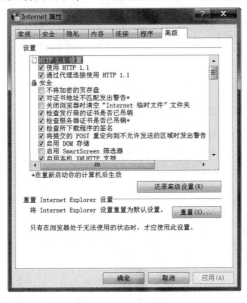

图 3-19 "高级"选项卡

2. Internet Explorer 的浏览操作

Internet 上的网页成千上万,每个网页又包含了很多内容和超链接,所以要想在 Internet 上快速查找到所需信息,就需要掌握浏览器的使用方法。

(1)IE 的启动与关闭

启动 IE 浏览器可以使用以下方法:

①单击任务栏"快速启动"项中的 IE 图标启动。

②双击桌面上的 IE 图标。

③单击"开始"按钮,在程序菜单中选择 Internet Explorer 项。

关闭 IE 浏览器可以使用以下方法:

①单击 IE 窗口右上角的关闭按钮。

②选择"文件"菜单中的"关闭"命令。

③双击 IE 窗口左上角的控制图标。

(2)浏览网页

浏览网页的方法主要有两种,一种是浏览指定网页,一种是通过超链接浏览网页。

①浏览指定网页。当用户知道想要访问的网页的地址时,可以在地址栏中输入该地址,然后单击"转到"按钮或直接回车就可以打开相应的网页。例如在地址栏中输入 http://www.sina.com.cn,按回车键即可打开新浪主页。

IE 的"自动完成"功能可以保存以前键入过的内容,因此只要在地址栏中输入一个以前曾经输入过的网页地址中的一部分字符,地址栏就会出现一个与该地址相匹配的下拉式列表,从中可以找到所需的地址,如图 3-20 所示。

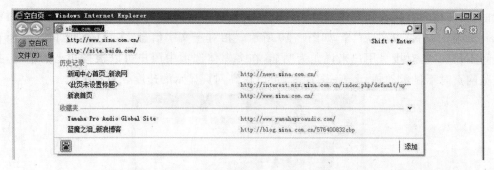

图 3-20 "自动完成"功能

②通过超链接浏览网页。网页之间是通过超链接相连的,当鼠标指向网页上某个超链接时,鼠标指针将会变为手形,这时单击鼠标左键即可链接到相应的网页。如图 3-21 所示,在新浪网的"体育"超链接处单击鼠标左键将会链接到新浪体育网站。

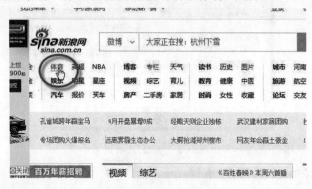

图 3-21 鼠标单击超链接

（3）常用工具按钮的使用

浏览网页时经常会用到标准按钮工具栏中的常用按钮,这将提高浏览网页的效率。

①使用"后退"和"前进"按钮。在浏览网页时,如果每次单击超链接都会生成一个新窗口来显示网页的话,用户可以在任务栏上转换窗口来浏览不同的网页;如果每次单击超链接都在同一个窗口来显示网页,那么以前打开过的网页就会被新打开的网页所替代,这时如果使用"后退"和"前进"按钮则会转到后来访问的网页。

这时如果单击"后退"按钮则会退回到上次访问的网页,再单击"前进"按钮则会再次访问退回之前的网页,如果这时连续两次单击"后退"按钮将会回到网站的首页。当用户访问的超链接数量较多时可以单击"后退"或"前进"按钮旁的下拉箭头,在弹出的列表中选择要访问的网页名称即可转到相应的网页。

②使用"刷新"和"兼容"按钮。Internet 上的信息更新速度很快,如果用户在某个网页上停留时间过长,可能该网页上的内容已经被更新,这时只要单击"刷新"按钮就可以看到最新的内容了。当某些网页使用 IE 10 无法正常显示时,可以单击"兼容"按钮以兼容模式浏览。

③使用"主页"按钮。主页是指每次启动 IE 浏览器时首先打开的网页,无论在访问哪个网站或网页,只要单击"主页"按钮将会打开用户所设置的主页内容。

④使用"收藏夹"按钮。收藏夹用来储存用户经常访问的和有保留价值的网页,在浏览到需要收藏的网页时,单击"收藏夹"按钮,将会在浏览窗口的左侧弹出收藏夹列表,如图 3-22 所示,单击"添加到收藏夹"按钮会出现"添加到收藏夹"对话框,在名称输入处可以使用默认的名称也可以另外输入新名称,单击"确定"即可。以后如果要再次访问该网页时,在收藏夹列表中

单击网页名称就可以了。

　　收藏夹里如果收藏了很多网页会使收藏夹列表变得很长，影响收藏夹的使用，所以过一段时间整理收藏夹是很必要的。单击"收藏夹"菜单中的"整理收藏夹"命令，打开"整理收藏夹"对话框，可以进行以下操作，如图 3-23 所示。

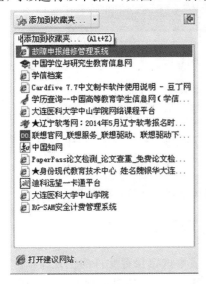

图 3-22　打开收藏夹

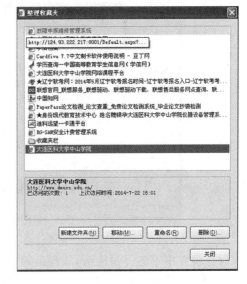

图 3-23　整理收藏夹

　　新建文件夹：可以对收藏的网页进行分类，为每个类别创建一个文件夹，并起一个与主题相符的名称。

　　移动：在列表中选择要归类的网页，单击"移动"按钮，在出现的"浏览文件夹"对话框中选择相应类别的文件夹，单击"确定"即可。用此种方法可以将主题相同的一类网页归纳到一个文件夹中，方便以后查找。

　　重命名：单击此按钮可以将收藏夹中的网页和文件夹重新命名。

　　删除：可将不用的网页或文件夹删除。

　　⑤查看历史记录。如果用户希望查找以前曾经浏览过的网站或网页，可以通过单击"历史记录"按钮来实现。浏览的网页在历史记录中保存的天数可以由用户自行设置，系统默认为 20 天。如图3-24 所示。

　　IE 还能够"按日期""按站点""按访问次数""按今天的访问顺序"分别查询，只要单击"按日期查看"栏中的下拉列表选择一种查看方式即可。

3. 打印与保存网页信息

　　在上网过程中，如果遇到有保存价值的网页，用户可以将该网页保存到磁盘上，方便以后使用。如果觉得有必要，也可以立即通过打印机打印出来。

图 3-24　IE 浏览历史记录

　　虽然浏览就是下载网页数据并显示，但下载的网页数据并没有以磁盘文件形式保存。为便于平时查看,可将其保存下来。

(1)保存整个网页

要将当前的整个网页保存起来,可执行以下操作:

①执行"文件"|"另存为"命令,打开如图 3-25 所示的"保存网页"对话框。

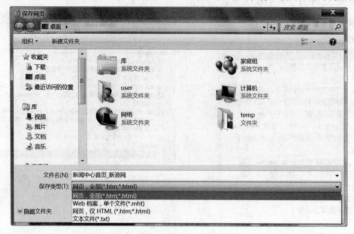

图 3-25　保存网页

②在保存位置中单击下拉箭头,从弹出的下拉列表中选定保存文件的位置。单击"保存类型"栏的下拉箭头,从弹出的下拉列表中选定保存文件的类型,如果要保存整个网页,包括文字、图片、声音、动画等,就选择"网页,全部(∗.htm;∗.html)"类型;如果只保存网页中的文字信息,就选择"网页,仅 HTML(∗.htm;∗.html)"类型;如果想把网页保存成文本文件的格式,则要选择"文本文件(∗.txt)"类型。

③单击"保存"按钮。

(2)保存 Web 页中的文本

对于网页中感兴趣的文章或段落,可随时用鼠标将其选定,然后利用剪贴板功能将其粘贴到某个文档或需要的地方。以下介绍将网页中的文本信息保存到"写字板"中。

①在当前网页中选择要保存的信息,即按住鼠标左键从要保存信息的左上角拖到右下角,被选中的内容将呈反白显示。如果要复制全部文本,可执行"编辑"|"全选"命令。

②执行"编辑"|"复制"命令,将所选内容放入剪贴板。

③启动 Windows 的"写字板"程序,打开"写字板"窗口。

④执行"写字板"窗口的"编辑"|"粘贴"命令,将剪贴板内容粘贴到"写字板"窗口。

⑤执行"写字板"窗口的"文件"|"保存"命令,将该信息命名后存盘。

(3)保存图片

在浏览网页时,欲将一些感兴趣的图片保存起来,可采用以下方法:

①鼠标右击要保存的图片,在弹出的快捷菜单中选择"图片另存为"命令。

②在弹出的"保存图片"对话框中指定该图片要存放的路径与文件名。

③单击"保存"按钮。

(4)打印网页

如果用户对某个网页感兴趣,也可以用打印机将网页打印到纸上。打印网页的具体操作为:

①打开要打印的网页。

②执行"文件"|"打印"命令,在弹出的"打印"对话框中对打印选项进行设置。

③单击"确定"按钮,即可将当前网页打印出来。

如果只要打印当前网页中的部分内容,可用鼠标右击网页上要打印的目标,在弹出的快捷菜单中,选择"打印目标"命令,再在弹出的"打印"对话框中设置打印选项,最后单击"确定"按钮进行打印。

默认情况下,打印出来的网页不包括原有的颜色和背景,如果要将网页的颜色和背景打印出来,可执行"工具"|"Internet 选项"命令,在弹出的"Internet 选项"对话框中单击"高级"选项卡,在其中选定"打印"选项中的"打印背景颜色和图像"复选框即可。

不过,要打印出较好的效果,就要进行一些打印参数的设置。下面来介绍如何设置 IE 的打印参数。

假如直接单击工具栏的"打印"按钮或单击"文件"菜单中的"打印"命令,就会打印出很多不必要的信息。所以在打印前应先用"打印预览"功能查看当前网页的实际打印效果。如图3-26 所示。

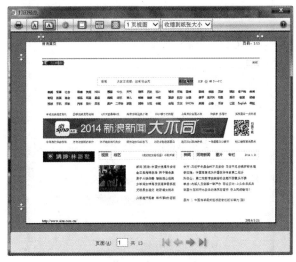

图 3-26　打印预览

在图 3-26 所示的"打印预览"对话框中可以看到,网页标题、网页的 URL 地址及打印日期等不需要的信息将被打印出来。而页码又在右上角,这种格式不符合要求。

要按照我们要求的样式来打印网页,就需在"页面设置"对话框中进行设置。如图 3-27所示。

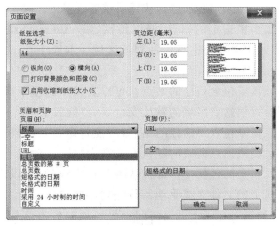

图 3-27　"页面设置"对话框

IE 浏览器自动在页眉和页脚处加上了一些网页相关信息,如果我们不想要,可以在页眉和页脚菜单中自定义这些选项。

4. 安全上网

(1)设置安全选项

Internet Explorer 将 Internet 世界按区域划分,以便将 Web 站点分配到具有适当安全级的区域。Internet Explorer 状态栏的右侧显示当前 Web 页处于哪个区域。无论何时打开或下载 Web 上的内容,Internet Explorer 都将检查该 Web 站点所在区域的安全设置。单击"Internet 属性"对话框中的"安全"选项卡,为不同 Internet 区域的 Web 内容指定安全设置,如图 3-28 所示。

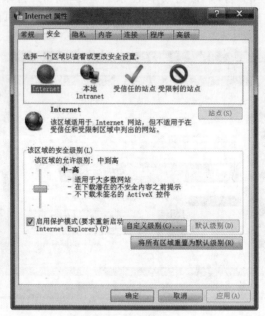

图 3-28　IE 安全选项

IE 浏览器中将 Internet 划分为四种区域。

①Internet 区域。默认情况下,该区域包含了不在本地计算机和本地 Intranet 上以及未分配到其他任何区域的所有站点。Internet 区域的默认安全级为"中"。

②本地 Intranet 区域。该区域通常包含按照系统管理员的定义不需要代理服务器的所有地址。包括在"连接"选项卡中指定的站点、网络路径(如 \\server\share)和本地 Intranet 站点(地址一般不包括句点),也可以将站点添加到该区域。本地 Intranet 区域的默认安全级为"中低"。

③可信站点区域。该区域包含信任的站点。可以直接从这里下载或运行文件,而不用担心会危害计算机或数据。可信站点区域的默认安全级为"低"。

④受限站点区域。该区域包含不信任的站点,不能肯定是否可以从这里下载或运行文件而不损害计算机或数据。受限站点区域的默认安全级为"高"。

已经存放在本地计算机上的任何文件都被认为是最安全的,所以它们被设置为最低的安全级。无法将本地计算机上的文件夹或驱动器分配到任何安全区域。

(2)设置内容选项。通过 Internet 可以访问世界各地的各类信息,但是,并非所有信息都适合每一位浏览者。Internet Explorer 提供了对浏览内容进行设置的功能,以过滤掉一些不健康的内容。单击"内容"选项卡,可以进行"家庭安全""证书"验证的设置,如图 3-29 所示。

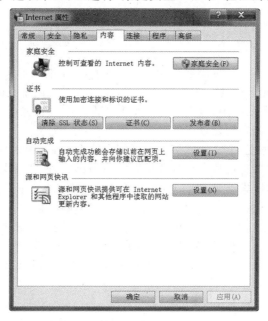

图 3-29　IE 安全选项

①家庭安全。使用分级审查可以控制计算机访问 Internet 的内容类型。通过设置密码可以打开分级审查并查看设置。

②证书。证书是担保个人身份或站点安全性的声明。Internet Explorer 使用两种不同类型的证书。

个人证书:用于证明您的确是自称的那个人。该信息用于将个人信息通过 Internet 发送到需要证书核实身份的 Web 站点。

Web 站点证书:声明特定的 Web 站点是安全的,而且的确是这个站点。它可以确保没有其他 Web 站点能假冒原始安全站点的身份,使用该项还可以对证书进行管理。

3.3.2　搜索引擎的使用

网上信息浩如烟海,获取有用的信息等同于大海捞针,所以需要一种快捷的搜索服务,将网上繁杂的内容整理为可随心所用的信息。使用搜索引擎就可以帮助用户快速完成这一复杂工作。这一部分主要介绍搜索引擎的定义、搜索引擎的使用和搜索引擎的使用技巧等内容。

1.搜索引擎概述

(1)什么是搜索引擎

搜索引擎是专门帮助人们查询信息的站点,通过这些具有强大查找能力的站点,我们可以得到想要的信息。因为这些站点提供全面的信息查询和良好的速度,就像发动机一样强劲有力,所以人们就把这些站点称为"搜索引擎"。

搜索引擎以一定的策略在互联网中搜集、发现信息,对信息进行理解、提取、组织和处理,并为用户提供检索服务,从而达到信息导航的目的。搜索引擎提供的导航服务已经成为互联网上非常重要的网络服务,搜索引擎技术因此成为计算机工业界和学术界争相研究、开发的对象。

（2）搜索引擎分类

搜索引擎按其工作方式主要可分为三种，分别是全文搜索引擎（Full Text Search Engine）、目录索引类搜索引擎（Search Index/Directory）和元搜索引擎（Meta Search Engine）。

①全文搜索引擎

全文搜索引擎是名副其实的搜索引擎，国外具有代表性的有 Google、Bing、AltaVista、Inktomi、Teoma、WiseNut 等，国内著名的有百度（Baidu）。它们都是通过从互联网上提取各个网站的信息而建立的数据库中，检索与用户查询条件匹配的相关记录，然后按一定的排列顺序将结果返回给用户，因此它们是真正的搜索引擎。

从搜索结果来源的角度，全文搜索引擎又可细分为两种，一种是拥有自己的检索程序，并自建网页数据库，搜索结果直接从自身的数据库中调用；另一种则是租用其他搜索引擎的数据库，并按自定的格式排列搜索结果，如 Lycos 引擎。

②目录索引类搜索引擎

目录索引虽然有搜索功能，但从严格意义上讲，算不上是真正的搜索引擎，仅仅是按目录分类的网站链接列表而已。用户完全可以不用关键词（Keywords）进行查询，仅靠分类目录就可找到需要的信息。目录索引中最具代表性的就是 Yahoo!（雅虎），其他著名的还有 Hao123、360 导航等。

③元搜索引擎（META Search Engine）

元搜索引擎在接收用户查询请求时，同时在其他多个引擎上进行搜索，并将结果返回给用户。

（3）搜索引擎工作原理

不同类型的搜索引擎，它们的工作原理不尽相同，这里主要介绍全文搜索引擎和目录索引这两种搜索引擎的工作原理。

①全文搜索引擎工作原理。全文搜索引擎从网站提取信息建立网页数据库。搜索引擎的自动信息搜集功能分两种，一种是定期搜索，即每隔一段时间（比如 Google 一般是 28 天），搜索引擎主动派出"蜘蛛"程序，对一定 IP 地址范围内的互联网站进行检索，一旦发现新的网站，它会自动提取网站的信息，并将网址加入自己的数据库；另一种是提交网站搜索，即网站拥有者主动向搜索引擎提交网址，它在一定时间内（2 天到数月不等）定向向用户网站派出"蜘蛛"程序，扫描用户网站并将有关信息存入数据库，以备用户查询。由于近年来搜索引擎索引规则发生了很大变化，主动提交网址并不保证网站能进入搜索引擎数据库，因此，目前最好的办法是多获得一些外部链接，让搜索引擎有更多机会找到你并自动将该网站收录。

②目录索引工作原理。目录索引完全依赖手工操作。用户提交网站后，目录编辑人员会亲自浏览你的网站，然后根据一套自定的评判标准甚至编辑人员的主观印象，决定是否接纳你的网站。

目录索引，顾名思义就是将网站分门别类地存放在相应的目录中，因此用户在查询信息时，可选择关键词搜索，也可按分类目录逐层查找。如以关键词搜索，返回的结果与搜索引擎一样，也是根据信息关联程度排列网站，只不过其中人为因素要多一些。如果按分层目录查找，某一目录中网站的排名则是由标题字母的先后顺序决定的（也有例外）。

目前，搜索引擎与目录索引有相互融合渗透的趋势。

2. 中文搜索引擎的使用

现在搜索引擎的基本知识已经掌握，那么如何具体使用搜索引擎，如何使用搜索引擎获取所需要的信息呢？下面以 Google 搜索引擎为例，介绍搜索引擎的使用方法。

（1）Google 搜索引擎的使用方法

Google 成立于 1997 年，几十年内迅速发展成为目前规模最大的搜索引擎，并向 Yahoo、

AOL 等其他目录索引和搜索引擎提供后台网页查询服务,属于全文搜索引擎。

　　Google 搜索规则:以关键词搜索时,返回结果中包含全部及部分关键词;短语搜索时默认以精确匹配方式进行;不支持单词多形态(Word Stemming)和断词查询(Word Truncation);字母无大小写之分,默认全部为小写。

　　Google 的全球网址是 www.google.com,中文网址是 g.cn,都会链接到实际地址 www.google.com.hk,首页提供网页、图片、地图和新闻等多个功能模块,默认是网页搜索,如图 3-30 所示。下面介绍一下这几个功能模块。

图 3-30　Google 首页

　　①网页搜索。在该网页的"搜索框"中输入要查询的内容,如"大连医科大学中山学院",然后按回车键或单击"Google 搜索"按钮。稍等片刻,弹出如图 3-31 所示的页面,在该页面中显示了所有关于大连医科大学中山学院主题的网站,单击相应的主题即可进入该网站。如果单击"手气不错"按钮,将自动进入 Google 查询到的第一个网页,用户将完全看不到其他的搜索结果。使用"手气不错"按钮进行搜索表示用于搜索网页的时间较少,而用于检查网页的时间较多。例如,要查找"大连医科大学中山学院"的主页,只需在"搜索框"中输入"大连医科大学中山学院",然后单击"手气不错"按钮。Google 将直接进入大连医科大学中山学院的主页www.dmuzs.edu.cn。

图 3-31　Google 网页搜索结果

②图片搜索。在 Google 搜索引擎首页中,单击"图片"链接就进入了 Google 的图片搜索界面。在"搜索框"中输入描述图片内容的关键字,如"中国梦",就会搜索到大量有关"中国梦"的图片,如图 3-32 所示。

图 3-32 Google 图片搜索结果

通过网页提供的搜索工具,还可以利用图片大小、色彩等因素来进一步筛选。当你已有一幅图片,想查找类似图片或其相关信息时,可以单击搜索框右侧的照相机图标,使用"按图片搜索",如图 3-33 所示。

图 3-33 按照已有图片搜索

③地图搜索。在 Google 首页单击"地图"链接就进入了 Google 的地图界面,在搜索框中输入你想去的地址然后单击"搜索"按钮,即可从地图上看到所在位置,如图 3-34 所示。如果不知道怎么到达,还可以单击左上角的"查询路线"进一步查找。

图 3-34 Google 地图搜索结果

④新闻搜索。新闻搜索和网页搜索类似,只是搜索范围仅仅是新闻,而不涉及其他内容。

⑤视频搜索。视频搜索和图片搜索类似,能搜索到相关的视频网页。

（2）Google 搜索引擎的使用技巧

①学会使用多个关键词搜索。Google 用空格表示逻辑"与"操作,也就是说两个或多个关键词必须同时出现在搜索结果中。例如想了解北京旅游方面的信息,那么在"搜索框"中输入"北京 旅游",这样就能获取与北京旅游有关的信息。要养成使用多个关键词搜索的习惯,如果你在搜索引擎中输入一个关键词"北京",搜索引擎也不知道你要找什么,它可能会返回很多莫名其妙的结果。

②学会使用减号"－"。Google 用减号"－"表示逻辑"非"操作。"A－B"表示搜索包含 A 但没有 B 的网页。"－"的作用是为了去除无关的搜索结果,提高搜索结果相关性。

③搜索结果至少包含多个关键字中的任意一个。Google 用大写的"OR"表示逻辑"或"操作。搜索"A OR B"的意思是,搜索的网页中,要么有 A,要么有 B,要么同时有 A 和 B。"或"操作必须用大写的"OR"。

④搜索整个短语或者句子用半角引号（""）。Google 的关键字可以是单词（中间没有空格）,也可以是短语（中间有空格）。但是,用短语作为关键字,必须加英文引号,否则空格会被当作"与"操作符。

⑤搜索引擎忽略的字符以及强制搜索。Google 对一些网络上出现频率极高的英文单词,如"i""com""www"等,以及一些符号如"＊"".""等做忽略处理。如果要对忽略的关键字进行强制搜索,则需要在该关键字前加上明文的"＋"号或把上述的关键字用英文双引号引起来。

⑥限制搜索网站。使用 site 语法,可以将搜索结果局限于某个具体网站,如 www.sina.com.cn、edu.sina.com.cn,或者是某个域名,如 com.cn 等。如果是要排除某网站或者域名范围内的页面,只需用"－网站/域名"即可。示例:搜索新浪科技频道中关于搜索引擎技巧的信息。搜索:搜索引擎技巧 site:tech.sina.com.cn。

⑦在某一类文件中查找信息。"filetype:"是 Google 开发的非常强大实用的一个搜索语法。已经能检索常见文档,如 xls、ppt、doc、rtf、pdf 和 swf 文档等。其中最实用的文档搜索是 PDF 搜索,PDF 文档通常是一些图文并茂的综合性文档,提供的资讯一般比较集中全面。示例:搜索几个资产负债表的 Office 文档。搜索:资产负债表 filetype:doc OR filetype:xls OR filetype:ppt。

⑧搜索的关键字包含在 URL 链接中。使用 inurl 语法,返回的网页链接中包含第一个关键字,后面的关键字则出现在链接中或者网页文档中。有很多网站把某一类具有相同属性的资源名称显示在目录名称或者网页名称中,比如"MP3""GALLARY"等,于是,就可以用 inurl 语法找到这些相关资源链接,然后,用第二个关键词确定是否有某项具体资料。inurl 语法和基本搜索语法的最大区别在于,前者通常能提供非常精确的专题资料。示例:查找 mp3"爸爸去哪儿"。搜索:inurl:mp3 爸爸去哪儿。

⑨搜索的关键字包含在网页标题中。网页标题,就是 HTML 标记语言 title 中的部分。网页设计的一个原则就是要把主页的关键内容用简洁的语言表示在网页标题中。因此,只查询标题栏,通常也可以找到高相关率的专题页面。示例:查找军舰"辽宁号"的照片集。搜索:intitle:辽宁号"照片集"。

（3）搜索时容易犯的错误和解决方法

①错别字。虽然智能搜索引擎能够纠正一些输入错误,但过多的错别字还是让它无法正

常工作,应该在输入时谨慎一些。

②关键词太常见。一般是指特别简单、普遍的词作为关键词,搜索范围太大,很难找到有用信息,可以改用稍微复杂的关键词。

③多义词。要小心使用多义词,比如搜索"Java",要找的信息究竟是太平洋上的一个岛、一种著名的咖啡,还是一种计算机语言?搜索引擎是不能理解、辨别多义词的。

④关键词太复杂。长句关键词或者限制条件过多都会让搜索引擎无所适从,适当减小句子长度或者使用词组也可以提高效率。

3.其他搜索引擎的使用

除了前面提到的 Google 搜索,在 Internet 上还有很多优秀的搜索引擎,而且每个搜索引擎都有自己的特点,下面介绍几种常用的中文搜索引擎。

(1)微软必应(cn.bing.com)。Bing(必应)是微软公司于 2009 年 5 月 28 日推出的全新搜索品牌,集成了搜索首页图片设计,崭新的搜索结果导航模式,创新的分类搜索、相关搜索用户体验模式,视频搜索结果无需点击直接预览播放,图片搜索结果无需翻页等功能。

必应还推出了专门针对中国用户需求而设计的必应地图搜索和公交换乘查询功能。同时,搜索中还融入了微软亚洲研究院的创新技术,增强了专门针对中国用户的搜索服务和快乐搜索体验。在包含视频搜索结果的结果页面上,用户无需单击视频,只需要将鼠标放置在视频上,必应搜索立刻开始播放视频的精华片段,帮助用户确定是否是自己寻找的视频内容。必应主窗口如图 3-35 所示。

图 3-35 Bing 搜索主页

(2)百度(www.baidu.com)。百度,全球最大的中文搜索引擎,最大的中文网站。2000年 1 月创立于北京中关村。百度作为著名的中文搜索引擎,拥有全球领先的"超链分析"技术,并使用了高性能的"网络蜘蛛"程序自动地在互联网中搜索信息,可定制、高扩展性的调度算法使得搜索器能在极短的时间内收集到最大数量的互联网信息。百度在中国各地和美国均设有服务器,搜索范围涵盖了中国和新加坡等华语地区以及北美、欧洲的部分站点。百度搜索引擎还拥有目前世界上最大的中文信息库百度百科,总量达到 500 万页以上。百度搜索引擎的主页如图 3-36 所示。

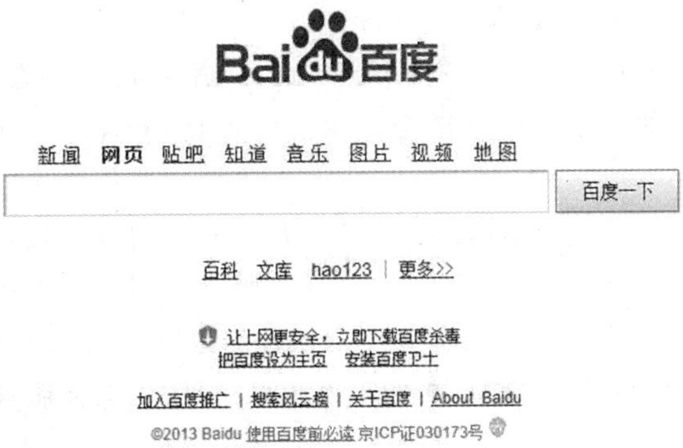

新闻　网页　贴吧　知道　音乐　图片　视频　地图

百度一下

百科　文库　hao123 | 更多>>

让上网更安全，立即下载百度杀毒
把百度设为主页　安装百度卫士

加入百度推广 | 搜索风云榜 | 关于百度 | About Baidu

©2013 Baidu 使用百度前必读 京ICP证030173号

图 3-36　百度搜索主页

①百度搜索引擎的功能特点。百度支持主流的中文编码标准，包括 GBK（汉字内码扩展规范）、GB2312（简体）、BIG5（繁体），并且能够在不同的编码之间转换。智能相关度算法、采用了基于内容和基于超链分析相结合的方法进行相关度评价，能够客观分析网页所包含的信息，从而最大限度地保证了检索结果相关性。百度搜索支持二次检索（又称渐进检索）：可在上次检索结果中继续检索，逐步缩小查找范围，直至达到最小、最准确的结果集。相关检索词智能推荐技术：在用户第一次检索后，会提示相关的检索词，帮助用户查找更相关的结果，统计表明可以促进检索量提升 10％～20％。先进的网页动态摘要显示技术：可以动态摘要显示网页中含有用户查询字符串的任意位置文字，使用户阅读和判断搜索结果更方便、更快捷。

②百度搜索引擎使用技巧。在搜索框上方选择要搜索信息的类型，如新闻、音乐、图片等，将会缩小搜索范围，达到更好的搜索效果。在进行第一次搜索后，选中"在结果中查询"功能，重新输入查询内容，可在当前搜索结果中进行精确搜索。在搜索完成之后，如果效果不理想，可能是输入的搜索关键字不准确，这时可以在网页下方百度提供的"相关搜索"栏目中选择与搜索目标最相近的关键字再次进行搜索。

使用"百度快照"功能快速打开网页，查看搜索效果，这将大大提高搜索效率，而且是对付"死链接"的有效方法。运用百度的一些搜索工具，如百度工具栏，无需登录任何网站，让用户电脑即刻具备强大的搜索功能，并能屏蔽弹出式广告，也可直接利用浏览器地址栏输入搜索内容，快速获得搜索引擎提供的丰富信息。

（3）搜狗（www.sogou.com）。搜狗搜索是搜狐公司于 2004 年 8 月 3 日推出的全球首个第三代互动式中文搜索引擎，搜狗以搜索技术为核心，致力于中文互联网信息的深度挖掘，帮助中国上亿网民加快信息获取速度，为用户创造价值。

搜狗的搜索产品各有特色。音乐搜索小于 2％的死链率，图片搜索独特的组图浏览功能，新闻搜索及时反映互联网热点事件的看热闹首页，地图搜索的全国无缝漫游功能，使得搜狗的搜索产品线极大地满足了用户的日常需求。其首页如图 3-37 所示。

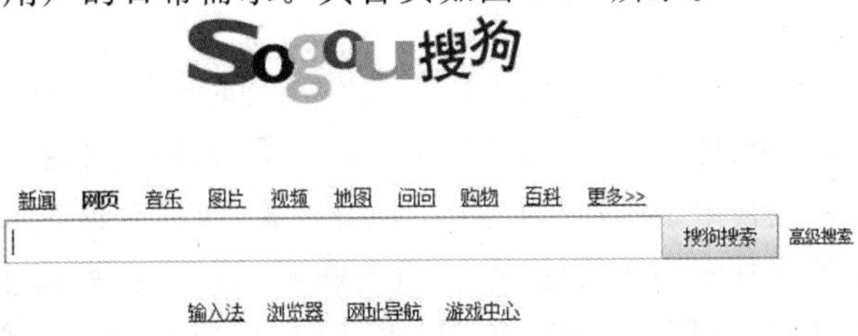

新闻　网页　音乐　图片　视频　地图　问问　购物　百科　更多>>

搜狗搜索　高级搜索

输入法　浏览器　网址导航　游戏中心

图 3-37　搜狗搜索主页

搜狗的搜索规则是:网页搜索(默认)时,范围仅限于自身目录中的注册网站,但在目录中没有相应记录的情况下,自动调用百度进行检索,此外,用户还可以选择"综合"搜索同时查找匹配的网站和网页,返回的结果中网站链接显示在页面上半部,而来自百度搜索引擎的网页结果则列于页面下半部。

搜狗的产品线包括了网页应用和桌面应用两大部分。网页应用以网页搜索为核心,在音乐、图片、新闻、地图领域提供垂直搜索服务,通过说吧建立用户间的搜索型社区;桌面应用则旨在提升用户的使用体验;搜狗工具条帮助用户快速启动搜索,拼音输入法帮助用户更快速地输入,PXP加速引擎帮助用户更流畅地享受在线音视频直播、点播服务。

3.3.3 门户网站

门户网站(Portal Web),是指通向某类综合性互联网信息资源并提供有关信息服务的应用系统。门户网站最初提供搜索服务、目录服务,后来由于市场竞争日益激烈,门户网站不得不快速地拓展各种新的业务类型,希望通过门类众多的业务来吸引和留住互联网用户,以至于目前门户网站的业务包罗万象,成为网络世界的"百货商场"或"网络超市"。常见的门户网站有:新浪网、网易网、腾讯网、搜狐网、凤凰网、MSN 中国、中国政府网、人民网、中国信息导航网、海内网等。

从现状来看,门户网站主要提供新闻、搜索引擎、网络接入、聊天室、电子公告牌、免费邮箱、影音资讯、电子商务、网络社区、网络游戏、免费网页空间等。在我国,典型的门户网站有腾讯网、新浪网、网易和搜狐网以及地方门户网站联盟——城市中国等。

1.门户分类

(1)搜索引擎式门户网站

搜索引擎式门户网站,如图 3-38 所示。该类网站的主要功能是提供强大的搜索引擎和其他各种网络服务,这类网站在中国比较少。

(2)综合性门户网站

综合性门户网站,如图 3-39 所示。以新闻信息、娱乐资讯为主,如新浪、搜狐,称作资讯综合门户网站。

图 3-38 大连在线网 Logo   图 3-39 搜狐网

网站以新闻、供求、产品、展会、行业导航、招聘为主的集成式网站,如:众业、代理商门户、前瞻网称作行业综合门户网站。

(3)地方生活门户网站

地方生活门户网站,如图 3-40 所示。该类网站是时下最流行的,以本地资讯为主,一般包括:本地资讯、同城网购、分类信息、征婚交友、求职招聘、团购集采、口碑商家、上网导航、生活社区等频道,网内还包含电子图册、万年历、地图频道、音乐盒、在线影视、优惠券、打折信息、旅游信息、酒店信息等非常实用的功能,如县门户联盟、万城网、城市中国地方门户联盟、大连天健网、大连新青年网、海力网、大连赶集网、大连网、中安在线、古城热线、彭城视窗等。如图3-40所示。

（4）校园综合性门户网站

该类网站以贴近学生生活为主题，包括：校园最新资讯、校园娱乐、校园团购、跳蚤市场等。

（5）专业性门户网站

主要是涉及某一特定领域的网站，包括：游戏、服装、美食、建筑、机电等。

（6）行业门户网站

相对于综合性门户网站来说，行业门户网站信息和资源更加集中，所以是企业开展网络营销的首选。行业门户网站的媒体特质不但赋予了企业话语控制权，同时也集中了更加精准的客户资源，更可以利用门户丰富的业务功能帮助企业开展线上营销，如门道网，如图 3-41 所示。

图 3-40　大连天健　　　　　　　　　　　图 3-41　门道网

2. 发展趋势

实际上，我们今天所谈论的门户与当初 Yahoo 初创时所说的门户已经有了很大的不同。那个时候，大多数网民面对茫茫网海无从下手，正是 Yahoo 以这种提供搜索服务为主的网站扮演了引网民"入门"的角色，成为网民进入互联网的"门户"。将提供新闻服务作为门户网站的主业乃至核心竞争力，这其实是网络发展到一定阶段的产物，与门户网站的"本质"或者"正根"并没有关系。因此，今天在门户问题上，似乎不做新闻甚至少做新闻就是对门户的"背叛"，让人有些不知所云。相反，简单回顾门户的起源和历史，可以让我们清楚地看到，无论是搜索还是新闻，都只是门户发展的一个阶段，门户可以从搜索服务演进到新闻服务，未必就不能从新闻服务演进到别的什么服务。随着网络媒体的发展，原先的门户不一定再将搜索作为主业（例如 Yahoo 和搜狐），而提供搜索引擎服务的又不一定非门户不可（例如百度和 Google）。

网络媒体不同于大众媒体，信息时代的网民及其需求也不同于过去时代的受众及其需求，不要轻视网络媒体所具有的信息交流平台功能，也不要轻视数量日增的网民对新闻服务以外的信息需求。通过向网民发布新闻固然是门户网站的一种模式选择，但是，为网民提供信息交流平台，使网民从多种渠道（例如其他网民）获取多元信息（不仅限于新闻）也是门户网站的一种模式选择，也许，这是更好、更有前途的模式选择，而以这种模式成功的网站正在涌现。

随着中国互联网 30 年的过去，已经诞生出几家全国大型的门户。中国城市百分之九十都是属于中小级城市，电脑终端在中国的普及和网民的快速增长，使得中国城市未来的网络发展是趋势，市场空间也很巨大。在此同时，也出现了地方门户，通常我们所说的地方门户系统是指"地方门户网站系统"，它由多个网站功能系统构成，主要有分类信息系统、社区论坛系统、地方信息资讯系统、商家企业黄页系统等，并非单指地方某个行业垂直网站系统，如单一的论坛系统、单一的分类信息系统等。

3.3.4　电子邮件

1. 电子邮件及其特点

电子邮件（E-mail 或 Electronic Mail），它是利用计算机网络的通信功能实现信件传输的一种技术，是 Internet 上最早出现的服务之一，于 1972 年由 Ray Tomlinson 发明。经过 30 多年的发展,E-mail 已经从单纯传递文字信息发展为可以传送图像、声音及影视片段等各类多媒体信息的通信工具,还可以通过电子邮件订阅电子杂志。目前已成为流行的新型通信形式,在某些方面已取代了传统的信件和传真。电子邮件使用方便,信息传送快捷,而且费用低廉,已被大多数人接受和理解,是 Internet 上使用最广泛和最受欢迎的一种应用。

电子邮件之所以发展迅速,是因为其具备以下几个方面的特点:

(1)电子邮件使得信息传送快捷,有很高的效率。和普通信件相比,电子邮件的传送速度极具优势,阅读一封几分钟甚至几秒钟前发自于大洋彼岸的电子邮件是件很平常的事情。电子邮件的高效率还体现在利用电子邮件的抄送功能使一封邮件可以同时发送给不同地方的多个接收人。

(2)利用电子邮件传递信息费用低廉。随着 Internet 技术的发展和成熟,用户使用 Internet 服务的费用也逐渐下调,如果把费用折算成每一封电子邮件所花费的费用上,应该是以分作为货币计量单位。而且,无论收发电子邮件的人相隔多远,费用也不会因此而增加。

(3)利用电子邮件可以传送多种格式的邮件。电子邮件不仅可以传送文本格式的信息,还可以传送声音、图像等多媒体信息。

(4)电子邮件具有较高的安全性。通过邮件加密技术,可以提高电子邮件的安全性,使得信息的安全性更加可靠。

(5)电子邮件的收发操作简单方便,易于推广。用户可以通过连接到 Internet 上的任何一台计算机来完成电子邮件的接收和发送。目前,很多手机也具有发送和读取电子邮件的新功能。

2.电子邮件的工作原理

首先,客户端利用客户端软件使用 SMTP 协议将要发送的邮件发送到本地的邮件服务器,然后本地服务器再查看邮件的目标地址,如果目标地址在远端,则本地邮件服务器就将该邮件发往下一个邮件服务器或直接发往目标邮件服务器。如果客户端想要查看其邮件内容,则必须使用 POP3 协议来接收才可以看到,如图 3-42 所示,描述电子邮件的工作原理。

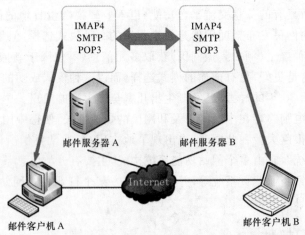

图 3-42 电子邮件的工作原理

电子邮件的工作过程遵循客户机/服务器模式。每份电子邮件的发送都要涉及发送方与接收方,发送方构成客户端,而接收方构成服务器,服务器含有众多用户的电子邮箱。发送方通过邮件客户程序,将编辑好的电子邮件向邮件服务器(SMTP 服务器)发送,它识别接收者的地址,并向管理该地址的邮件服务器(POP3 服务器)发送消息。POP3 服务器将消息存放在接收者的电子信箱内,并告知接收者有新邮件到来。接收者通过邮件客户程序连接到服务器后,就会看到服务器的通知,进而打开自己的电子邮箱来查收邮件。

通常 Internet 上的个人用户不能直接接收电子邮件,而是通过申请 ISP 主机的一个电子邮箱,由 ISP 主机负责电子邮件的接收。一旦有用户的电子邮件到来,ISP 主机就将邮件移到用户的电子邮箱内,并通知用户有新邮件。因此,当发送一封电子邮件给一另一个客户时,电子邮件首先从用户计算机发送到 ISP 主机,通过 Internet,再到收件人的 ISP 主机,最后到收件人的个人计算机。

ISP 主机起着"邮局"的作用,管理着众多用户的电子邮箱。每个用户的电子邮箱实际上就是用户所申请的帐号名。每个用户的电子邮箱都要占用 ISP 主机一定容量的硬盘空间,由于这一空间是有限的,因此用户要定期查收和阅读电子邮箱中的邮件,以便腾出空间来接收新的邮件。

电子邮件在发送与接收过程中都要遵循 SMTP、POP3 等协议,这些协议确保了电子邮件在各种不同系统之间的传输。其中,SMTP 负责电子邮件的发送,而 POP3 则用于接收 Internet 上的电子邮件。

3.电子邮件的相关协议

在电子邮件的发送、传输和接收过程中,电子邮件系统要遵循一些基本的协议,这些协议有 SMTP、POP3(或 IMAP)和 MIME 等,它们保证了电子邮件可以在不同的系统间顺利传输。

(1)SMTP 协议。SMTP(Simple Mail Transfer Protocol)协议,即简单邮件传输协议,是基于 TCP/IP 的应用层协议,它的目标是向用户提供高效、可靠的邮件传输服务。SMTP 协议的一个重要特点是它能够在传送中接力传送邮件,即邮件可以通过不同网络上的主机接力式传送。该协议在两种情况下工作:一是电子邮件从客户机传送到服务器;二是电子邮件从某一个电子邮件服务器传送到另一个服务器。

(2)POP3 协议。POP(Post Office Protocol)协议,即邮局协议,用于电子邮件的接收,现在常用的是第三版,所以简称为 POP3。POP3 采用客户机/服务器的工作模式,使用该协议,客户端程序能够动态、有效地访问服务器上的邮件。也就是说,POP3 是一种能够让客户程序提取驻留于电子邮件服务器邮件的协议。

(3)IMAP4 协议。IMAP4(Internet Message Access Protocol 4)即 Internet 信息访问协议的第 4 版,是用于从远程服务器上访问电子邮件的标准协议,它是一个客户机/服务器(Client/Server)模型协议,电子邮件由服务器负责接收保存,用户可以通过浏览信件头来决定是不是要下载此信。用户也可以在服务器上创建或更改文件夹或邮箱,删除信件或检索信件的特定部分。

虽然 POP3 和 IMAP4 都是处理接收邮件的,但两者在机制上却不同。在用户访问电子邮件时,IMAP4 需要持续访问服务器,POP3 则是将信件保存在服务器上,当用户阅读信件时,所有内容都会被立刻下载到用户的计算机中。因此,可以把使用 IMAP4 协议的服务器看成是一个远程文件服务器,而把使用 POP3 协议的服务器看成是一个存储转发服务器。就目前的应用来看,POP3 的应用远比 IMAP4 广泛得多。

(4)MIME 协议。MIME(Multipurpose Mail Extensions)协议,即多目的 Internet 邮件扩展协议,解决了 SMTP 协议仅能传送 ASCII 码文本的限制。使用该协议,不但可以发送各种文字和各种结构的文本信息,而且还能以附件的形式发送语音、图像和视频等信息。正因为如此,我们才可以通过电子邮件为朋友发去一张精美的音乐贺卡。

4．电子邮件的地址

在电子邮件的传递过程中,电子邮件系统要清楚该邮件的目的地址,而该地址是由发信方提供的。电子邮件地址通常是以域名为基础的,常见的电子邮件地址格式如图3-43所示:

分隔符　　　　　　　　　　　　　　邮件服务器所在的域名

Username @ **Hostname** . **Domain-name**

用户名 ，代表用　　　用户邮箱所在服务器
户邮箱的账号　　　　的主机名

图 3-43　电子邮件的地址格式

其中,username 是用户在 ISP 注册的用户名,不同的 ISP 对用户名的命名有不同的要求。@作为分隔符号,代表英文"at",hostname 是邮件服务器的域名。例如 abc@183.ha.cn 就是以用户名"abc"在河南邮政局的邮件服务器上获得的邮件地址。由于域名具有全球唯一性,所以每一个成功申请的电子邮件地址也同样具有全球唯一性,这样才能保证每一封邮件的顺利到达。

例如:张三在 163.com 网站上申请了一个邮箱,用户名为 zhangsan,则他的电子邮件地址就是 zhangsan@163.com。

5．电子邮件的格式

一封电子邮件由邮件头和邮件体两部分组成,邮件头包含与发信者和接收者有关的信息,就像普通信件的信封一样,如发送端和接收端的网络地址、计算机系统中的用户名、信件的发出时间与接收时间,以及邮件传送过程中经过的路径等,但邮件头不由发信人书写,而是在电子邮件传送过程中由系统形成。

邮件体是信件的具体内容,一般是 ASCII 码表示的邮件正文,像普通邮件的信笺,是发信人输入的信件内容,通常用编辑器预先写成文件,或者在发电子邮件时用电子邮件编辑器编辑或联机输入。

一封电子邮件的主体部分可以由发信人随意输入,但是邮件的头部信息是有严格要求的。以下是邮件头所包含的一些关键词和含义:

(1)收信人(To):表示邮件的收信人,可以填写一个或多个电子邮件地址,多个地址间用";"等分隔符分开。

(2)发信人(From):表示邮件的发信人,填写发信人的邮件地址。

(3)抄送(CC):"CC"是英文"Carbon Copy"的缩写,表示邮件在发送给收信人的同时抄送给其他人,收信人在收到的邮件中可以查看出该邮件同时抄送给了哪些人。

(4)暗送(BCC):"BCC"是英文"Blind Carbon Copy"的缩写,和"抄送"相似,"暗送"也表示邮件在发送给收信人的同时抄送给其他人,但是所有收信人在收到的邮件中不能查看该邮件同时抄送给了哪些人。

(5)主题(Subject):表示邮件的标题,通常是能代表邮件内容的简单短语。

(6)回复(Reply-to):表示邮件的回复地址,该地址可以和发信人地址不同。

(7)日期(Date):表示邮件的发送日期,一般由邮件系统自动填写。

3.3.5　下载文件

目前流行的下载方式主要有 Web 下载、P2P 下载、P2SP 下载和流媒体下载四种下载方式,下面介绍它们的工作原理。

1. Web 下载方式

Web 下载方式又可分为 HTTP(Hyper Text Transportation Protocol,超文本传输协议)与 FTP(File Transportation Protocol,文件传输协议)两种类型。它们是两台计算机之间交换数据的方式,也是两种最经典的下载方式,它们的原理非常简单,就是用户通过两种规则(协议)和提供下载的服务器取得联系,并将需要的文件保存到自己的计算机中,从而实现下载。

Web 下载方式常用的软件有网际快车(FlashGet)、QQ 旋风等。

2. P2P(Peer to Peer)下载方式

该下载方式与 Web 下载方式是不同的,此模式不需要专用的服务器,而是直接在用户机与用户机之间进行文件的传输,也可以说每台用户机都是服务器,讲究"人人平等"和"我为人人,人人为我"的下载理念。每台用户机在下载其他用户机上文件的同时,还提供被其他用户机下载的功能,所以使用此下载方式下载同一文件的用户数越多,其下载速度就会越快。其原理如图 3-44 所示。

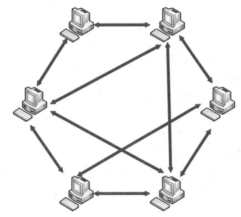

图 3-44　P2P 下载原理

P2P 下载方式常用的软件有:BitComet、电驴等。

3. P2SP 下载方式

P2SP 下载方式实际上是对 P2P(Peer to Peer)技术的进一步延伸和改进,P2SP 中的 S 就代表"Server"(服务器)的意思。这种下载方式不但支持 P2P 技术,同时还通过多媒体检索数据库这个桥梁把原本孤立的服务器资源和 P2P 资源整合到了一起,这样下载速度更快,同时下载资源更丰富,下载稳定性更强。

P2SP 下载方式常用的软件有 Thunder(迅雷)等。

4. 流媒体下载方式

流媒体下载方式是通过 RTSP(Real Time Streaming Protocol,实时流协议)、MMS(Microsoft Media Server Protocol,流媒体服务协议)等流媒体传输协议使用特殊的下载软件在流媒体服务器上下载视频、音频文件的一种下载方式。

流媒体下载方式常用的软件有优酷、土豆等网站的客户端等。

 操作实践

实验一　IE 浏览器的使用

1. 实验目的

(1)掌握 IE 浏览器的一般使用方法。

(2)熟悉收藏夹的使用方法。

(3)了解删除 Internet 的历史记录的方法。

2. 实验内容

(1)练习使用 IE 浏览器。

操作步骤如下：

①双击桌面上的 Internet Explorer 图标，打开 IE 浏览器。

思考：还可以通过什么途径打开 IE 浏览器窗口？

②选择"工具"|"Internet 选项"命令，在弹出的对话框中，选择"高级"选项卡，设置多媒体的显示，如图片、声音、动画等。

③通过在地址栏键入网址的方法，打开网址为 http://www.163.com 的网页。

④将该网页以"网易"的名称保存在收藏夹中。

⑤打开网址为 http://www.sina.com.cn 的"新浪网"页面。

⑥通过收藏夹打开"网易"主页。

⑦将"网易"设置为 IE 浏览器主页。

(2)删除使用 IE 过程中产生的临时文件、历史记录、Cookie、表单数据等信息。

操作步骤如下：

①在 IE 浏览器窗口的菜单栏上选择"工具"|"Internet 选项"命令，在弹出的"Internet 选项"对话框中，选择"常规"选项卡。如图 3-45 所示。

②单击"浏览历史记录"中的"设置"按钮，在弹出的"删除浏览的历史记录"对话框中，依次勾选"Internet 临时文件""Cookie""历史记录""表单数据""密码"复选框后，单击"删除"按钮，如图 3-46 所示。

图 3-45　"Internet 选项"对话框

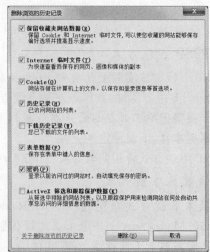

图 3-46　"删除浏览的历史记录"对话框

③在"Internet 选项"对话框中,单击"确定"按钮。

实验二 "搜索引擎"及电子邮件的使用

1. 实验目的

(1)熟练掌握"搜索引擎"的使用方法。

(2)熟练掌握收发 E-mail 电子邮件的方法。

2. 实验内容

(1)指定关键字搜索网页信息。

操作步骤如下:

①使用"百度"搜索引擎,在搜索栏内输入搜索关键字,可选内容有:

网络安全与病毒防护;无线网络技术或产品介绍;宽带技术;我国目前的宽带网状况或今后发展方向等。

②将收集到的资料整理后,保存为 Word 文档,命名为"计算机网络相关资料.docx"。

(2)指定关键字进行新闻搜索。

操作步骤如下:

①在"百度"首页上单击"新闻"超链接,在搜索栏内输入关键字"4G 网络"进行搜索。

②将收集到的新闻资料整理后,保存为 Word 文档,命名为"4G 网络最新动态.docx"。

(3)练习收发 E-mail 电子邮件。

操作步骤如下:

①申请一个免费电子邮件信箱,用户名自选。

②按如下要求发送电子邮件。

● 收件人为本班某位同学,抄送自己,邮件主题为"Birthday Party"。内容如下:

您好,欢迎参加我的生日晚会。

● 在邮件中插入由记事本创建的文件名称为"fj.txt"的附件。附件文本内容如下:

时间:2014 年 9 月 20 日 晚 8:00

地点:亚运村酒店

③接收新邮件。

④回复主题为"Birthday Party"的邮件。回复邮件正文为"祝生日快乐,我将会准时参加。"

实验三 查看 IP 地址

1. 实验目的

(1)掌握查看本机的 IP 地址的方法。

(2)熟悉测试网络是否连通的方法。

2. 实验内容

(1)使用 ipconfig 命令,查看本机的 IP 配置。

操作步骤如下:

①选择"开始"|"所有程序"|"附件"|"运行"命令,或使用组合快捷键"Windows 徽标键

＋R",在弹出的"运行"对话框的"打开"文本框中输入 cmd,单击"确定"按钮。

②在打开的命令提示符窗口中输入 ipconfig 命令,可查看本机 Windows IP 配置,如 IP 地址、子网掩码和默认网关等,如图 3-47 所示。

③输入命令 ipconfig/all 命令,加上 all 参数后将显示更为完善的 Windows IP 配置信息,如主机信息、DNS 信息、物理地址信息、DHCP 服务器信息等,如图 3-48 所示。

图 3-47　ipconfig 命令　　　　　　　　图 3-48　ipconfig/all 命令

(2)使用 ping 命令,测试网络是否连通。

操作步骤如下:

①选择"开始"|"所有程序"|"附件"|"运行"命令,或使用组合快捷键"Windows 徽标键＋R",在弹出的"运行"对话框的"打开"文本框中输入 cmd,单击"确定"按钮。

②在打开的命令提示符窗口中输入 ping IP 地址,可测试本机到指定网址是否有响应,并统计响应时间。如图 3-49 所示。

(a)测试与网关的连通性　　　　　　　　　(b)测试与指定网址的连通性

图 3-49　ping 命令

实验四　FTP 的搭建

1.实验目的

(1)熟悉 FTP 服务器的搭建方法。

(2)了解 FTP 服务的身份验证及访问权限。

2.实验内容

使用 Windows 7 自带的 FTP 服务功能,搭建 FTP 服务器实现资源共享。

操作步骤如下：

①打开 FTP 服务。打开"控制面板"|"程序"|"打开或关闭 Windows 功能"，弹出"Windows 功能"窗口中，在树形列表中依次勾选"FTP 服务""FTP 扩展性"，以及"IIS 管理控制台"。如图 3-50 所示。

图 3-50 "Windows 功能"窗口

②添加 FTP 站点。打开"控制面板"|"系统和安全"|"管理工具"|"Internet 信息服务(IIS)管理器"，在打开的"Internet 信息服务(IIS)管理器"窗口右侧的服务器名称上单击右键，在弹出的快捷菜单中，选择"添加 FTP 站点…"，如图 3-51 所示。

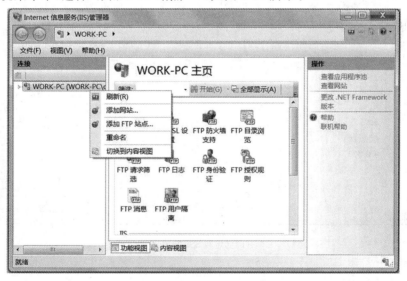

图 3-51 Internet 信息服务(IIS)管理器

③完成 FTP 站点信息配置。在弹出的"添加 FTP 站点"对话框中，按步骤完成站点信息、绑定和 SSL 设置、身份验证和授权信息等相关配置后，最后单击"完成"按钮。如图 3-52 所示。

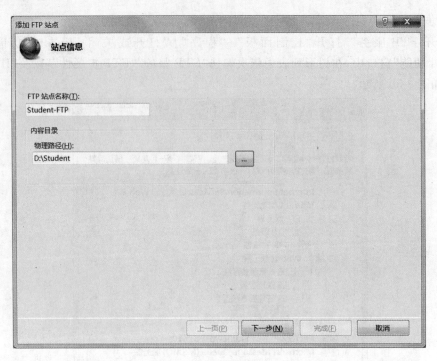

（a）完善站点信息

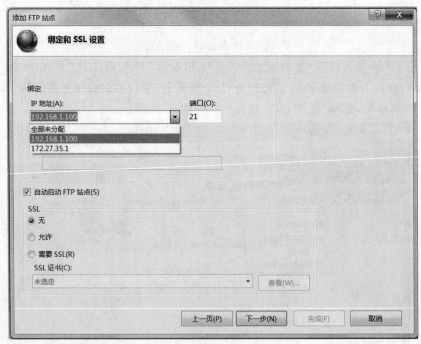

（b）绑定和 SSL 设置

(c)身份验证和授权信息

图 3-52　添加 FTP 站点

④测试 FTP 站点是否正常工作。打开"计算机",在地址栏中输入 ftp://192.168.1.100,若可以成功访问 FTP 服务器上的数据,则表示已成功配置 FTP 服务器。如图 3-53 所示。

图 3-53　访问 FTP 服务器

习 题

【主要术语自测】

计算机网络	浏览器	DNS
网络协议	电子邮箱	IPv4 与 IPv6
局域网	TCP/IP 协议	调制解调器
搜索引擎	服务器	交换机
下载	域名	路由器

【基本操作自测】

1.设置 IE 浏览器主页地址为 http://www.dmuzs.edu.cn,并浏览该网站。

2.打开"新浪新闻中心"的主页,地址是 http://news.sina.com.cn,任意打开一条新闻的页面进行浏览,并以网页的形式将页面保存到某个文件夹下。

3.使用"百度"搜索引擎查找篮球运动员姚明的个人资料,将他的个人资料复制后,保存到 Word 文档"姚明个人资料.docx"中。

4.查看并记录本机 TCP/IP 参数,将 IP 地址更改为"自动获取 IP 地址"后,再次查看并记录本机 TCP/IP 参数。

5.申请一个腾讯 QQ 号码,并利用聊天工具"腾讯 QQ"进行文件传输。

【填空题】

1.用 IE 浏览器浏览网页,在地址栏中输入网址时,通常可以省略的是_____。

2.Internet 中 URL 的含义是_____。

3.在主机域名中,WWW 指的是_____。

4.DNS 指的是_____。

5.http://www.dmuzs.edu.cn 是 Internet 上一台计算机的_____,其中 edu 的含义是_____。

【选择题】

1.Internet 是计算机和通信两大现代技术相结合的产物,它的核心是( )。

A.TCP/IP 协议　　B.UDP 协议　　　C.拓扑结构　　　D.网络操作系统

2.HTML 语言可以用来编写 Web 文档,这种文档的扩展名是( )。

A.docx　　　　B.htm 或 html　　C.txt　　　　　D.xlsx

3.合法的 IP 地址是( )。

A.212:124:300:45　　　　　　　B.212.224.142.67

C.212.133.34　　　　　　　　　D.213.142.70.350

4.Internet 最初建立的目的是用于( )。

A.政治　　　B.经济　　　C.教育　　　　D.以上都不完全正确

5.调制解调器(Modem)的功能是实现( )。

A.模拟信号与数字信号的转换　　B.模拟信号放大

C.数字信号编码　　　　　　　　D.数字信号的整型

6.IE10 是一个( )。

A.操作系统　　　B.浏览器　　　C.局域网　　　　D.通信协议

7.下面哪一个是正确的电子邮件地址（　　）。

A. siQ@127.110.100.21　　　　　　B. http://127.110.100.21

C. ftp:// 127.110.100.21　　　　　　D. Ping 127.110.100.21

8. URL 的一般格式是（　　）。

A. /＜路径＞/＜文件名＞/＜主机＞

B. ＜协议＞://＜主机＞/＜路径＞/＜文件名＞

C. ＜协议＞://＜文件名＞/＜主机＞/

D. /＜主机＞/＜文件名＞:＜协议＞

9.网络要有条不紊的工作,每台联网的计算机都必须遵守一些事先约定的规则,这些规则称为（　　）。

A. 标准　　　　　　B. 协议　　　　　　C. 公约　　　　　　D. 地址

10.电子邮件使用的传输协议是（　　）。

A. SMTP　　　　　　B. Telnet　　　　　　C. Http　　　　　　D. FTP

4

第 4 章　　Word 2010 文稿编辑

本章学习要求

1. 了解 Office 2010 应用界面和功能设置。
2. 掌握 Word 的基本操作、编辑和排版。
3. 掌握文档中表格的制作与编辑。
4. 掌握文档中图形、图像及特殊符号、数学公式的输入与编辑。
5. 掌握文档的审阅和修订。
6. 掌握邮件合并功能，批量制作和处理文档。

4.1　全新的应用界面

Office 2010 是微软推出的新一代办公系列软件，共包括初级版、家庭及学生版、家庭及商业版、标准版、专业版和专业高级版六个版本。支持 32 位 Windows XP 和 64 位 Windows 7。为了使用户更加容易地按照日常事务处理的流程和方式操作软件功能，Office 2010 应用程序提供了一套以工作成果为导向的用户界面，让用户可以用最高效的方式完成日常工作。全新的用户界面包括 Word 2010、Excel 2010、PowerPoint 2010、Access 2010 等组件。

4.1.1　初识 Word 2010 界面

Office 2010 相比于之前版本最显著的变化在于其全新的用户界面。在 Office 2007 应用程序中，传统的菜单和工具栏被替换为功能区，而在 Office 2010 中，所有应用程序都使用功能区界面，而且可在 Office 2010 中自定义功能区。Word 2010 界面如图 4-1 所示，下面按图中序号分别介绍相应功能。

1. 快速访问工具栏

快速访问工具栏包含一组独立于当前显示的功能区中选项卡的命令。通常，系统默认的快速访问工具栏位于窗口标题栏的左侧，但也可以显示在功能区的下方。它是一个可自定义的工具栏，将常用按钮添加到快速访问工具栏上的方法有三种：一是单击快速访问工具栏右侧下拉按钮 ▾ ，从展开的下拉列表中选择要添加的常用按钮；二是在功能区（序号 6 部分）中右击要添加的命令按钮，在弹出的快捷菜单中单击"添加到快速访问工具栏"命令即可；三是通过

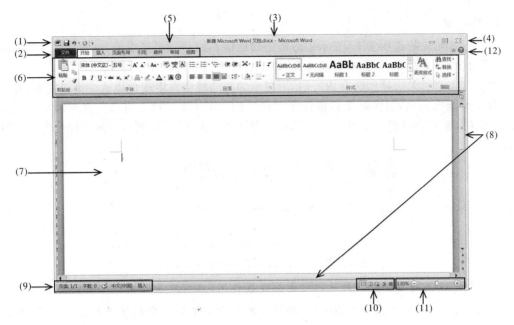

图 4-1 Word 2010 工作界面

"文件"|"选项"|"快速访问工具栏"进行添加。

2."文件"按钮

虽然该按钮与各个选项卡共享了一些空间,但它实际上并不是在同一个空间。单击"文件"按钮将显示新的"后台"视图。用户只需要简单地单击几下鼠标,即可实现文档的保存、共享、打印以及发布。通过增强的功能区,用户可以快速访问常用的命令,并且可以通过自定义选项卡来个性化自己的工作环境。

3.标题栏

在标题栏上显示正在编辑的文档名称。

4."窗口控制"按钮

使用这些按钮可以缩小、放大和关闭 Word 窗口。

5.选项卡

选项卡提供了各种不同的命令,并将相关命令分解为多个子任务,来完成对文档的编辑。其中"开始""插入""页面布局""引用""邮件""审阅""视图"是基本选项卡,"开发工具"选项卡默认情况下不会显示,但它包含的命令对程序员却很有用。若要显示"开发工具"选项卡,选择"文件"|"选项",在打开的"Word 选项"对话框中选择"自定义功能区"。在"自定义功能区"的右侧区域,勾选"开发工具"复选框,然后单击"确定"按钮。也可以通过此方法添加需要的其他选项卡。

另外,"图片工具"选项卡是上下文选项卡,与图片绑定,只有在应用程序中单击图片时,该选项卡才会出现在功能区上。这种上下文选项卡的模式,可以将暂时不需要的功能隐藏起来,待需要时才出现,如图 4-2 所示。这种工具不仅智能、灵活,同时使用户界面更整洁。

图 4-2 "图片工具"|"格式"上下文选项卡

6. 功能区

每个标签对应的选项卡下,显示了分组的功能区。如"开始"选项卡,包含基本的剪贴板命令、格式命令、样式命令、查找和替换命令,以及各种文档的编辑命令等。

当窗口太窄而无法显示所有内容时,所显示的功能将会发生变化以适应窗口宽度,看上去有些命令可能已丢失,但实际上这些命令仍然可用。图 4-3 显示了窗口变得非常窄时的极端情况。此时,某些命令组中仅显示一个图标。但如果单击该图标,则本组所有命令都可显示并可用。

图 4-3 Word 窗口变得非常窄时的"开始"选项卡

提示:如果想要隐藏功能区以增大编辑区视图,只需双击任意选项卡即可。当需要再次使用功能区时,只需单击一个选项卡,即可重新显示功能区。要想保持打开功能区,双击任一选项卡即可。也可以按下 Ctrl+F1 键来切换功能区的显示和关闭。"功能区最小化"按钮("帮助"按钮左侧)提供了另一种功能区切换方式。

7. 编辑区

用户可以在编辑区对文档进行编辑操作,制作需要的文档内容。

8. 滚动条

使用滚动条可以使文档上下或左右滚动,以方便查看文档。

9. 状态栏

状态栏分别给出当前光标所在位置的页数、节数以及行数和列数。右部是键盘状态栏,用于显示"插入"或"改写"状态。

10. "视图"按钮

单击不同的"视图"按钮,可以快捷切换视图类型来查看和编辑不同要求的文档。

11. 显示比例

用于设置文档区域的显示比例,用户可以通过拖动滑块快速调整。

12. "帮助"按钮

单击可以打开相应的 Word 帮助文件。

4.1.2 实时预览

当用户将鼠标指针移动到相关的选项后,实时预览功能就会将指针所指的选项应用到当前所编辑的文档中来。这种全新的、动态的功能可以提高布局设置、编辑和格式化操作的执行效率,因此用户只需花费很少的时间就能获得较好的效果。

例如,当用户希望在 Word 文档中更改艺术字的样式时,只需将鼠标在各个样式集选项上滑过,而无需执行单击操作进行确认,即可实时预览到该样式集对当前艺术字的影响,如图 4-4 所示,从而便于用户快速做出最佳决定。

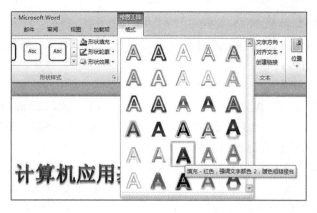

图 4-4　实时预览

4.1.3　增强的屏幕提示

全新的用户界面在很大程序上提升了访问命令和工具相关信息的效率。同时，Office 2010 还提供了比以往版本显示面积更大、容纳信息更多的屏幕提示。这些屏幕提示还可以直接从某个命令的显示位置快速访问其相关帮助信息。

当将鼠标指针移至某个命令时，就会弹出相应的屏幕提示（如图 4-5 所示），它所提供的信息对于想快速了解该功能的用户基本已经足够。如果用户想获得更加详细的信息，可以利用该功能所提供的相关辅助信息的链接（这种链接已被转入用户界面当中），直接从当前命令对其进行访问，而不必打开帮助窗口进行搜索。

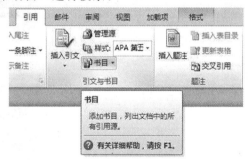

图 4-5　增强的屏幕提示

4.2　文档的制作与存储

4.2.1　创建文档

1．一般创建方法

启动 Word 2010 后，会自动创建一份名为"文档 1"的新文档。如果再创建，可以利用"文件"选项卡，执行"新建"|"可用模板"|"空白文档"，或按快捷键 Ctrl＋N，新建的文档依次命名为"文档 2""文档 3"等。文档的后缀名为".docx"。

2.利用模板快速创建特殊文档

Word 提供了各式各样的模板,通过模板可以创建出格式统一、框架统一的文档(如会议议程、信函、预算、日历等)。

(1)Word 中的模板分类

第一类是系统向导和模板,默认安装在 C:\Program Files\Microsoft Office\Templates\2052 文件夹中,其扩展名是 wiz(向导)和 dot(模板)。单击"可用模板"或"Office.com 模板",在弹出的对话框中,再选择其他特殊的模板类型来创建文档。

第二类是用户自定义模板。存放在(Windows 7 系统的)Users\Administrator\AppData\Roaming\Microsoft\Templates 目录下。当"样本模板"区和"Office.com"下载区的模板还不能满足需求时,就可以考虑创建此类模板。

提示:要想找到上述文件夹,必须在当前系统中允许显示隐藏文件和文件夹。

(2)新建自定义模板的步骤

第一步:打开 Word 2010 文档窗口,在当前文档中设计自定义模板所需要的元素,例如文本、图片、样式等。

第二步:完成模板的设计后,在"快速访问工具栏"中单击"保存"按钮。打开"另存为"对话框,选择"保存位置"为 Users\Administrator\AppData\Roaming\Microsoft\Templates 文件夹,然后在"保存类型"下拉列表中选择"Word 模板(*.dotx)"选项。在"文件名"文本框中输入模板名称,并单击"保存"按钮即可,如图 4-6 所示。

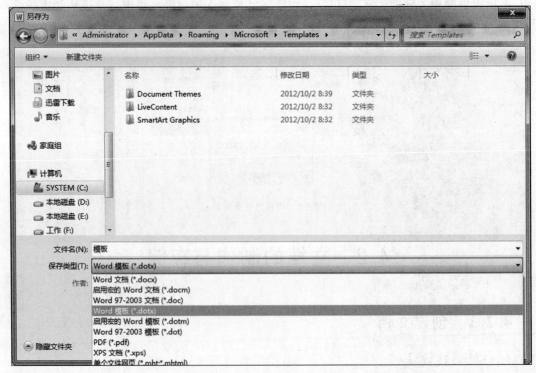

图 4-6　选择"Word 模板(*.dotx)"

第三步:依次单击"文件"|"新建"按钮,在打开的"可用模板"区域中选择"我的模板"选项,如图 4-7 所示。

图 4-7 在打开的"新建文档"对话框中选择"我的模板"选项

第四步：打开"新建"对话框，在"个人模板"列表可看到新建的自定义模板"模板.dotx"。选中该模板并单击"确定"按钮即可新建一个文档，如图 4-8 所示。

图 4-8 按自定义模板新建一个文档

（3）坏事的 Normal.dot

有时单击 Word 图标，它却没有启动，反而出现一个如图 4-9 所示的错误信息"Microsoft Office Word 已停止工作"。严重时，甚至不能卸载和重装 Word。一般情况下，这是由于 Word 的 Normal.dot 模板文件损坏所造成的，可以通过系统的查找工具找到该文件，然后将其删除（图 4-10），删除后，Word 会自动重建一个新的 Normal.dot 文件，并恢复正常。

4-9 出现"Microsoft Office Word 已停止工作"信息

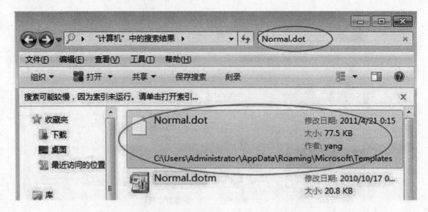

图 4-10 删除已损坏的 Normal. dot 模板文件

4.2.2 输入文本

下面以一个具体的实例讲解接下来的内容。

从图 4-11 可以看出,自荐书的内容分为 11 段,主要由汉字、英文字母、标点符号、特殊符号、日期字符等字符组成。在输入字符时还涉及输入法的选择与切换。为了降低操作难度,下面先单独介绍各种字符的输入方法,再集中介绍自荐书的输入过程。

图 4-11 自荐书

1. 输入汉字

要想在 Word 中输入中文,必须在 Windows 系统中安装汉字输入方法,在安装 Windows 中文版操作系统时,系统已经自动安装了全拼、双拼、智能 ABC、表形码和郑码等多种输入方法,用户还可以在 Windows 环境下安装其他汉字输入方法。例如,现在比较流行的搜狗输入法。输入法之间用快捷键 Ctrl+Shift 来切换,或者在右下角任务栏直接选择。

输入文本时,请注意闪烁的"I"型光标(即当前输入字符的插入点),每输入一个字符,插入点向右移动一个位置。与其他字处理软件一样,Word 具有自动换行功能,可以让用户连续输入文本,只需在段落结束时按回车(Enter)键换到下一自然段,同时在该自然段的末尾自动添加一个特殊符号(即段落标记)↵,表示一个自然段结束。

2.输入英文字符

英文字符的输入方法如下：

(1)按 Ctrl＋Space 键可以切换中/英文输入状态,或者在右下角任务栏中选择英文输入法,使语言栏上出现图标"⌨"。

(2)按键盘上的字母键输入所需要的英文字符,如果要输入大写字母,则按 Shift＋字母键。

3.输入标点符号

标点符号有中英文之分,键盘上的标点符号键是英文标点符号键,中文标点符号的按键见表 4-1。

表 4-1 中文标点符号键

名　称	标　点	键盘对应键	名　称	标　点	键盘对应键
顿号	、	\	分号	；	；
双引号	""	Shift ＋"	冒号	：	Shift ＋；
感叹号	！	Shift ＋！	逗号	，	，
间隔号	·	·(Del)	问号	？	Shift ＋？
破折号	——	Shift ＋-	句号	。	.
省略号	……	Shift ＋^	左括号	（	Shift ＋(
左书名号	《	Shift ＋<	右括号	）	Shift ＋)
右书名号	》	Shift ＋>	间隔号	｜	Shift ＋\
单引号	''	'	人民币符	￥	$

4.输入自荐书的内容,如图 4-12 所示

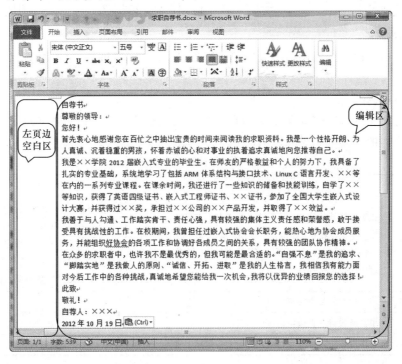

图 4-12 输入结束后的求职自荐书文档

4.2.3 选择文本

在输入文档内容时,不可避免地会出现一些错误,这就需要随时修改所输入的内容。修改输入内容涉及的操作主要有移动插入点、选择文本等。

1.移动插入点

插入点可以用鼠标移动,也可以用键盘移动。这两种方法各有优势,在实际使用时应根据实际情况灵活选用。

(1)用鼠标移动插入点

用鼠标移动插入点的方法是,移动鼠标指针至目标位置处,然后单击鼠标左键。这种方法主要用于在当前屏幕窗口中移动插入点。

(2)用键盘移动插入点

用键盘移动插入点的方法是,按键盘上的相关键使插入点移到目标处。用键盘移动插入点时,不同的目标位置所使用的操作键不同。移动插入点的操作键见表4-2。

表 4-2 　　　　　　　　　　　移动插入点的操作键

操作键	功　能	操作键	功　能
↑	上移一行	Ctrl ＋ ↑	移至当前段首
↓	下移一行	Ctrl ＋ ↓	移至下一段段首
←	左移一个字符或汉字	Ctrl ＋ ←	左移一个单词
→	右移一个字符或汉字	Ctrl ＋ →	右移一个单词
Home	移至行首	Ctrl ＋ Home	移至文档开头
End	移至行尾	Ctrl ＋ End	移至文档末尾
PageUp	上移一屏	Ctrl ＋ PageUp	移至窗口顶部
PageDown	下移一屏	Ctrl ＋ PageDown	移至窗口底部

2.选择文本

选择文本可以用鼠标操作也可以用键盘操作,选择文本后被选择的文本呈黑底白字的反向显示。

(1)用鼠标选择文本

用鼠标选择文本有时需要单击文档页面左边的页边空白区,左页边空白区参见图4-12。用鼠标选择文本的操作方法见表4-3。

表 4-3 　　　　　　　　　　　用鼠标选择文本

选择字符	操作方法	说　明
选择若干字符	在选择区域的第一个字符之前单击鼠标左键并按住鼠标左键往右拖,直至选择区的最后一个字符的右侧,然后放开鼠标左键,则鼠标所扫描过的区域被选择	①被选择字符不在一行,在拖动鼠标时,可直接往下拖,直到最后一个字符所在行,然后在该行向左或向右拖动鼠标至最后一个字符的右侧。 ②用此方法可以选择文档中任意连续字符,在实际应用中一般用于选择字数不多的字符
选择一个词组	双击词组的某个字符	
选择一行	单击所选行左页边空白区(选定区)	
选择一个段落	在段内任意一行左页边空白区内双击鼠标左键	

（续表）

选择字符	操作方法	说　明
选择一段文本	在选择区域的第一个字符之前单击，使插入点移到选择区域之前，按住 Shift 键，在选择区域最后一个字符之后再单击，然后放开 Shift 键。则从插入点处到按住 Shift 键单击鼠标处的字符被选择	此方法常用于选择需要分几屏显示的连续区字符
选择不连续的字符	先选择第一个连续区域，然后按住 Ctrl 键不放，用拖动鼠标法选第二个区域、第三个区域、……，直至所有区域选择完毕，再放开 Ctrl 键	
选择一个矩形区域	单击矩形区域的一个角，按住 Alt 键不放，再按住鼠标左键拖动鼠标至矩形区域的对角，然后放开 Alt 键和鼠标左键	
选择全部字符	在左页边空白区内任意位置处三击	

（2）用键盘选择文本

用键盘选择文本的操作方法见表4-4。

表 4-4　　　　　　　　　　　　用键盘选择文本

操作键	功　能	说　明
Shift ＋ ↑	选择插入点到上一行同一列位置之间的所有字符	①选择字符后，插入点将随选择区域生长的方向移动。例如，向上选择一行后，插入点则向上移一行。②选择一个区域后，可再用其他操作键增加或减少所选的字符。例如，向上选择一行后，若按"Shift ＋ →"键，则会减选一个字符。向下选择一行后，若按"Shift ＋ ←"键，则会增选一个字符
Shift ＋ ↓	选择插入点到下一行同一列位置之间的所有字符	
Shift ＋ ←	选择插入点左边一个字符	
Shift ＋→	选择插入点右边一个字符	
Shift ＋ Home	选择插入点到行首之间所有字符	
Shift ＋ End	选择插入点到行尾之间所有字符	
Ctrl ＋ Shift ＋ ↑	选择插入点到段首之间所有字符	
Ctrl ＋ Shift ＋ ↓	选择插入点到段尾之间所有字符	
Ctrl ＋ Shift ＋ Home	选择插入点到文档的开始处之间的字符	
Ctrl ＋ Shift ＋ End	选择插入点到文档的结束处之间的字符	
Ctrl ＋ A	选择文档中所有内容	

4.2.4　移动和复制文本

复制文本的操作方法如下：

（1）选择待复制的文本。

（2）按 Ctrl＋C 快捷键，或者右击选中的文本，在弹出的快捷菜单中单击"复制"菜单命令，将选中的文本复制到剪贴板上。

（3）移动插入点至目标位置处。

（4）按 Ctrl＋V 快捷键，或者在目标位置处右击，在弹出的快捷菜单中单击"粘贴"菜单命令，将剪贴板中的内容粘贴到目标位置处。

移动文本的操作方法如下：

（1）选择待移动的文本。

(2)按 Ctrl+X 快捷键,或者右击选中的文本,在弹出的快捷菜单中单击"剪切"菜单命令。

(3)移动插入点至目标位置处。

(4)按 Ctrl+V 快捷键,或者在目标位置处右击,在弹出的快捷菜单中单击"粘贴"菜单命令,将剪贴板中的内容粘贴到目标位置处。

提示:如果目标位置位于其他文档中,可将选择文本复制或者移动到其他文档中。

4.2.5　修改和删除文本

删除文本的操作方法如下:

将插入点移动到待删除文本的右侧,然后按 Backspace 键,每按一次 Backspace 键,就会删除插入点左边的一个字符。或者将插入点移到待删除文本的左侧,然后按 Delete 键,每按一次 Delete 键,就会删除插入点右边的一个字符。

如果待删除的文本比较长,例如,要删除一行或者一个段落的文字,则可先选中待删除的文本,然后按 Delete 键。

修改文本的操作方法如下:

先删除待修改的文本,然后在修改处重新输入新字符。如果待修改的字符比较多,可以先选中需要修改的字符,再输入新字符,这时新输入的字符就会覆盖掉原来的字符。

提示:

在修改文档中的文本时,要注意字符的输入方式。字符输入有插入和改写两种方式。插入方式的特点是,字符输入后,插入点以及插入点右侧的原有字符随字符的输入向右移动。改写方式的特点是,字符输入后,只有插入点随字符的输入向右移动,插入点向右移动的过程中将删除右侧的字符,即字符是以覆盖的形式输入的。

打开 Word 文档时,字符的输入方式是默认的插入方式,在 Word 文档左下部会显示"插入"字样。在插入方式下,用鼠标左键单击"插入"字符,输入方式切换为改写方式,并显示"改写"字样,如图 4-13 所示。

图 4-13　字符输入状态

4.2.6　查找与替换文本

将求职自荐书中的第 1 个"linux"替换为"Windows CE"的操作方法如下:

(1)按 Ctrl+Home 键,将插入点移动到文档的开头。

(2)按 Ctrl+H 快捷键,或者在"开始"选项卡"编辑"组中,单击"替换"图标按钮,打开"查找和替换"对话框,如图 4-14 所示。

图 4-14　"查找和替换"对话框

(3)在"查找内容"下拉列表框中输入需要查找的内容"linux",在"替换为"下拉列表框中输入替换后的内容"Windows CE"。

(4)单击"查找下一处"按钮,系统会从插入点处开始在文档中查找指定的内容,并在文档中以黄底的方式显示所找到的内容。如果没找到,系统会弹出如图4-15所示的已完成对文档的搜索提示框。

图4-15 已完成对文档的搜索提示框

(5)单击"替换"按钮,Word会将当前找到的内容替换成"Windows CE",并从当前位置处继续查找下一个查找内容"linux"。

(6)单击"取消"按钮,结束替换操作。

提示:

①在图4-14所示对话框中,如果单击"全部替换"按钮,可以将文档中所有"linux"替换成"Windows CE",如果当前找到的内容不是需要替换的内容,可以再次单击"查找下一处"按钮,Word会从当前位置处继续向下查找,而不替换当前找到的内容。

②如果仅需查找某内容,可按快捷键Ctrl+F,直接打开"查找和替换"对话框的"查找"选项卡,然后在"查找"选项卡中进行查找操作,其方法类似于步骤3~步骤4。

4.2.7 特殊符号和数学公式

处理文档时,有时会遇到特殊符号和数学公式,可以用 Word 提供的符号和公式(必须安装公式编辑器)的功能。

1.插入特殊符号与自动更正

要插入特殊符号,首先将光标置于插入位置,单击"插入"选项卡,在功能区选择"符号"|"其他符号",打开"符号"对话框,如图4-16所示,可以找到特殊字符的各种样式。对于常插入的符号,可以单击"快捷键"按钮,打开"自定义键盘"对话框,如图4-17所示。在其中用键盘按下要定义的按键,单击"指定"按钮来添加快捷方式。

图4-16 "符号"对话框

图4-17 "自定义键盘"对话框

2.插入数学公式

单击"插入"选项卡,在"符号"功能区中,单击"公式"按钮,展开如图4-18所示的公式下拉列表,如果公式模板中有所需要输入的公式,直接单击相应公式即可,若无,则单击"插入新公式"选项,打开"公式"编辑器,如图 4-19 所示。

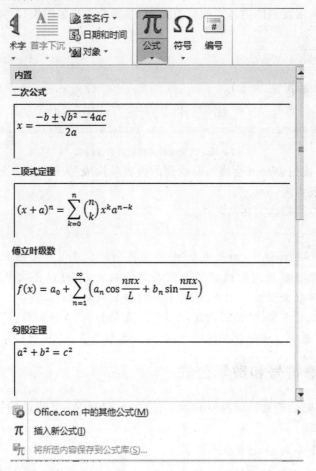

图 4-18　公式下拉列表

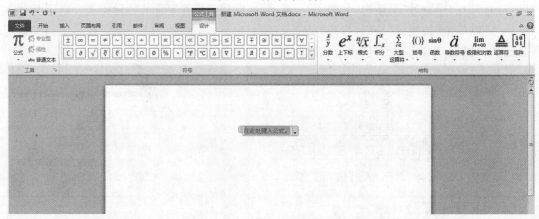

图 4-19　公式编辑器

公式编辑器分为三部分：工具、符号和结构。只要在公式编辑区输入公式的内容，同时套用模板和插入公式符号就可以编辑公式。例如，我们要编辑下面的公式：

$$\cos\infty = \sqrt{1 - \left(\frac{4}{5}\right)^2} = \frac{3}{5}$$

操作步骤如下：

(1)在"公式工具"|"设计"|"结构"|"函数"中选择"cos"，单击"符号"按钮，选择字母"∞"，选择"＝"，完成输入"cos ∞ ＝"。

(2)单击"根式"，选择"平方根式"，把光标定位在根式中，输入"1－"。

(3)选择"上下标"模板中的□□，移动光标在指数位置输入"2"，再移动光标至底数位置，选择"括号"中的"小括号"，将光标定位在括号内，单击"分数"按钮，选择"分式"模板后，在分子和分母位置上分别输入 4、5，完成整个根式。

(4)移动光标到"平方根式"模板的后面，选择"＝"，用"分数"输入 $\frac{3}{5}$。

(5)输入完毕后，用鼠标单击公式编辑区以外的任意区域可退出编辑状态。若要对编辑的公式进行修改，可直接双击要修改的公式进入公式编辑状态。

4.2.8　保存文档

启动 Word 时，Word 所创建的"文档1"文件位于内存中，断电后内存中的文件将会丢失，所以必须将文件保存到磁盘上。另外，为了方便日后查找，保存文件时还需要对文件按其作用重新命名，并指定文件的存放位置。本例中，我们将新建的 Word 文档命名为"求职自荐书"，并保存到"D:\求职"文件夹中。因此，保存前需在 D 盘中建立"求职"文件夹。

1.保存自荐书文档

保存的操作方法如下：

(1)单击"快速访问工具栏"上的"保存"按钮■，或者在"文件"选项卡中单击"保存"命令，或按 Ctrl＋S 快捷键，打开"另存为"对话框。

🔔提示：

①若 Word 窗口中打开的是磁盘上已有的 Word 文档，则单击"保存"按钮后系统只会将内存中的内容保存到磁盘文件中，并不会弹出"另存为"对话框。

②在 Word 中，同一操作有单击选项卡上的图标按钮、单击快捷菜单中的菜单命令等多种方法，有些常用的操作，Word 还安排了快捷键。用户在实际操作时应优先使用快捷键，只有上述方法不能实现某种操作时才选用选项卡上的图标按钮。

(2)在"另存为"对话框的左边导航栏中，用鼠标拖动垂直滚动条至"计算机"，然后单击"D盘"图标，对话框右边的列表框中会显示 D 盘根目录下的所有文件和文件夹。

(3)双击列表框中的"求职"文件夹图标，"地址栏"下拉列表框中会显示当前所在的地址，如图 4-20 所示，表示当前选择的保存位置是"D:\求职"文件夹，"另存为"对话框的列表框中会显示"求职"文件夹中的所有文件和子文件夹。

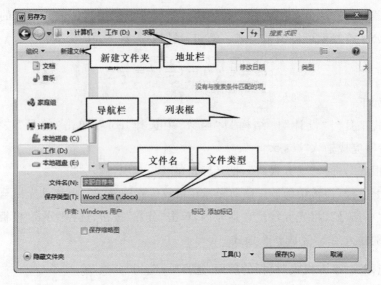

图 4-20 "另存为"对话框

（4）在"文件名"文本框中输入"求职自荐书"，单击"保存类型"下拉列表框，从下拉列表框中选择"Word 文档（＊.docx）"，然后单击"保存"按钮。系统就会将新建的 Word 文档以"求职自荐书.docx"文件名保存在"D:\求职"文件夹中。

2.设置保存选项

除了在新建文件时要保存文件外，在文件的编辑过程中也要定时地保存文件，以防止因死机或者突然断电而造成当前编辑内容的丢失，可以设置自动保存来解决这个问题。单击"文件"|"选项"命令，打开"Word 选项"对话框，在"保存"选项卡中对"保存自动恢复信息时间间隔"进行设置。如图 4-21 所示。

图 4-21 "保存"选项卡

4.2.9　保护和打印文档

1.保护文档

为了有效保护文件不被他人打开或者修改,可以在"文件"|"信息"|"保护文档"选项中进行权限设置。如图 4-22 所示。

图 4-22　文档保护设置

2.打印文档

完成求职书的制作后,还需要将求职书打印出来,以便在招聘会上向用人单位投递。如将求职书按一式五份逐份打印的操作方法如下:

(1)按快捷键 Ctrl+P,单击"文件"选项卡中的"打印"命令,进入如图 4-23 所示的窗口。

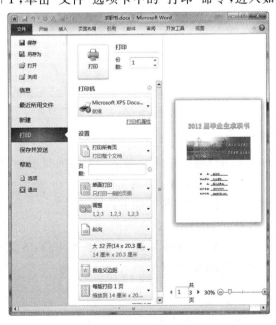

图 4-23　打印预览窗口

（2）在右部"预览窗口"中可以观察文档打印效果。如果效果不合要求，可单击"开始"选项卡，返回至编辑窗口中重新编排页面。

（3）在中部"打印机"下拉列表框中选择当前可用的打印机。

（4）在"设置"框架中选择："打印所有页"选项。

（5）在"打印"框架"份数"数值框中输入"5"。

（6）打开所选打印机的电源开关，并在打印机中放入文档页面中所选择的纸张。

（7）单击"打印"图标按钮。

4.2.10　与他人共享文档

Word 文档除了可以打印出来供他人审阅外，也可以根据不同的需求通过多种电子化的方式完成共享目的。

1.通过电子邮件共享文档

如果希望将编辑完成的 Word 文档通过电子邮件方式发送给对方，可以选择"文件"选项卡，打开 Office 后台视图，然后执行"保存并发送"|"使用电子邮件发送"|"作为附件发送"命令，如图 4-24 所示。

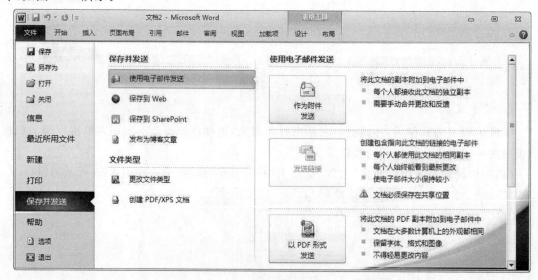

图 4-24　电子邮件发送文档

2.转换成 PDF 文档格式

用户可以将文档保存为 PDF 格式，这样既保证了文档的只读性，同时又确保了那些没有部署 Microsoft Office 产品的用户可以正常浏览文档内容。

将文档另存为 PDF 文档的具体操作步骤如下：

（1）选择"文件"选项卡，打开 Office 后台视图。

（2）在 Office 后台视图中执行"保存并发送"|"创建 PDF/XPS 文档"命令，在展开的视图中单击"创建 PDF/XPS"按钮，如图 4-25 所示。

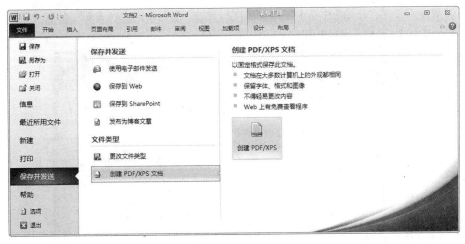

图 4-25 将文档发布为 PDF 格式

(3)在随后打开的"发布为 PDF 或 XPS"对话框中,单击"发布"按钮,即可完成 PDF 文档的创建。

4.3 文档的排版

4.3.1 设置字符格式

提示:设置格式前需要先选定字符。

1.利用"字体"组设置

将标题行(第1段)中的"自荐书"的字体格式设置为"华文新魏、一号、加粗",设置标题行字符格式的操作方法如下:

(1)选择字符。移动鼠标指针至"自"字左侧,按住鼠标左键向右拖动,鼠标所扫过的地方会呈蓝底字样,表示这些字符已被选中。

(2)设置字体。在"开始"选项卡"字体"组中,单击"字体"下拉列表框,在展开的列表框中单击"华文新魏"列表项,如图 4-26 所示。

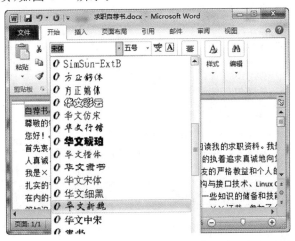

图 4-26 设置字体

（3）设置字号。在"开始"选项卡"字体"组中，单击"字号"下拉列表框，在展开的列表框中单击"一号"列表项，如图4-27所示。

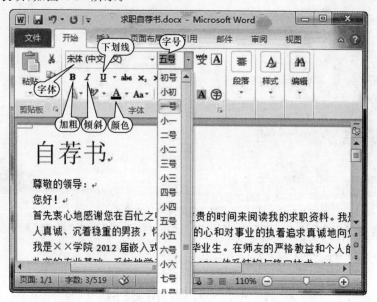

图4-27 设置字号

（4）设置加粗字形。在"开始"选项卡"字体"组中，单击"加粗"图标按钮**B**。

2.利用快捷菜单设置

（1）将标题行"自荐书"的字间距设为"加宽15磅"，操作如下：

①右击选中的"自荐书"字符，在弹出的快捷菜单中单击"字体"菜单命令，或者在"开始"选项卡中单击"字体"组右边的"对话框启动器"按钮，打开如图4-28所示的"字体"对话框。

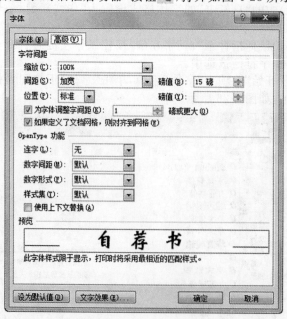

图4-28 "字体"对话框

②在"字体"对话框中单击"高级"选项卡，在"间距"下拉列表框中单击"加宽"列表项，在

"磅值"文本框中输入"15 磅",如图 4-28 所示。

③单击"确定"按钮。

（2）设置第 3 段至第 10 段的字符格式

将第 3 段至第 10 段中字符的大小设置为小四,中文字符的字体为新宋体,西文字符的字体为默认的 Times New Roman,其他格式为默认值。操作方法如下:

①将插入点移至第 3 段首字符的左侧("您"字的左侧),将鼠标指针移到第 10 段最后一个字符,按住 Shift 键,用鼠标左键单击第 10 段最后一个字符的右侧,选择第 3 段至第 10 段中的字符。

②右击选中的字符,在弹出的快捷菜单中单击"字体"菜单命令,打开"字体"对话框。

③在"字体"对话框中单击"字体"选项卡,并单击"中文字体"下拉列表框,从中选择"新宋体"列表项。

④单击"西文字体"下拉列表框,从中选择"Times New Roman"列表项。

⑤单击"字号"下拉列表框,从中选择"小四"列表项,如图 4-29 所示。

图 4-29 "字体"选项卡

🐟提示:

①"字体"选项卡可以对选定区内的中西文字符分别设置字符格式。当选定区内既有中文字符又有西文字符,并且中西文字符的格式不一致时,一般采用"字体"对话框设置选定区内的字符格式。

②用"开始"选项卡中的"字体"下拉列表框设置字符格式时,选定区内的中西文字符将被设置成同一字符格式,相当于在图 4-29 所示的"字体"选项卡中的"西文字体"下拉列表框中选择了"使用中文字体"选项。

③如果选定区内只有一两处西文字符,也可以用"开始"选项卡中的"字体"下拉列表框先将选定区中的所有字符设置成中文字符格式,然后再选择西文字符后,更改西文字符的字符格式。

④设置字符的颜色和给字符加下划线也是常用的字符格式设置,这两种格式设置方法相同,下面以设置"自荐书"三个字符的颜色为例,补充讲解这类格式的设置方法。将"自荐书"字

符设置成蓝色的操作方法如下：

第一步：选择"自荐书"三个汉字。

第二步：在"开始"选项卡的"字体"组中，单击"颜色"图标按钮左边的"展开"按钮" "，打开如图 4-30 所示的"颜色"列表框。

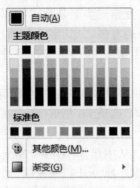

图 4-30　选择颜色

第三步：在"颜色"列表框中单击"蓝色"色块。

3. 用格式刷设置

将第 2 段（"尊敬的领导："）和第 11 段（年月日）中字符格式都设置为"华文中宋、四号"。由于两部分字符格式相同，因此，在实际操作时，可以先设置第 2 段的字符格式，然后用格式刷将第 2 段中的格式复制到第 11 段中。操作方法如下：

（1）选择第 2 段文本，在"开始"选项卡的"剪贴板"组中，单击"格式刷"图标按钮" "，此时，"格式刷"工具图标呈压下状态，当鼠标指针移入文档的编辑区时，鼠标指针呈" "状。

（2）选中第 11 段的字符，Word 会将格式刷中的格式粘贴至所选的字符中，并关闭格式复制功能，"格式刷"图标按钮弹起，鼠标指针恢复正常显示。

提示：

①格式刷除了可以复制字符格式外，还可以复制段落格式。在单击"格式刷"之前，若选定的文本范围包含了段落标记符"↵"，则单击"格式刷"后会复制段落格式和选定区第 1 个字符的格式；若选定区不包含段落标记符"↵"，则只复制字符格式，不复制段落格式；若选定区中只有段落标记符"↵"，则只复制段落格式，不复制字符格式。

②上述操作实际上是把第 2 段首字符的格式和段落格式都复制给第 11 段，只是这两段目前的段落格式都是默认的格式，所以没有任何影响。在实际使用中，如果两段的段落格式不同，则在选择区域时不能选择段落标记符。

③单击"格式刷"时，格式刷中的格式只能使用一次。如果要多次使用格式刷中的格式，则双击即可。应用完成后可以再次单击"格式刷"按钮，关闭格式刷。

4.3.2　设置段落格式

段落格式化的主要内容是设置段落的对齐方式、段落缩进的位置、段间距（段前距和段后距）和行间距。Word 的默认段落格式是，对齐方式为两端对齐、段落左右缩进 0 字符、无首行缩进、无悬挂缩进、段前距 0 行、段后距 0 行、行间距为单倍行距。如果某项段落格式不是默认值，就需要进行设置。

将第 1 段的对齐方式设置为居中对齐，其他格式为默认格式。第 2 段的段落格式全部为默认格式。第 3 段至第 8 段的段落格式是，首行缩进 2 字符、1.5 倍行距。第 9 段的段落格式是,行间距为1.5倍行距。由于第9段的格式与前几段的格式仅仅只是首行缩进量不同,可以将这几段都按第3段的段落格式进行设置,即按首行缩进2个字符的格式进行设置,然后再删除第9段中的首行缩进格式。设置这9段的段落格式操作方法如下:

(1)双击第1段左侧的左页边空白区,选中第1段。

(2)在"开始"选项卡的"段落"组中,单击"居中对齐"图标按钮"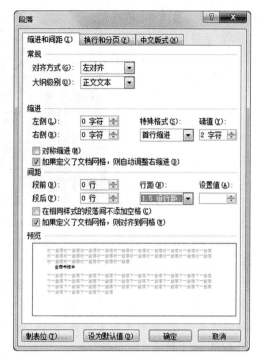",第1段就被设置成居中对齐。

(3)选择第3段至第9段。

(4)在"开始"选项卡中,单击"段落"组名右边的"对话框启动器"按钮" ",或者右击选中的字符,在弹出的快捷菜单中单击"段落"菜单命令,打开如图4-31所示的"段落"对话框。

(5)在"段落"对话框中单击"缩进和间距"选项卡,然后在"特殊格式"下拉列表框中选择"首行缩进"列表项;单击"磅值"数值框中的数值调节按钮,将"磅值"设置为2字符。

图4-31 "段落"对话框

(6)单击"行距"下拉列表框,从中选择"1.5倍行距"。

(7)单击"确定"按钮。第3段至第9段就被设置成首行缩进2字符、1.5倍行距的段落格式。

(8)单击第9行首字符"敬"字的左侧,将插入点移动到"敬"字的左侧。按 Backspace 键,删除第9段的缩进字符。然后单击快速访问工具栏上的"保存"图标按钮,保存文件。

提示:

①段落对齐方式主要有"左对齐""两端对齐""居中对齐""右对齐""分散对齐"五种,默认的方式是"左对齐"。这五种对齐方式可用"缩进和间距"选项卡中的"对齐方式"下拉列表框进行设置(参见图4-31),也可以用"开始"选项卡中的对齐方式工具图标按钮进行设置。这五种对齐方式的示例如图4-32所示。

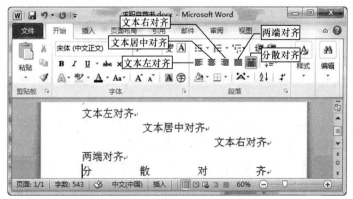

图4-32 段落对齐的五种方式

两端对齐与左对齐的主要区别是,当行内空余量不足一个字符时,如果选用左对齐,首字符位于行的左边界处,字符间距为设定间距,空余量位于行尾,如图4-33所示。如果选用两端对齐,首字符位于行左边界处,尾字符位于行右边界处,空余量平均分布于各字符之间。

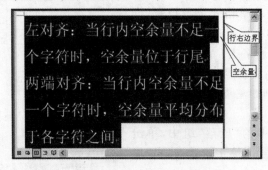

图4-33 "左对齐"与"两端对齐"的区别

如果某个段落只需设置对齐格式(如本例中的第1段),一般是用"开始"选项卡中的对齐图标按钮进行设置,这样可以提高操作速度。

②段落的缩进方式主要有首行缩进、悬挂缩进、左缩进、右缩进四种类型。左右缩进在"缩进和间距"选项卡中有直接的显示(参考图4-31),"首行缩进"和"悬挂缩进"位于"特殊格式"下拉列表框中,下拉列表框右侧的"磅值"数值框用来设置这两种缩进的缩进量。四种缩进的示例如图4-34所示。

> **首行缩进2个字符**:段落的第1行缩进2个字符,其他行不缩进。文档的正文段落一般使用首行缩进2个字符格式。
>
> **悬挂缩进2个字符**:段落的第1行无缩进,段落中的其他行的左端都缩进2个字符。常用于新建项目符号和编号。
>
> **左缩进2个字符**:段落的所有行的左端都向右缩进2个字符。相当于将段落的左边界向右移,左缩进会减少段落内每一行的有效长度。
>
> **右缩进2个字符**:段落的所有行的右端都向左缩进2个字符。相当于将段落的右边界向左移,右缩进会减少段落内每一行的有效长度。

图4-34 段落缩进的四种方式

"首行缩进""悬挂缩进""左缩进""右缩进"的默认单位是"字符",还可以选用"磅"和"厘米"作为"磅值"的单位。选用默认的"字符"单位时,可在对应的"磅值"数值框中直接输入数值,此时,实际缩进量随段落字符的大小变化而变化。单位选用"磅"或者"厘米"时,必须输入单位名称,此时,实际缩进量与字符大小无关,是一个固定值。

左缩进、右缩进可以和首行缩进或者悬挂缩进组合使用,但首行缩进不能与悬挂缩进同时使用,即缩进方式最多只能同时使用三种。

段落缩进也可以用水平标尺设置,其方法我们稍后介绍。

③"行距"下拉列表框中有"单倍行距""1.5倍行距""2倍行距"和"最小值""固定值""多倍行距"六个列表项,前三个列表项可单独使用,后三个列表项必须与右侧的"设置值"数值框组合使用。这六个列表项的含义如下:

单倍行距(默认选项):实际行距=行内最大字符的高度+附加量,其中附加量与所用字号有关。

1.5 倍行距:实际行距＝1.5×单倍行距。

2 倍行距:实际行距＝2×单倍行距。

最小值:规定段落所允许使用的最小行距值。若行中最大字符的高度比设定的"最小值"小,则实际行距取规定的最小值。若行中最大字符的高度比设定的"最小值"大,则实际行距取单倍行距。选择"最小值"时,"设置值"数值框的默认单位为"磅",也可选用"厘米"。

固定值:将行距设为固定值。选用此项时,"设置值"数值框的默认单位为"磅",实际行距为"设置值"中的数值。当行内字符的高度大于所设定的固定值时,Word 不调整行距,而是将字符进行裁剪。

多倍行距:选用此项时,"设置值"数值框中的数值可以是正整数,也可以是小数,但不能输入单位,此时框内的数值是"单倍行距"的倍数,实际行距＝倍数×单倍行距。

④"段前"数值框用来设定本段与上一段之间的间距,"段后"数值框用来设定本段与下一段之间的间距。这两个数值框的默认单位是"行",它是一个相对单位,实际间距与行距有关。这两个数值框的单位还可以选用"磅"和"厘米",选用"磅"或"厘米"时,段间距为固定值。

第 10 段的格式是:左缩进若干字符,使其与第 11 段居中对齐,段前距 8 磅、段后距 12 磅,行间距 1.6 倍行距。第 11 段的格式是,右对齐,其他格式为默认值。设置第 10 段、第 11 段的段落格式的操作方法如下:

(1)选择第 11 段。

(2)在"开始"选项卡"段落"组中,单击"右对齐"图标按钮"▤",将第 11 段设置成右对齐。

(3)选择第 10 段。

(4)在"开始"选项卡中,单击"段落"组右下角的"对话框启动器"按钮"▣",在弹出的"段落"对话框中单击"缩进和间距"选项卡。

(5)删除"段前"数值框内的字符数,然后在"段前"数值框内输入"8 磅"(注意,要输入单位),或者先选中"段前"数值框中的字符,然后输入"8 磅"。

(6)按照上述方法将"段后"数值框中的字符改为"12 磅"。

(7)单击"行距"下拉列表框,从中选择"多倍行距"列表项,再将"设置值"数值框中的数值改为"1.6",然后单击"确定"按钮。

(8)将鼠标指针移至水平标尺的左缩进滑块上,按住鼠标左键向右拖动左缩进滑块,直至第 10 段中的字符"自荐人:×××"与第 11 段中的字符居中对齐,然后放开鼠标左键。如图4-35 所示。

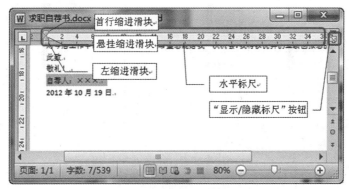

图 4-35　水平标尺

提示：

①水平标尺是设置段落缩进的最直接、最快速的方法。按住 Alt 键拖动水平标尺上的滑块，可以精确地定位滑块的位置，此时水平标尺上会显示滑块的位置。

②窗口中的标尺可以随时显示或隐藏。其操作方法是，单击垂直滚动条上方的"显示/隐藏标尺"图标按钮"⬚"（参考图 4-35）。

4.3.3　使用主题快速调整文档外观

以往，要设置协调一致、美观专业的 Office 文档格式很费时间，因为用户必须分别为表格、图表、形状和图示选择颜色或样式等选项，而在 Office 2010 中，主题功能简化了这一系列设置的过程。

文档主题是一套具有统一设计元素的格式选项，包括一组主题颜色（配色方案的集合）、一组主题字体（包括标题字体和正文字体）和一组主题效果（包括线条和填充效果）。通过应用文档主题，用户可以快速而轻松地设置整个文档的格式，赋予它专业和时尚的外观。

文档主题在 Word、Excel、PowerPoint 应用程序之间共享，这样可以确保应用了相同主题的 Office 文档都能保持高度统一的外观。

如果希望利用主题使已有的 Word 文档焕然一新，可以按照如下操作步骤执行：

(1)在 Word 2010 的功能区中，打开"页面布局"选项卡。

(2)在"页面布局"选项卡中的"主题"选项组中，单击"主题"按钮。

(3)在弹出的下拉列表中，系统内置的"主题库"以图示的方式为用户罗列了"Office""暗香扑面""跋涉""都市""凤舞九天""华丽"等20多种文档主题，如图 4-36 所示。用户可以在这些主题之间滑动鼠标，通过实时预览功能来试用每个主题的应用效果。

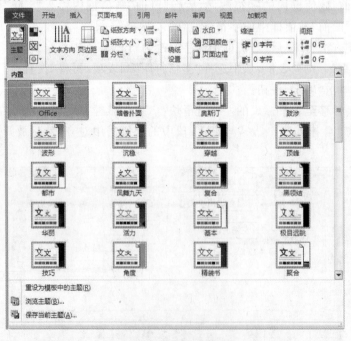

图 4-36　应用文档主题

(4)单击一个符合用户需求的主题，即可完成文档主题的设置。

用户不仅可以在文档中应用预定义的文档主题,还能够按照实际的使用需求,创建自定义文档主题。

要自定义文档主题,需要完成对主题颜色、主题字体,以及主题效果的设置工作。对一个或多个这样的主题组件所做的更改将立即影响当前文档的显示外观。如果要将这些更改应用到新文档,还可以将它们另存为自定义文档主题。

4.3.4 调整页面设置

在进行文档输入和编辑之前需要先设计好文档的页面,以防止文档中的表格、图形、图片等对象在后期编排时超出页面的范围。页面的前期设计主要是规划纸张的大小、页边距、页面的方向等。

将自荐书的打印纸张设置为16K纸、页面方向为纵向、左右页边距为2.3厘米,上下页边距为2.5厘米。设计页面的操作方法如下:

(1)在"页面布局"选项卡中,单击"页面设置"组右下角的"对话框启动器"按钮 ,打开如图4-37所示的"页面设置"对话框。

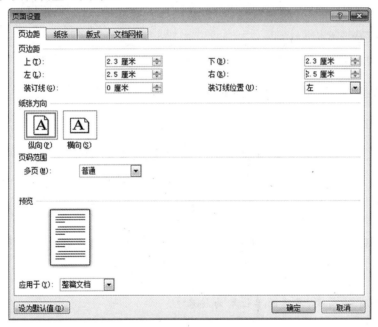

图4-37 "页面设置"对话框

(2)在"页边距"选项卡中,单击"纸张方向"栏目中的"纵向"框,或者按 Alt+P 键,将页面方向设置为纵向。

(3)在"页边距"栏目中,单击"上"数值框右边的数值调节按钮,使数值框中的数值变为"2.3厘米",或者按 Alt+T 键选中文本框中的数字后再输入"2.3"。

(4)用同样的方法将下边距设为"2.3厘米",将左边距设为"2.5厘米",将右边距设为"2.5厘米"。

(5)单击"纸张"选项卡,在"纸张大小"下拉列表框中选择"16K"列表项,如图4-38所示。这时,"宽度"和"高度"文本框中会分别显示"16K"纸张的宽度"19.68厘米"和高度"27.3厘米"。

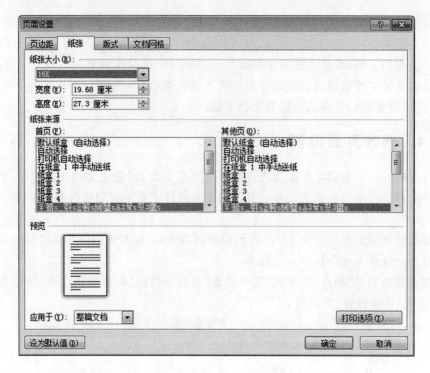

图 4-38 "纸张"选项卡

(6)单击"确定"按钮,完成页面规划操作。

提示:

①若文档中各页的格式不同,还需要在"页边距"选项卡和"纸张"选项卡中选择设置"应用于"。

②在实际应用中,若"纸张大小"下拉列表框中无用户实际所使用的纸张型号,可以在"纸张大小"下拉列表框中选择"自定义大小"列表项,然后在"宽度"和"高度"两个文本框中分别输入实际所用纸张的高度和宽度值。

③边距和纸张的高度、宽度的单位均为厘米。

4.4 在文档中插入对象

4.4.1 在文档中使用表格

个人简历表位于自荐书之后,处于一个新页面中,由表格标题栏和表格组成,个人简历表如图 4-39 所示。

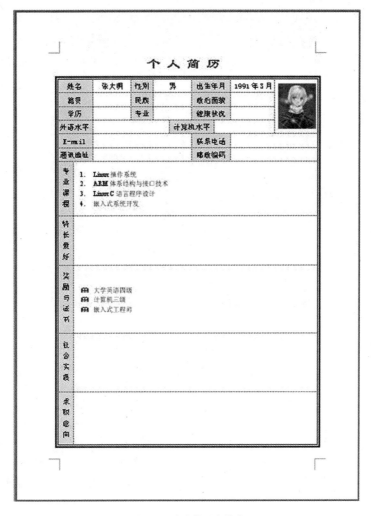

图 4-39　个人简历表样式

由图 4-39 可以看出，表格分为上下两部分，是一个包含了一些不规则的单元格的复杂表格。表格的外边框线为外粗内细的双实线，内边框为虚线，表格中既有文字、图片，又有项目符号和编号。单元格中的文字方向有的呈横向，有的呈纵向，文字的对齐方式有居中对齐、左对齐等多种，有的单元格中还有底纹。设计这种复杂表格的一般步骤是：①先绘制表格的外形；②利用 Word 的合并与拆分单元功能，适当地增加或删除单元格；③调整表格的行高与列宽；④在单元格中输入文字、图片等元素；⑤设置文字的字体、字号、间距、颜色、方向以及对齐方式等格式；⑥最后，设置表格的边框和底纹。

1.制作表格标题

表格标题为"个人简历"，位于新页面的第 1 行。格式是，隶书二号、字间距加宽 5 磅、居中对齐、段后距 5 磅。制作表格标题的操作方法如下：

（1）单击自荐书之后的空白页，将插入点移至文档的第 3 节中。

（2）在窗口的"开始"选项卡中单击"样式"组右边的"对话框启动器"按钮，打开如图4-40所示的"样式"窗口。然后在"样式"窗口中选择"全部清除"列表项，将段落标记符中所记录的格式恢复至默认的格式。

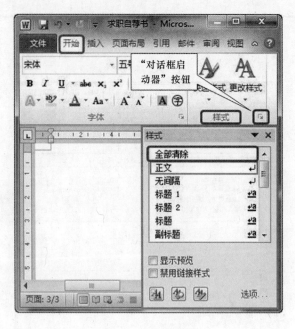

图 4-40 "样式"窗口

（3）在新页面中输入"个人简历"，然后按回车键，将插入点移至下一行。

（4）按照标题格式要求，用前面介绍的字符格式化和段落格式化的方法设置标题行的格式。

提示：

第三步中，按回车键的作用是使下一段（第 2 行）的段落格式为默认的段落格式。段落标记符具有记录段落格式的功能，按回车键后，新段落的格式与原段落具有相同的段落格式，所以需要在第三步中先按回车键产生新段落，然后在第四步中再设置标题行的格式。

2. 创建表格

表格由若干行和若干列构成，行列交叉处的矩形区域叫单元格。表格可分为规则表格和不规则表格两种。规则表格也叫作二维表，其特点是，每行都具有相同的单元格，属于一种简单的表格。如果表格中某行或者某列的单元格与其他行或者列的单元格不同，这种表格就是复杂的表格。表格可以用手工绘制，也可以用 Word 的自动创建表格功能来绘制。二维表一般采用 Word 自动创建表格的功能来绘制，复杂的表格一般用手工绘制，也可以先创建一个简单的表格，然后对表格中的有关单元格进行合并与拆分。

本例中的个人简历表是一个复杂的表格，准备先用自动创建表格的方式绘制第 1 至 6 行（以下简称为上半部分表格）的外形，然后用手工方式绘制表格的下半部分，最后对表格的相关单元格进行合并与拆分。

上半部分表格的外形是一个 6 行 7 列的表格，用自动创建表格的方式绘制 6×7 表格的操作方法如下：

（1）将插入点移至第 2 行。

（2）在"插入"选项卡的"表格"组中，单击"表格"图标按钮，在下拉列表中选择"插入表格"命令，打开如图 4-41 所示的"插入表格"对话框。

图4-41 "插入表格"对话框

(3)在"插入表格"对话框的"列数"数值框中输入数值"7",在"行数"数值框中输入数值"6",然后单击"确定"按钮。Word就会在插入点处插入一个6行7列的规则表格,如图4-42所示。

图4-42 6行7列的规则表格

提示:

①表格中单元格有以下几种表示方法:

1个单元格:用单元格所在的列号和行号表示。其中,列号从左至右用英文字母A、B、C、…表示,行号由上至下用数字1、2、3、…表示。例如,第3行第1列的单元格就表示为A3。

矩形区域:用形如"C2:D4"的方式表示。其中,冒号(:)的前后为矩形区两对角的单元格编号。例如,C2:D4就表示C2、C3、C4、D2、D3、D4共六个单元格。

②在制作表格的过程中,可以根据需要在已有的表格中随时插入行、列、单元格和表格,也可以根据需要随时删除表格中的行、列、单元格以及表格本身。

在第2行的下方插入行的操作方法是,单击第2行的任意一个单元格,将插入点移入第2行中,选项卡区会出现"表格工具"选项卡。在"表格工具"|"布局"选项卡的"行和列"组中单击"在下方插入"图标按钮。

删除第 3 行的操作方法是,将插入点移至第 3 行的任意一个单元格中,在"表格工具"|"布局"选项卡的"行和列"组中单击"删除"图标按钮,在下拉列表中选择"删除行"命令。

在第 3 列的左侧插入列的操作方法是,将插入点移入第 3 列的任意一个单元格中,在"表格工具"|"布局"选项卡的"行和列"组中单击"在左侧插入"图标按钮。

删除第 3 列的操作方法是,将插入点移至第 3 列的任意一个单元格中,在"行和列"组中单击"删除"图标按钮,在下拉列表中选择"删除列"命令。

在 B2 单元格的下方插入单元格的操作方法是,将插入点移至 B2 单元格中,单击"行和列"组右下角的"对话框启动器"按钮" ",打开如图 4-43 所示的"插入单元格"对话框,在"插入单元格"对话框中选择"活动单元格下移"单选按钮,然后单击"确定"按钮。

删除 B3 单元格,并使下方的单元格上移(即删除 B2 下方的单元格)的操作方法是,将插入点移至 B3 单元格中,单击"行和列"组中的"删除"图标按钮,在下拉列表中选择"删除单元格"命令,打开如图 4-44 所示的"删除单元格"对话框,在"删除单元格"对话框中选择"下方单元格上移"单选按钮,然后单击"确定"按钮。

图 4-43 "插入单元格"对话框　　图 4-44 "删除单元格"对话框

删除表格的方法是,将插入点移至表格的任意单元格中,再单击"行和列"组中的"删除"图标按钮,在下拉列表中选择"删除表格"命令。

用手工绘制表格的下半部分表格,实际上是用手工的方法在表格下方添加行。手工绘制表格的方法如下:

(1)在"表格工具"|"设计"选项卡的"绘图边框"组中单击"绘制表格"图标按钮,此时鼠标指针呈铅笔状" ","绘制表格"图标按钮呈压下状,表示当前可以用鼠标绘制表格了。

(2)移动鼠标指针至 A6 单元格的左下角,按住鼠标左键往页面的右下角拖,随着鼠标的拖动,表格的下方会出现一个大矩形框,这个矩形框就是我们要绘制的下半部分表格的边框线,当鼠标拖动至页面的右下角,且矩形框的右边线与 G6 单元格的右边线成一条直线时,释放鼠标左键。

(3)将鼠标指针移动至矩形框的左边线上,按住鼠标左键向右拖动鼠标,使鼠标指针沿水平直线向右移动,在矩形框中绘制四条水平线。

(4)移动鼠标指针至矩形框上边线距左边线约 0.8 厘米处,按住鼠标左键沿垂直方向向下拖动鼠标,在矩形框中绘制一条垂直线。

(5)单击"绘图边框"组中"绘制表格"图标按钮,"绘制表格"图标按钮呈弹起状,鼠标指针呈正常显示,Word 即关闭绘制表格功能。手工绘制的表格如图 4-45 所示。

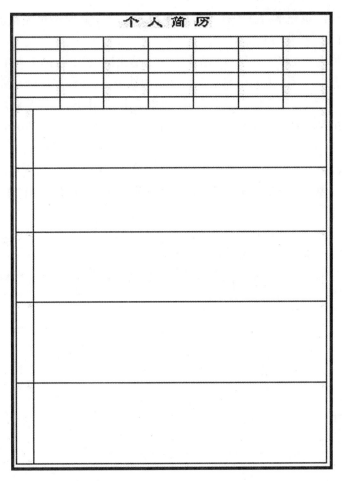

图 4-45　手工绘制下半部分表格

🦎**提示：**

①在第二步操作中，如果鼠标指针距离 A6 单元格太远，手工绘制的下半部分表格将是一个单独的表格，此时这两个表格之间存在空白行。将这两个表格合并成一个表格的操作方法是，选中表格之间的空白行，然后按 Delete 键删除空白行。

②表格的外形可以全部用手工方式绘制，其方法是先绘制表格的外框，再绘制表格中的相关横线，最后绘制竖线。本例中，我们只是为了让读者练习自动制表和手工制表两种方法，才将表格分成两部分来制作，在实际工作中，像这样的复杂表格最好是用手工方式绘制。

③下半部分表格也可以用插入行的方式来制作。

④建议读者先按我们介绍的步骤制作，了解了自动绘制表格和手工绘制表格方法后，再分别用自动绘制方式和手工绘制方式制作整个表格。

3.合并与拆分单元格

样式表格在外观上与个人简历表非常相似。它们的主要差别是，个人简历表的 G1 单元格（插入了登记照片的单元格）、C4 单元格（输入了"计算机水平"字符的单元格）、B4 单元格（"外语水平"右侧的单元格）以及 D4、B5、D5、B6、D6 单元格在样式表格中无直接对应的单元格，它们分别占据着样式表格中的几个单元格的位置。这些单元格分别由样式表格中的几个单元格拆分和合并而成。

个人简历表的 G1 单元格占据着样式表格中的 G1～G4 共四个单元格的位置,它是由这四个单元格合并而成。操作方法如下:

(1)选择待合并的单元格。移动鼠标指针至 G1 单元格(第 1 行第 7 列单元格)中,按住鼠标左键往下拖,直至 G1～G4 单元格都呈反相显示的选中态,再释放鼠标左键。

(2)在"表格工具"|"布局"选项卡的"合并"组中单击"合并单元格"图标按钮" ",或者右击选中的单元格,在弹出的快捷菜单中单击"合并单元格"菜单命令。Word 会将选中的四个单元格合并成一个单元格。

🔔提示:

在表格操作中,常需要选择整个表格、表格中的单元格、单元格中的字符等。选择这些操作对象的方法如下:

①选择一个单元格:将鼠标指针移至待选定单元格的左侧,当鼠标指针变成向右上倾斜的黑色实心箭头" "时,单击鼠标左键,如图 4-46 所示。

图 4-46　选择一个单元格

②选择若干个连续的单元格:将鼠标指针移至第一个单元格中,按住鼠标左键往选择区的最后一个单元格方向拖,当鼠标移至选择区中最后一个单元格时再释放鼠标左键。

③选择一列:移动鼠标指针至待选择列的上方,当鼠标指针呈向下黑色实心箭头" "时,单击鼠标左键。

④选择不连续的单元格:先选择选择区中最大的连续区域,按住 Ctrl 键,再用选择单个单元格的方法选择其他单元格。

⑤选择整个单元格中的字符:移动鼠标指针至字符的左侧,按住鼠标左键往右拖。

⑥选择表格:移动鼠标指针至表格中,表格的左上方会出现选择表格图标" ",单击图标" ",可选择整个表格。或者先单击表格中的某个单元格,然后在窗口的"表格工具"|"布局"选项卡的"表"组中单击"选择"图标按钮,在弹出的下拉菜单中选择"选择表格"命令。

个人简历表的 C4 单元格(内容为"计算机水平"的单元格)占据着样式表格中 D4 单元格的后半部分位置和 E4 单元格的前半部分位置,需要先将 D4 和 E4 这两个单元格拆分成四个单元格,然后将中间的两个单元格合并成一个单元格。个人简历表中的 C4 单元格的制作方法如下:

(1)选择样式表格中的 D4、E4 单元格。

（2）在"表格工具"|"布局"选项卡中，单击"合并"组中的"拆分单元格"图标按钮" "，打开如图 4-47 所示的"拆分单元格"对话框。

图 4-47　"拆分单元格"对话框

（3）勾选"拆分单元格"对话框中的"拆分前合并单元格"复选框，再在"列数"数值框中选择数值"4"，在"行数"数值框中选择数值"1"，然后单击"确定"按钮，Word 会将 D4、E4 单元格先合并成一个单元格，然后将这个单元格拆分成四个单元格。

（4）选择中间的两个单元格，然后单击"合并"组中的"合并单元格"图标按钮"▦"。

4. 在单元格中输入字符

在单元格中输入字符的方法是，对照个人简历表，在表格的各单元格中输入对应文字。其具体操作步骤如下：

（1）单击 A1 单元格，将插入点定位于 A1 单元格中，然后输入字符"姓名"。

（2）按 Tab 键或者"→"键将插入点移至 B1 单元格中，然后输入姓名。

（3）按照上述方法移动插入点，在其他单元格中输入相应的内容。

提示：

①在表格中，移动插入点可以用鼠标操作，也可以用键盘操作。用鼠标移动插入点的方法是，移动鼠标指针至某个单元格中，然后单击鼠标左键。用键盘移动插入点的方法是，按键盘上的相关功能键。移动表格中插入点的功能键见表 4-5。

表 4-5　　　　　　　　　　　　移动表格中插入点的功能键

功能键	操作功能	功能键	操作功能
↑	上移一行	Shift+Tab	移至上一个单元格
↓	下移一行	Alt+Home	移至当前行的第一个单元格中
←	左移一个字符	Alt+End	移至当前行的最后一个单元格中
→	右移一个字符	Alt+PageUp/PageDown	移至当前列的第一个单元格中/最后一个单元格中
Tab	移至下一个单元格	Alt+Enter	单元格内换行

②单元格的内容可以随时修改、删除、复制和移动，与修改、删除、复制和移动文档中字符的方法相似，具体方法见表 4-6。

表 4-6　　　　　　　　　　　　单元格内容的常用操作

常用操作	操作方法	说　明
修改单元格的全部内容	先选中单元格，然后输入新的内容	
修改单元格的部分内容	将鼠标指针移至字符的左侧，按住鼠标左键往右拖，选中待修改字符，再输入新字符	
删除单元格的内容	先选中单元格，然后按 Delete 键。若选中的单元格为多个，则同时删除多个单元格的内容	注意删除单元格与删除单元格内容的区别
复制单元格的内容	先选择单元格，再按 Ctrl+C 键，移动插入点至目标单元格，然后按 Ctrl+V 键	如果选中的是整行/整列，并且目标位置是行/列首单元格，则复制行/列，即复制时先插入行/列，然后将选中的内容复制至所插入的行/列中
移动单元格的内容	先选择单元格，再按 Ctrl+X 键，移动插入点至目标单元格，然后按 Ctrl+V 键	

5.设置文字的方向

表格中，A7～A11单元格呈纵向排列，其他单元格呈横向排列。为使表格美观，一般是将纵向单元格中的文字垂直排列，将横向单元格中的文字水平排列。在默认的情况下，单元格中的文字方向是水平向右排列。因此，我们要将A7～A11单元格的文字方向设置为垂直向下排列。其操作方法如下：

（1）选择A7～A11单元格。

（2）右击选中的单元格，在弹出的快捷菜单中单击"文字方向"菜单命令，或者在"页面布局"选项卡的"页面设置"组中，单击"文字方向"图标按钮，打开如图4-48所示的"文字方向-表格单元格"对话框。

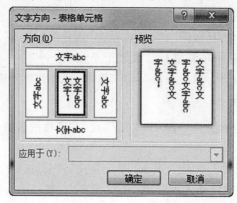

图4-48　"文字方向-表格单元格"对话框

（3）在"文字方向-表格单元格"对话框中，单击"方向"框架中的"垂直向下"选项（第2行第2列的选项），然后单击"确定"按钮，A7～A11单元格中的文字就会呈垂直向下方向排列。

提示：

上述设置文字方向的方法也适合于设置段落中文字的方向和文本框中的文字方向。

6.设置字符的格式

表格中，字符的格式是，中文字符为宋体，西文字符为Times New Roman，字符大小是小四号。字符"专业课程""特长爱好""奖励与证书""社会实践""求职意向"的字间距加宽2.5磅，其他字符的字间距为默认值。表格中的字符格式和段落格式与段落中的字符格式和段落格式的设置方法相同，在此不再赘述，请读者参照前面介绍的设置字符格式的方法，按照上述要求自行设置表格中的字符格式。

7.使用项目符号和编号列表

在B7单元格中，各门专业课前的数字序号是项目编号。在各门专业课前添加项目编号的操作方法如下：

（1）选择B7单元格中的所有段落。

（2）在"开始"选项卡的"段落"组中，单击"编号"图标按钮。

在B9单元格中，各个证书前面的符号是项目符号。在各个证书前添加项目符号的操作方法如下：

（1）选择B9单元格中的所有段落。

（2）在"开始"选项卡的"段落"组中，单击"项目符号"图标按钮右边的三角按钮，在展开的"项目符号库"列表框中选择"定义新项目符号"命令，如图4-49所示，打开如图4-50所示的"定义新项目符号"对话框。

图 4-49　"项目符号库"列表框　　　　　　　4-50　"定义新项目符号"对话框

（3）单击"符号"按钮，打开如图 4-51 所示的"符号"对话框。

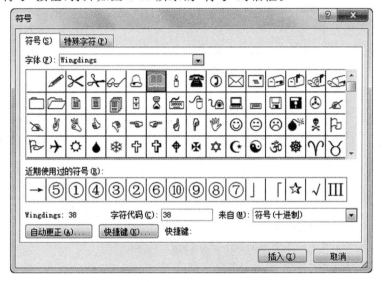

图 4-51　"符号"对话框

（4）单击"字体"下拉列表框，从中选择"Wingdings"列表项，"字体"下面的列表框中会显示"Wingdings"字体的所有符号。在列表框中选择"📖"符号，然后单击"插入"按钮。

🔔**提示：**

①"📖"项目符号不是 Word 默认的项目符号，所以在本例中要通过自定义项目符号的方式将"📖"加入项目符号选项中。

②如果"项目符号"选项卡中有我们所需要的项目符号列表项，并且项目符号的格式符合我们的要求，则在第四步中单击该列表项，然后单击"确定"按钮，完成项目符号添加工作。

③"定义新项目符号"对话框中各选项的作用如下：

"字体"按钮：单击此按钮会弹出"字体"对话框。用来设置选中字符的字符格式。

"符号"按钮：单击此按钮会弹出"符号"对话框。用来更改所选中的符号。

"图片"按钮：单击此按钮会弹出"图片项目符号"对话框。其作用是，将选中的项目符号更改为所需要的图片项目符号。

"对齐方式"下拉列表框：可选择符号对齐的方式。

"预览"栏：模拟显示项目符号设置的结果。

8.调整表格的列宽与行高

为了使表格整体美观,还需要适当地调整表格的列宽和行高。调整行高和列宽的方法有多种,可以用"表格属性"对话框调整,也可以用拖动单元格的行列边框线来调整,还可以用拖动水平标尺上的列标记和垂直标尺上的行标记来调整。不同的方法适用于不同的场合,但调整的一般顺序是,从左至右调整列宽,从上至下调整行高。调整列宽和行高的操作方法如下:

(1)用"表格属性"对话框将 A1 单元格的列宽调整为 2.1 厘米、行高调整为 0.75 厘米。

第一步:将插入点移入 A1 单元格,在"表格工具"|"布局"选项卡的"表"组中,单击"属性"图标按钮,或者右击 A1 单元格,在弹出的快捷菜单中单击"表格属性"菜单命令,打开如图4-52所示的"表格属性"对话框。

图 4-52 "表格属性"对话框

第二步:单击"单元格"选项卡,勾选"指定宽度"复选框,在"指定宽度"数值框中输入"2.1厘米"(参考图 4-52)。

第三步:单击"行"选项卡,勾选"指定高度"复选框,在"指定高度"数值框中输入"0.75 厘米",如图 4-53 所示。

图 4-53 "行"选项卡

第四步:单击"表格属性"对话框中的"确定"按钮。A1 单元格所在列的所有单元格(包括 A1~A6,但不包括 A7~A11)的宽度就被设置成"2.1 厘米",A1 单元格所在行的所有单元格(包括 A1~F1,但不包括 G1)的高度就被设置成"0.75 厘米"。

提示:

①在"表格属性"对话框的"单元格"选项卡中,"指定宽度"调整的是单元格右边线的位置。调整后,以调整边线为右边线的所有单元格(本例中的 A1~A6)的宽度都会随之而变,表格的宽度也会发生变化。

②在"单元格"选项卡中还可以同时设置单元格的内容在单元格中垂直方向上的对齐方式。其方法是,单击"垂直对齐方式"列表框中的某个选项。

③在"表格属性"对话框的"行"选项卡中,"指定高度"调整的是单元格下边线的位置。调整后,以调整边线为下边线的所有单元格(本例中的 A1~F1)的高度都会随之而变,表格的高度也会发生变化。

④在"行"选项卡中,"行高值是"下拉列表框中有"最小值"和"固定值"两个列表项。若选择"固定值"列表项,则行高固定,当行内字符高度大于设定值时,字符将被裁剪。若选择"最小值"列表项,则当行内字符高度大于设定值时,Word 会自动调整行高,以保证字符可以全部显示,当行内字符高度小于设定值时,行高为设定值。

⑤将插入点移入第 1 行,然后在"行"选项卡中勾选"在各页顶端以标题形式重复出现"复选框,可以使表格的标题行在各页中重复出现。此法常用于表格的长度超过一个页面,且各页中需显示表格标题行的场合。

⑥在"表格属性"对话框中,"列"选项卡常用来设置整列的宽度。如果当前列为形如图 4-54(a)、(b)所示的不规则列,一般不用"列"选项卡设置列宽,如果当前列的所有单元格等宽(所有单元格的右边线为同一竖线),则可以用"列"选项卡设置列宽。本例中,如果读者用"列"选项卡设置 A1 单元格的宽度,Word 会将 A1~A11 的右边线合并成同一边框线,也就是说,Word 会将 A1~A11 单元格设置成相同的宽度,这样会改变表格的结构。

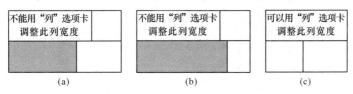

图 4-54 不规则列

(2)用拖动列标记和行标记的方法调整 B2、C2 单元格的宽度和高度。

第一步:将插入点移入 B2 单元格中,水平标尺和垂直标尺上会分别出现一些矩形滑块。水平标尺上的矩形滑块叫列标记,用来标识插入点所在行中各条列边线(竖线)的位置。垂直标尺上的矩形滑块叫行标记,用来标识表格中所有行边线(横线)的位置。

第二步:移动鼠标指针至水平标尺的第 3 个列标记(B2 单元格的右边线列标记)上,按下鼠标左键,窗口中会出现一条垂直虚线,这条虚线显示的是 B2 单元格的右边线在调整时的位置。拖动列标记,垂直虚线会随着列标记一起移动,如图 4-55 所示。当列标记到达适当位置时,释放鼠标左键,B2 单元格的右边线就会调整到虚线位置处。

图 4-55　拖动列标记调整列宽

第三步:用同样的方法调整 C2 单元格的宽度。

第四步:移动鼠标指针至垂直标尺的第 2 个行标记(B2 单元格的下边线行标记)上,按下鼠标左键,窗口中出现一条水平虚线时,拖动行标记,水平虚线会随行标记一起移动,如图4-56所示。当行标记到达适当位置时,释放鼠标左键,B2 单元格的下边线就会调整到虚线位置处。

图 4-56　拖动行标记调整行高

提示:

①拖动行列标记设置单元格的高度和宽度与使用"表格属性"对话框设置单元格高度与宽度具有相同的功效。但是,拖动行、列标记更直观,可以做到所见即所得。

②如果要精确地调整行列边线的位置,可在拖动行列标记时按下 Alt 键,此时水平标尺和垂直标尺上会显示行列边线的位置。调整结束前先释放鼠标左键再放开 Alt 键。

(3)用拖动单元格边框线的方法调整 B4、C4 和 D4 单元格的宽度和高度。

第一步:移动鼠标指针至 C4 单元格的左边线上,当鼠标指针变成调整垂直边线状"+‖+"时,按住鼠标左键拖动边线。窗口中会出现一条随鼠标一起移动的垂直虚线,水平标尺上的列标记也会随鼠标一起移动,如图 4-57 所示。当垂直虚线移动到适当位置时,释放鼠标左键,B4、C4 单元格的宽度将会同时发生变化。

图 4-57 拖动垂直边框线调整列宽

第二步:拖动 C4 单元格的右边线调整 C4、D4 单元格的宽度。

第三步:移动鼠标指针至 C4 单元格的下边线上,当鼠标指针变成调整水平边线状"⬌"时,按住鼠标左键拖动边框线。窗口中会出现一条随鼠标一起移动的水平虚线,垂直标尺上的行标记也会随鼠标一起移动,如图 4-58 所示。当水平虚线移动到适当位置时,释放鼠标左键。

图 4-58 拖动水平边框线调整行高

🔔提示:

①拖动列边线调整列宽与拖动列标记改变列宽的区别是,拖动列边线会同时改变列边线前后两列的宽度,但不改变这两列的总宽度,因而不改变表格的总宽度。拖动列标记改变列宽时,只改变列标记左边列的宽度,不改变列标记右边列的宽度,即它只改变一列的宽度,因而会改变表格的宽度。

②在实际应用中,如果只需调整一列的宽度,一般选用拖动列标记法调整列宽,或者选用"表格属性"对话框调整列宽或者单元格的宽度。如果需要在几列中调整列宽,且要保持这几列的总宽度不变,一般选用拖动列边线法调整列宽。

③拖动行边线调整行高时,只改变行边线上方行的高度,不改变行边线下方行的高度,它

与拖动行标记改变行高的功能相同。

(4)用拖动列标记或列边线的方法调整其他列的列宽,用拖动行标记或行边线的方法调整其他行的高度。

提示:

在要求不太精确的情况下,一般采用拖动行边线的方法来调整行高,用拖动列边线或者列标记的方法来调整列宽。

9.设置单元格的对齐方式

单元格的对齐方式是指单元格的内容在单元格中的对齐方式,在垂直方向有靠上、居中、靠下三种,在水平方向有两端对齐、居中对齐和右对齐三种,共有九种组合。默认情况下,单元格的对齐方式是靠上两端对齐。在个人简历表中,B7~B11 单元格的对齐方式是:水平方向两端对齐,垂直方向居中对齐。其他单元格的对齐方式是,水平居中,垂直居中。设置单元格的对齐方式的操作方法如下:

(1)选中表格中的所有单元格。

(2)在"表格工具"|"布局"选项卡的"对齐方式"组中,单击如图 4-59 所示的"水平居中"图标按钮(第 2 行第 2 列的图标按钮),将表格中所有单元格的对齐方式设置为"水平居中、垂直居中"格式。

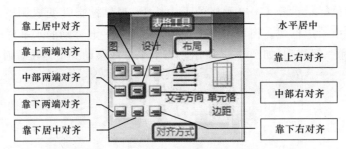

图 4-59 对齐方式组

(3)选中 B7~B11 单元格。

(4)右击选中的单元格,在弹出的快捷菜单中单击"单元格对齐方式"|"两端对齐"命令,将B7~B11 单元格的水平对齐方式修改为两端对齐。

提示:

选择整个表格后,如果单击"表格工具"|"布局"选项卡中的对齐图标按钮,所设置的是表格中所有单元格的对齐方式,如果单击"开始"选项卡中的对齐图标按钮,所设置的是表格在页面中的对齐方式。

4.4.2 在文档中使用文本框

Word 以图形对象方式使用文本框。文档中的文字、图形、表格等通常是按建立时的顺序显示的,如果希望文档的标题排放在文字中间环绕,就需要使用"文本框"进行处理。创建文本框的操作步骤如下:

1.插入文本框

要插入文本框,请单击"插入"选项卡"文本"组的"文本框"按钮。若要调整文本框的高度与宽度,可将鼠标指向文本框边沿的控制点,待指针变为双向箭头时,拖动鼠标至所需大小;如果在拖动的同时按住 Shift 键,则可以保持文本框的长宽比例。

2.设置文本框格式

选定文本框后,单击鼠标右键,在弹出的快捷菜单中,单击"其他布局选项"命令,进入"布局"对话框。

单击"大小"选项卡,可以精确设置文本框的高度、宽度和缩放,如图 4-60 所示。

单击"位置"选项卡,可以精确设置文本框在页面上的位置。

单击"文字环绕"选项卡,可以设置文本框与正文之间的位置关系。包括:嵌入型、四周型、紧密型、穿越型、上下型、衬于文字下方、浮于文字上方等,如图 4-61 所示。

图 4-60　设置文本框颜色与线条

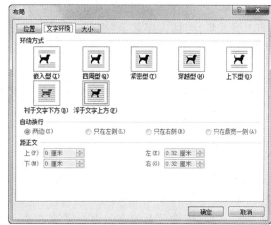

图 4-61　设置文本框大小

3.设置形状效果

选定设置形状的文本框,双击打开"绘图工具"选项卡后,单击"形状样式"组中的"形状效果"按钮,在下拉列表选择"阴影""映像"等效果,即可对文本框设置各种不同的阴影和三维效果。

在封面页中插入文本框的操作方法如下:

(1)插入文本框

在"插入"选项卡的"文本"组中,单击"文本框"图标按钮,在弹出的下拉列表框中选择"绘制文本框"列表项,鼠标指针会变成十字状。然后在封面页的适当位置处单击鼠标左键,或者按住鼠标左键在封面页中拖出一个矩形,如图 4-62、图 4-63 所示。

图 4-62　插入文本框操作

（2）在文本框中输入字符，并设置字符格式

第一步：将插入点定位至文本框中，此时文本框的四周会有九个控制点。将鼠标指针移到右下角的控制点上，当鼠标指针呈向左倾斜的双箭头状时，按住鼠标左键拖动右下角的控制点，使文本框的大小合适，以便能显示即将要输入的文字信息。

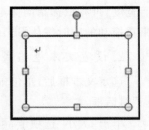

图 4-63　文本框

第二步：在"开始"选项卡的"字体"组中，在"字体"下拉列表框中选择"楷体"，在"字号"下拉列表框中选择"四号"。

第三步：输入"姓名："，按回车键，在下一行中输入"毕业学校："，再按回车键。按此方法在其他行中依次输入"专业：""联系电话：""电子邮箱："。

第四步：在"姓名""专业"中间各插入若干空格，使各行的冒号（：）对齐。

第五步：将插入点移至"姓名："的右侧，在"开始"选项卡的"字体"组中单击"下划线"按钮"$\underline{U}$ ▾"，先输入一个空格后再输入姓名，然后再输入一个空格。

第六步：按照上述方法分别输入毕业学校名、专业名、联系电话、电子邮箱等信息，并在输入内容的前后各插入若干空格，使各下划线等长，信息在下划线中居中。

（3）调整文本框的大小和位置

第一步：按照在文本框中输入字符的第一步方法调整文本框的大小，使文本框中刚好能容纳所输入的文字。

第二步：移动鼠标指针至文本框的边框处，当鼠标指针上出现上下左右四个箭头"✛"时，单击鼠标左键，选中文本框。

第三步：按键盘上的方向键移动文本框至合适位置，或者按住鼠标左键拖动文本框至合适位置。

（4）将文本框的线条设置为无色线

将插入点移入文本框中，然后单击文本框的边框线，选中文本框，再在"绘图工具" | "格式"选项卡的"形状样式"组中，单击"形状轮廓"图标按钮，在弹出的下拉列表中选择"无轮廓"，如图 4-64 所示。

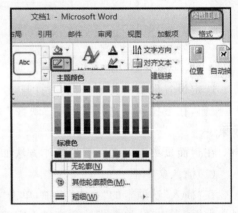

图 4-64　设置文本框的边框线

🔔提示：

①按照文字在文本框中的排列方式来分，文本框有横排和竖排两类。本例中插入的文本框为横排文本框，在文本框中输入的文字呈横向排列。在"插入"选项卡的"文本"组中，单击"文本框"图标按钮，在弹出的下拉列表框中选择"绘制竖排文本框"，可以插入一个竖排文本框。

②关于下划线格式的设置

字符的格式有两种设置方法，一是先输入字符，然后选中字符，再设置格式；二是先设置插入点处的格式，再输入字符，插入点处新输入字符自动采用所设置的格式。

"下划线"图标按钮具有开关特性，选择字符后单击"下划线"按钮，"下划线"按钮压下，选中的字符会添加下划线格式，若再次单击"下划线"按钮，"下划线"按钮弹起，会取消字符的下划线格式。"下划线"图标按钮的右边有一个向下箭头，单击此箭头，可以选择下划线的线型。另外，"加粗""倾斜"按钮也具有此特性。

③文本框的默认环绕方式是"浮于文字上方"。在"绘图工具" | "格式"选项卡的"排列"组

中,单击"自动换行"图标按钮,可以将文本框的环绕方式设置成"嵌入型"或者其他非嵌入型。

④输入邮箱地址后,Word会自动地给邮箱地址加上超级链接。在默认情况下,给字符加上超级链接后,字符呈蓝色,按住Ctrl键并单击邮箱地址,可以迅速地访问链接的内容。超级链接的位置可以是计算机中的某个文件夹、某个文件、当前文档中的某个位置、网络中的某个网页、电子邮件地址等。

超级链接可以随时设置、修改和删除。以给文档中"求职"字符添加超级链接、链接位置是计算机中的文件夹"D:\求职资料"为例,添加超级链接的操作如下:

第一步:选中字符"求职"。

第二步:右击选中的字符,在弹出的快捷菜单中单击"超链接"菜单命令,打开如图4-65所示的"插入超链接"对话框。

图4-65　"插入超链接"对话框

第三步:在"插入超链接"对话框中,单击"链接到"栏目中的"现有文件或网页"图标按钮。再单击"当前文件夹"图标按钮,然后利用"查找范围"下拉列表框和"插入超链接"对话框中的列表框选择链接的目标位置"D:\求职资料",再单击"确定"按钮。

取消超级链接的方法是,选中设有超级链接的字符,单击鼠标右键,在弹出的快捷菜单中单击"取消超链接"菜单命令。

⑤表格和文本框都可以在文档中定位文字,但是,表格位于字符层,移动不太方便,文本框可以位于图形层,位于图形层中的文本框可以随意移动。在图文混排中常用文本框和表格定位文档中的文字。

⑥多个文本框可以链接在一起。文本框链接后,当文档的内容过多,多余的内容会自动转移至链接文本框中的下一文本框中。例如,在报刊排版中需要将一段文字排列成如图4-66所示的布局格式,就要使用文本框的链接,其操作如下:

图4-66　报刊中文字布局格式

第一步:在文档中按文字布局格式插入四个文本框,为了方便叙述,我们把这四个文本框分别叫作 A 框、B 框、C 框、D 框。

第二步:选中 B 框后,在"绘图工具"|"格式"选项卡的"文本"组中,单击"创建链接"图标按钮,这时鼠标指针呈"🔒"状,移动鼠标指针至第 C 框中,鼠标指针变成"🔖"状时,单击鼠标左键后 C 框链接到 B 框。

第三步:选中 A 框后,在"绘图工具"|"格式"选项卡"文本"组中,单击"创建链接"图标按钮,这时鼠标指针呈"🔒"状,移动鼠标指针至第 B 框中,鼠标指针变成"🔖"状时,单击鼠标左键后 B 框链接到 A 框。

第四步:在 D 框中输入标题内容,并设置标题格式。

第五步:当在 A 框中输入大量内容时,多余的内容会自动地移至 B 框和 C 框中,并且改变其中某个文本框的大小时,各文本框中的内容会自动调整。

被链接的文本框必须是空白文本框,如果被链接的文本框为非空文本框将无法创建链接。

如果需要创建链接的两个文本框应用了不同的文字方向设置,将提示用户后面的文本框将与前面的文本框保持一致的文字方向。并且如果前面的文本框尚未充满文字,则后面的文本框将无法直接输入文字。

4.4.3 文档中的图片处理技术

1. 在文档中插入图片

G1 单元格的内容是登记像,它实际上是一幅图片。在 G1 单元格中插入图片的操作方法如下:

(1)将插入点移入 G1 单元格。

(2)在"插入"选项卡的"插图"组中,单击"图片"图标按钮,打开如图 4-67 所示的"插入图片"对话框,该对话框与前面所介绍的"打开"对话框非常相似,它们的操作方法也相同。

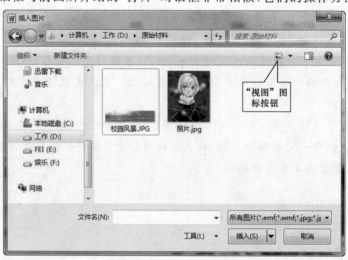

图 4-67 "插入图片"对话框

(3)在"插入图片"对话框中选择登记像所在的文件夹,单击"视图"图标按钮右边的向下箭头,在展开的菜单项中选择"缩略图",对话框的列表框中会以缩略图方式显示所选文件夹中的文件和文件夹。

(4)在列表框中单击"照片"文件图标,然后单击"插入"按钮,"照片"就会插入到 G1 单元格中。

2.图片的编辑

当对插入到文档中的图片在尺寸大小、内容、颜色等方面不满意时,还可以编辑修改,使其达到理想的效果。编辑图片可以使用"图片工具"栏进行操作,双击图片进入图片编辑,如图4-68 所示。

图 4-68 "图片工具"栏

(1)缩放图片

有时需要改变图片的大小,调整图形在文档版面中的比例。实现方法有两种,即使用鼠标或使用"设置图片格式"对话框。

①使用鼠标

通常在对精确度要求不高的情况下使用鼠标操作。当将图片插入到当前文档中后,该图形将作为 Word 文档的一个段落存在。若用鼠标单击图片,四周会显示出八个控制点,将鼠标置于某个控制点上,待指针变为双向箭头时,拖动该控制点即可以调整图片的大小。

②使用"设置图片格式"对话框

这种方法适用于需要精确指定插入图片位置或大小等场合,如果知道所选图片的精确尺寸,并且需要重新设定它的大小,可以使用"大小"选项卡进行操作。其操作步骤如下:

首先双击已经插入的图形对象,进入"设置图片格式"对话框中,从"大小"选项卡中的"高度"和"宽度"文本框中输入适当的高度、宽度,最后单击"确定"按钮。此时所修改的图形按所设定的大小和格式显示。

(2)裁剪图片

如果需要对插入的图片进行裁剪,可单击"图片工具"|"格式"选项卡中的"裁剪"按钮,然后用鼠标从图片的一个角开始拖动,出现在虚线框内部的是要保留的部分,其余部分将被剪掉。

(3)设置文字环绕方式

在文档中插入剪贴画或图片后,可以在"设置图片格式"对话框中选择不同的文字环绕方式,以便确定图片与文字的相对位置。设置文字环绕方式的方法是:

①选择要设置文字环绕方式的图片。

②在"图片工具"|"格式"选项卡中的"排列"组中单击"自动换行"下拉按钮,弹出环绕方式菜单,如图 4-69 所示,即:嵌入型、四周型环绕、紧密型环绕、穿越型环绕、上下型环绕、浮于文字下方、浮于文字上方、编辑环绕顶点等。

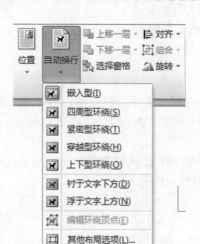

图 4-69　文字环绕菜单

③在菜单中选择用户需要的文字环绕方式。

4.4.4　使用智能图形展现观点

单纯的文字总是令人难以记忆,如果能够将文档中的某些理念以图形方式展现出来,就能够大大促进阅读者的理解与记忆。在 Office 2010 中,SmartArt 图形功能可以使单调乏味的文字以直观、生动的效果呈现出在用户面前,从而使用户在脑海里留下深刻的印象。

下面举例说明如何在 Word 2010 中添加 SmartArt 图形,其操作步骤如下:

(1)首先将鼠标指针定位在要插入 SmartArt 图形的位置,然后在 Word 2010 的功能区中打开"插入"选项卡,在"插图"组中单击 SmartArt 图形。

(2)打开如图 4-70 所示的"选择 SmartArt 图形"对话框,在该对话框中列出了所有SmartArt 图形的分类,以及每个 SmartArt 图形的外观预览效果和详细的使用说明信息。

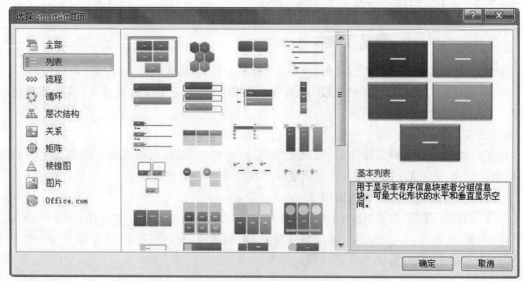

图 4-70　"选择 SmartArt 图形"对话框

(3)在此选择"列表"类中的"垂直框列表"图形,单击"确定"按钮将其插入到文档中。此时的 SmartArt 图形还没有具体的信息,只显示占位符文本(如"[文本]"),如图 4-71 所示。

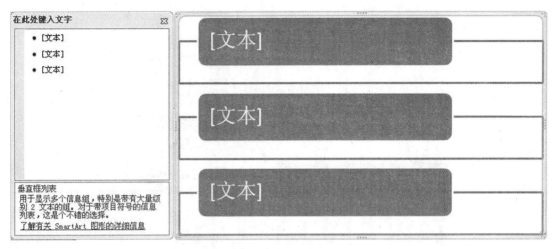

图 4-71　新的 SmartArt 图形

（4）用户可以在 SmartArt 图形中各文本框上的文字编辑区域内直接输入所需信息替代占位符文本，也可以在"文本"窗格中输入所需信息。在"文本"窗格中添加和编辑内容时，SmartArt 图形会自动更新，即根据"文本"窗格中的内容自动添加或删除形状。

（5）在"SmartArt 工具"中的"设计"选项卡上，单击"SmartArt 样式"选项组中的"更改颜色"按钮。在弹出的下拉列表中选择适当的颜色，此时 SmartArt 图形就应用了新的颜色效果，如图 4-72 所示。

图 4-72　SmartArt 颜色设置

（6）在"设计"选项卡上，单击"SmartArt 样式"选项组中的"其他"按钮。在展开的"SmartArt 样式库"中，系统提供了许多 SmartArt 样式供用户选择。这样，一个能够给人带来强烈视觉冲击力的 SmartArt 图形就呈现在用户面前了，如图 4-73 所示。

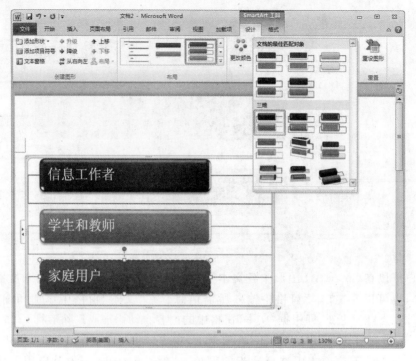

图 4-73　SmartArt 样式

4.4.5　构建并使用文档部件

文档部件实际上就是对某一段指定文档内容（文本、图片、表格、段落等文档对象）的封装手段，也可以单纯地将其理解为对这段文档内容的保存和重复使用，这为在文档中共享已有的设计或内容提供了高效手段。

要将文档中某一部分内容保存为文档部件并反复使用，可以执行如下操作步骤：

（1）在如图 4-74 所示的文档中，产品销量的表格很有可能在拟定其他同类文档时会再被使用，因此希望可以通过文档部件的方式进行保存。

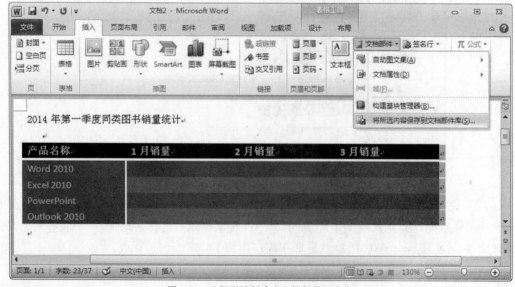

图 4-74　选择要被创建为文档部件的内容

（2）切换到功能区的"插入"选项卡，在"文本"选项组中单击"文档部件"按钮，并从下拉列表中执行"将所选内容保存到文档部件库"命令。

（3）打开如图4-75所示的"新建构建基块"对话框，为新建的文档部件设置"名称"属性，并在"库"类别下拉列表中选择"表格"选项。

图4-75 设置文档部件的相关属性

（4）单击"确定"按钮，完成文档部件的创建工作。

现在，打开或新建另外一个文档，将光标定位在要插入文档部件的位置，在功能区的"插入"选项卡的"表格"选项组中，单击"表格"|"快速表格"按钮，从其下拉列表中就可以直接找到刚才新建的文档部件，并可将其直接重用在文档中，如图4-76所示。

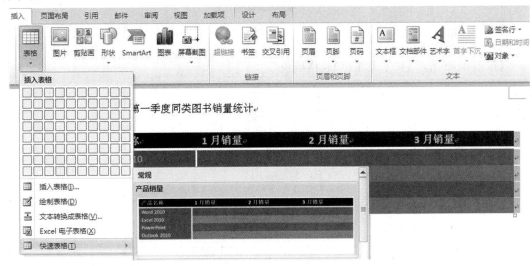

图4-76 使用已创建的文档部件

4.4.6 插入文档封面

有时要给已编辑好的文档加个封面，在Word 2010中，做到这一点非常容易。只需单击"插入"选项卡"页"组下的"封面"选项（图4-77），单击"封面"后，立即出现Word 2010中内置的封面样式，若在图4-78中选择了一个"传统型"封面，只需按提示键入标题、创建日期、单位等即可，如果对内置的封面不满意，还可单击"Office.com中的其他封面"选项寻找到更适合的文档封面。

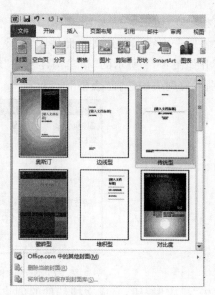

图 4-77 "文件"|"封面"选项

图 4-78 选择文档的封面

操作实践

实验 制作个人简历

制作图 4-79 所示的"个人简历"表格模板。

基本信息	姓名		性别		照片	
	籍贯		出生年月			
	专业		健康状况			
	学历		毕业时间			
	联系电话		E-mail			
求职意向						
外语水平						
教育经历	起止时间	毕业院校	学历	专业		
工作经历	时间	地点	工作描述			
专业技能						
奖励情况						
自我评价						

图 4-79 "个人简历"表格模板

第一步:新建文档,命名为"个人简历"。在文档首行输入"个人简历",格式设置为"黑体"、"一号""黑色""居中"。将插入点置于下一行,插入简历表格。

第二步:选择"插入"|"表格"|"插入表格"中设置表格尺寸 12 行 6 列。将图 4-80 中的内容输入到刚建立的表格中。

基本信息	姓名		性别		照片
	籍贯		出生年月		
	专业		健康状况		
	学历		毕业时间		
	联系电话		E-mail		
求职意向					
外语水平					
教育经历	起止时间	毕业院校	学历	专业	
工作经历	时间	地点	工作描述		
专业技能					
奖励情况					
论文列表					

图 4-80　基本表格信息

第三步:编辑表格

(1)选中"外语水平"和"教育经历"两个单元格,在"表格工具"|"布局"选项卡的"行和列"组中单击"在下方插入"图标按钮,为"教育经历"所在行下方增加两行表格。

(2)同(1)做法,为"工作经历"单元格所在行下方增加两行表格。

(3)在表尾插入空白行,插入后,在新行的第一个单元格中输入"自我评价"。

(4)选中"论文列表"所在行,单击 Backspace 键,删除"论文列表"所在的行。

(5)将简历表格中相应单元格进行合并和拆分,处理结果如图 4-81 所示。

基本信息	姓名		性别		照片
	籍贯		出生年月		
	专业		健康状况		
	学历		毕业时间		
	联系电话		E-mail		
求职意向					
外语水平					
教育经历	起止时间	毕业院校	学历	专业	
工作经历	时间	地点	工作描述		
专业技能					
奖励情况					
自我评价					

图 4-81　合并和拆分单元格

第四步:格式化表格

(1)选定表格,利用工具栏将表格中所有文本设为"宋体""五号""黑色"。

(2)选定表格中首列文本,右击弹出快捷菜单,选择"文字方向",为文本首列设置如图4-82所示的文字方向。

基本信息	姓名		性别		照片	
	籍贯		出生年月			
	专业		健康状况			
	学历		毕业时间			
	联系电话		E-mail			
求职意向						
外语水平						
教育经历	起止时间	毕业院校	学历	专业		
工作经历	时间	地点	工作描述			
专业技能						
奖励情况						
自我评价						

图 4-82 格式化表格

(3)选定表格,在"表格工具"|"布局"选项卡的"对齐方式"组中单击"中部居中"图标按钮。

(4)灵活使用书中方法调整表格的行高和列宽,使表格的布局更合理。

第五步:设置表格边框。

选中表格,右键"边框和底纹"|"边框","样式"选择"双线","宽度"为"0.5磅","颜色"中选择"黑色","边框设置"为"方框"。

178

习 题

【主要术语自测】

标题栏	艺术字	图文混排
状态栏	裁剪和旋转	剪贴画
粘贴选项	标尺	画布
项目符号和编号	视图方式	格式刷
样式	查找和替换	文字环绕
剪贴板	边框和底纹	文本框
合并和拆分单元格	文字方向	

【基本操作自测】

1. 公文的编辑与排版

录入以下内容,并按图 4-83 所示格式排版。

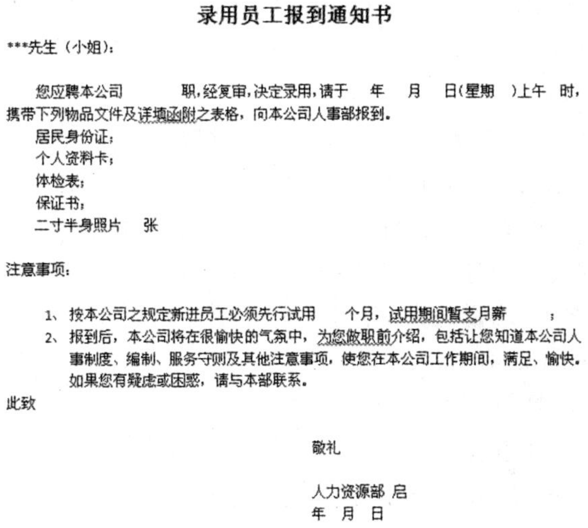

录用员工报到通知书

***先生(小姐):

您应聘本公司 职,经复审,决定录用,请于 年 月 日(星期)上午 时,携带下列物品文件及详填函附之表格,向本公司人事部报到。

居民身份证;
个人资料卡;
体检表;
保证书;
二寸半身照片 张

注意事项:

1、按本公司之规定新进员工必须先行试用 个月,试用期间暂支月薪 ;
2、报到后,本公司将在很愉快的气氛中,为您做职前介绍,包括让您知道本公司人事制度、编制、服务守则及其他注意事项,使您在本公司工作期间,满足、愉快。如果您有疑虑或困惑,请与本部联系。

此致

敬礼

人力资源部 启
年 月 日

图 4-83 公文

2. 利用绘图工具绘制图 4-84 所示流程图。

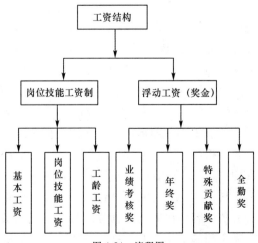

图 4-84 流程图

3. 输入如图 4-85 所示的公式。

$$\int \sqrt{x^2 - a^2}\, dx = \frac{x}{2} \sqrt{x^2 - a^2} - \frac{a^2}{2} \ln |\, x + \sqrt{x^2 - a^2}\, | + C$$

图 4-85 公式

【选择题】

1. Word 2010(   )。

A. 只能处理文字   B. 只能处理表格

C. 可以处理文字、图形、表格等   D. 只能处理图片

2. Word 2010 的文档以文件形式存放于磁盘中,其文件的默认扩展名为(   )。

A. txt   B. exe   C. docx   D. sys

3. 在 Word 2010 中,(   )的作用是控制文档内容在页面中的位置。

A. 滚动条   B. 控制框   C. 标尺   D. 最大化按钮

4. 下面做法不能关闭 Word 2010 的是(   )。

A. 单击"文件"菜单项中的"关闭"命令   B. 单击标题栏中的错号

C. 利用 Ctrl+F4 快捷键关闭   D. 单击"文件"菜单栏中的"退出"命令

5. 下面说法正确的是(   )。

A. 在 Word 2010 中,不可以对打印机设置进行设置

B. 对于 Word 2010 来说,可以在打印之前通过打印预览看到打印之后的效果

C. Word 2010 文档转换成文本文件格式后,原来文档中所有数据丢失

D. 打印预览看到的效果和打印后的效果是不同的

6. 下面关于 Word 2010 的说法正确的是(   )。

A. Word 2010 是 Microsoft Office 套件之一

B. Word 2010 其实就是 Word 7.0 版

C. Word 2010 是表格处理软件

D. Word 2010 比 Word 2000 主要增加了插入艺术字的功能

7. 关于 Word 2010 中文版,下面说法错误的是(   )。

A. Word 2010 中文版是微软(中国)有限公司开发的办公软件

B. 提供了图文混排功能

C. Word 2010 在桌面上排版真正实现了"所见即所得"的功能

D. 因为 Word 2010 是一个字处理软件,所以不能对表格进行处理

8. 在 Word 中,格式工具栏上标有"B"字母按钮的作用是使选定对象(   )。

A. 变为斜体   B. 变为粗体   C. 加下划线   D. 加下划波浪线

9. 在 Word 中,格式工具栏上标有"I"字母按钮的作用是使选定对象(   )。

A. 变为斜体   B. 变为粗体   C. 加下划线   D. 加下划波浪线

10. Word 中,格式工具栏上标有"U"图形按钮的作用是使选定对象(   )。

A. 变为斜体   B. 变为粗体   C. 加下划线   D. 加下划波浪线

11. 在 Word 中,状态栏上标有百分比的列表框的作用是改变(   )的显示比例。

A. 应用程序窗口   B. 工具栏   C. 文档窗口   D. 菜单栏

12. Word 2010 处理的文档内容输出时与页面显示视图下显示的(   )。

A. 完全不同   B. 完全相同   C. 一部分相同   D. 大部分相同

13. 在 Word 中，系统默认的中文字体是（　　）。

　　A. 黑体　　　　　　B. 宋体　　　　　　C. 仿宋体　　　　　　D. 楷体

14. 在 Word 中，系统默认的中/英文字体的字号是（　　）号。

　　A. 三　　　　　　　B. 四　　　　　　　C. 五　　　　　　　　D. 六

15. Word 2010 文档转换成纯文本文件时，一般使用（　　）命令。

　　A. 新建　　　　　　B. 保存　　　　　　C. 全部保存　　　　　D. 另存为

16. 当 Word 2010 文档转换成 Word 2003 格式，下面说法正确的是（　　）。

　　A. 所有数据和格式都将丢失

　　B. 通过"文件"中的"另存为"命令项可以把当前打开的 Word 2010 文件转换成其他格式文件

　　C. 利用工具栏中的"保存"按钮可以把当前打开的 Word 2010 文件转换成 Word 7.0 或者 Word 95 的格式

　　D. Word 2010 的文件根本就不能转换成其他格式文件

17. 在 Word 中，当建立一个新文档时，默认的文档格式为（　　）。

　　A. 两端对齐　　　　B. 居中　　　　　　C. 左对齐　　　　　　D. 右对齐

18. 在 Word 中，在选定文档内容之后，单击工具栏上的"复制"按钮，是将选项的内容复制到（　　）。

　　A. 指定位置　　　　B. 另一个文档中　　C. 剪贴板　　　　　　D. 磁盘

19. 在 Word 2010 中，系统默认的英文字体是（　　）。

　　A. Wingdings　　　　　　　　　　　　　B. Symbol

　　C. Times New Roman　　　　　　　　　 D. Arial

20. 在 Word 2010 中，（　　）命令的作用是建立一个新文档。

　　A. 打开　　　　　　B. 保存　　　　　　C. 新建　　　　　　　D. 打印

21. 在 Word 中，如果使用了项目符号或编号，则项目符号或编号在（　　）时会自动出现。

　　A. 每次按回车键　　　　　　　　　　　 B. 按 Tab 键

　　C. 一行文字输入完毕并回车　　　　　　 D. 文字输入超过右边界

22. 在 Word 中，单击格式工具栏上的（　　）按钮，可以使选定的文档内容以右缩进按钮为界对齐。

　　A. 两端对齐　　　　B. 居中　　　　　　C. 左对齐　　　　　　D. 右对齐

23. 在 Word 中，单击格式工具栏上的（　　）按钮，可以使选定的文档内容处于左、右缩进按钮之间的中心位置。

　　A. 两端对齐　　　　B. 居中　　　　　　C. 左对齐　　　　　　D. 右对齐

24. 在 Word 中，如果要调整行距，可使用（　　）命令。

　　A. 字体　　　　　　B. 段落　　　　　　C. 制表位　　　　　　D. 样式

25. 在 Word 2010 中，如果要为选定的文档内容加上波浪下划线，可使用（　　）命令。

　　A. 字体　　　　　　B. 段落　　　　　　C. 制表位　　　　　　D. 样式

26. 在 Word 中，一般情况下将文档中原有一些相同的字（词）串内容换成另外的内容，采用（　　）的方法会更方便。

　　A. 重新输入　　　　B. 复制　　　　　　C. 另存　　　　　　　D. 替换

27. 在 Word 中,如果要选定较长的文档内容,可先将光标定位于其起始位置,再按住( )键,单击其结束位置即可。

A. Ctrl   B. Shift   C. Alt   D. Ins

28. 在 Word 中,如果要调整文档中的字间距,可使用( )命令。

A. 字体   B. 段落   C. 制表位   D. 样式

29. Word 表格通常是采用( )方式生成的。

A. 编程   B. 插入   C. 绘图   D. 连接

30. 如果 Word 2010 表格中同列单元格的宽度不合适时,可以利用( )进行调整。

A. 水平标尺   B. 滚动条   C. 垂直标尺   D. 表格自动套用格式

31. 在 Word 2010 表格中,合并操作( )。

A. 对行/列或多个单元格有效   B. 只对同行单元格有效

C. 只对同列单元格有效   D. 只对单一单元格有效

32. 在 Word 2010 表格中,表格内容的输入和编辑与文档的编辑( )。

A. 完全一致   B. 完全不一致   C. 部分一致   D. 部分不一致

33. 在 Word 中,选定图形的简单方法是( )。

A. 选定图形占有的所有区域   B. 双击图形

C. 单击图形   D. 选定图形所在的页

5

第 5 章　Excel 2010 表格处理软件

本章学习要求

1. 熟悉 Excel 2010 的使用环境。
2. 掌握如何创建和编辑工作表。
3. 掌握如何使用函数和公式。
4. 掌握如何制作图表。
5. 掌握如何进行数据管理和分析。

5.1　Excel 制表基础

　　Excel 2010 是 Office 2010 组件中的电子表格软件,集电子表格、图表、数据库管理于一体,支持文本和图形编辑,具有功能丰富、用户界面良好等特点。利用 Excel 2010 提供的函数计算功能,用户很容易完成数据计算、排序、分类汇总及报表等操作。Excel 2010 是办公自动化重要的工具软件之一。

　　Excel 2010 的功能主要有:

　　(1)提供了多种不同类型数据的输入方法建立工作表。

　　(2)对工作表的单元格可以独立地设置多种不同的格式,例如字体、边框、底纹等。

　　(3)利用系统本身提供的 12 大类函数和用户自定义的公式可以完成复杂的数值计算。

　　(4)使用图表向导功能,可以制作 11 大类的图表,例如柱形图、折线图,每一大类又有若干个小类,用来形象地表示表中的数据。

　　(5)使用数据管理功能实现记录的操作,例如排序、筛选、分类汇总和数据透视表等。

5.1.1　Excel 基本概念

1. 工作簿

　　一个工作簿类似于一本书,是在 Excel 环境中用来存储并处理数据的文档,可包含多个工作表,每张工作表可以存储不同类型的数据。在 Excel 2003 版本中,一个工作簿最多可以有255 个工作表,发展到 Excel 2010 版本,工作表的个数不再受限于 255,而是受可用内存和系统资源的限制,也就是说一个工作簿可以包含更多个工作表。通过选择控制按钮"〘◀▶▷〙"来浏览工作表;通过切换标签"〘Sheet1╱Sheet2╱Sheet3〙"来选择相应的工作表。

2.工作表

工作表是工作簿的一个页面,是 Excel 中用于存储和处理数据的文档,也称为电子表格。工作表总是存储在工作簿中,它由若干行和列构成,行号用数字表示,从上至下依次为 1、2、3、…、1048576,共 1048576 行。列号用字母表示,从左至右依次为 A、B、…、Z、AA、…、XFDIV,共 16384 列。

3.单元格

工作表中行、列交汇处的区域称为单元格,它可以存放文字、数字、公式和声音等信息。在 Excel 中,单元格是存储数据的基本单位。当用鼠标单击一个单元格时,这个单元格被黑框框住,表示该单元格被选中,称为活动单元格。

4.单元格的地址

每个单元格所在列的列标与所在行的行号合起来构成了该单元格的地址,也称为单元格的名称。例如 A1 就表示位于第 A 列与第 1 行交汇处的单元格,C9 就表示位于第 C 列与第 9 行交汇处的单元格。

单元格的地址可以出现在公式中作为变量用来完成计算,例如公式中的 A1+B2 表示将 A1 和 B2 这两个单元格的数值进行相加。

5.区域

如果要表示一个连续的单元格区域,用"该区域左上角单元格地址:该区域右下角单元格地址"的形式来表示。例如 A5:A9 表示从单元格 A5 到单元格 A9 整个区域。

5.1.2 启动方式与工作窗口

1.启动 Excel 2010

新建工作簿时需要先启动 Excel,启动 Excel 2010 的方法如下:

单击"开始"|"所有程序"|"Microsoft Office"|"Microsoft Excel 2010"命令,即可启动 Excel 2010。

2.Excel 2010 的工作窗口

启动 Excel 2010 后,将打开 Excel 2010 的工作窗口,如图 5-1 所示。

从图 5-1 可以看出,Excel 2010 工作窗口主要由标题栏、选项卡、功能区以及工作区、名称框、编辑栏等几部分组成。

①工作区

Excel 2010 窗口中的空白区域为工作区,由若干个小矩形区组成。这些小矩形区就是单元格,是 Excel 的基本构成单位。

②名称框

名称框位于功能区的下方,用来显示或定位活动单元格。例如,在"名称框"内输入"A1",A1 单元格的边框就变为粗黑框,该单元格即被选中;直接单击 A1 单元格,A1 单元格也可以被选中,如图 5-2 所示。

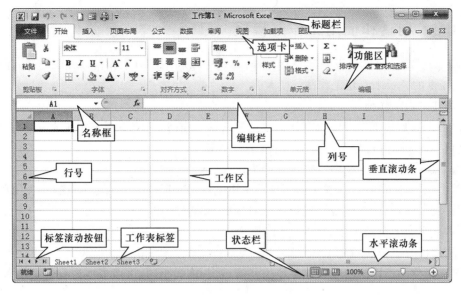

图 5-1　Excel 2010 的窗口界面

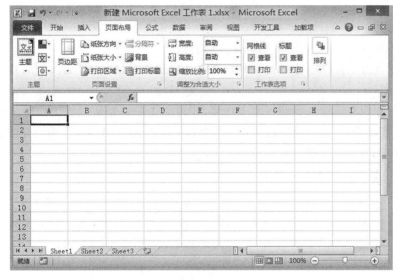

图 5-2　A1 活动单元格

③编辑栏

位于名称框的右侧,用来编辑和显示活动单元格的内容。单击某个单元格,单元格的内容就会显示在编辑栏中,修改编辑栏中的数据,活动单元格的内容就会随之变化。

单击编辑栏后,名称框和编辑栏的中间就会出现 ✕ ✓ ƒx 三个按钮,左边的按钮是"取消"按钮,作用是恢复到单元格输入之前的状态;中间的按钮表示"输入",它的作用是确定编辑栏中的内容为当前选定单元格的内容;右边的按钮表示"插入函数",它的作用是在单元格中插入函数或输入公式。

④工作表标签

位于工作表区的下方,用于标识当前工作表的位置及工作表的名称。启动 Excel 2010时,系统会自动创建三个工作表,第一个工作表默认的标签为"Sheet1",第二个为"Sheet2",第三个为"Sheet3",如果增加新的工作表,标签名会按顺序命名。单击工作表标签名,可以打开相应的工作表。当工作表数量很多时,可以使用其左侧的标签滚动按钮 ◄◄ ◄ ► ►◄ 来查看。

5.1.3 创建和使用工作簿模板

在 Excel 2010 中,既可以新建空白工作簿,也可以利用已有工作簿新建工作簿,还可以利用 Excel 提供的模板来新建工作簿。

(1)新建空白工作簿

空白工作簿是其工作表中没有任何数据资料的工作簿,新建空白工作簿的方法有三种:

①启动 Excel 后,它会自动创建一个空白工作簿。

②按下快捷键 Ctrl+N 即可创建一个工作簿。

③单击"文件"选项卡,在弹出的下拉菜单中选择"新建"选项,在其中间的列表中单击"可用模板"区域中的"空白工作簿",然后单击右侧的"创建"按钮。

这样,一个新的空白工作簿就产生了。

(2)利用已有工作簿新建工作簿

若要使新建的工作簿与现有的某个工作簿结构、格式相同,可以根据现有的工作簿来新建一个工作簿。

具体操作步骤如下:

①单击"文件"选项卡,选择"新建"选项。

②在"可用模板"区域内,选择"根据现有内容新建"。

③在"根据现有工作簿新建"对话框中,浏览至目标工作簿所在位置,选定目标工作簿后,单击"新建"按钮。

一般地,根据现有工作簿新建一个工作簿,其目的往往是要使用该工作簿的结构及格式,所以在新建工作簿后,还需对其中的数据进行修改、编辑,相关内容将在后面介绍。

(3)根据模板新建工作簿

Excel 2010 提供了一系列丰富而实用的模板,如图 5-3 所示,利用这些模板可以快速地新建工作簿。

图 5-3　Excel 提供的模板

根据模板的来源可以将模板分为两类:本地模板和 Office.com 模板。这些模板只是在样式上有所不同,而在运用方法上大致一样。

5.1.4　数据的输入与编辑

1. 输入数据

(1)输入数据的一般方法

输入数据时首先单击某个单元格,使之成为当前单元格,这时,可以向该单元格输入数据,输入的内容同时显示在编辑栏中。

如果输入的数据有错,可以单击编辑栏上的"✘"按钮或按 Esc 键将其取消,然后重新输入,如果正确,可单击"✔"按钮确认输入的数据并将其存入当前单元格。

(2)不同类型数据的输入

每个单元格中都可以输入不同类型的数据,例如数值、文本、日期等,不同类型的数据可以进行不同的运算,因此,不同类型的数据在输入时应使用不同的方法,这样 Excel 才能准确识别输入数据的类型。

①数值

数值数据可以直接输入,在单元格中默认的对齐方式是右对齐。

在输入数值数据时,除了 0~9、正负号和小数点以外,还可以使用以下符号:

● "E"和"e"用于科学记数法的输入,例如 2.34E-2。

● 圆括号表示输入的是负数,例如(213)表示 -213。

● 以"$"或"¥"开始的数值表示货币格式。

● 以符号"%"结尾表示输入的是百分数,例如 50% 表示 0.5。

● 逗号","表示千位分隔符,例如 1,234,567。

如果输入的数值长度超过单元格的宽度时,自动转换成科学记数法,即指数法表示。例如,如果输入的数据为 123456789123456789,则在单元格中显示 1.23457E+17。

②文本

文本也称为字符串或文字,在单元格中默认为左对齐。输入文本时,应在文本之前加上半角单撇号"'"以示区别。例如,'abc 表示要输入的字符串是 abc。

在输入字符串时,通常单撇号"'"可以省略,只有一种情况不能省略,就是数字字符串的输入。

数字字符串是指全由数字字符 0~9 组成的字符串,例如身份证号、邮政编码等,这类数据不能参与诸如求和、平均等数学运算,输入这样的字符串时不能省略单撇号"'",因为 Excel 无法判断当前输入的是数值还是字符串。

③日期

输入日期的形式比较多,例如,要输入 2013 年 6 月 1 日,以下几种形式都可以:

13/6/1、2013/6/1、2013-6-1

上面输入的顺序为年、月、日,其中第 1 种表示方法中,年份只用了两位,即 13 表示 2013 年,如果要输入 1913 年,则年份就必须写成 4 位。

下面日期输入的顺序为日、月、年。

1-JUN-2013、1/JUN/2013

如果只输入了两个数字,则系统默认输入的是月和日。例如,如果在单元格输入 1/3,则表示输入的是 1 月 3 日,年份默认为系统的年份。

④时间

输入时间时,时和分之间用冒号“:”隔开,也可以在时间后面加上“A”“AM”“P”或“PM”等表示上午或下午,例如使用下面的格式:

hh:mm [A|AM|P|PM]

其中分钟 mm 和字母之间应有空格。例如 7:30 AM。

输入的时间在单元格中默认的是右对齐。

也可以将日期和时间组合输入,输入时日期和时间之间要留有空格,例如:

2013-10-5 10:30

（3）自动填充有序数据

如果在连续的单元格中要输入相同的数据或具有某种规律的数据,例如等差数列、等比数列,可以使用自动填充功能完成输入。

自动填充是根据初始值来决定以后的填充项,当选定单元格时,鼠标指向其右下角的黑色方块(称为填充柄),此时鼠标指针更改为黑色十字形,然后拖曳至填充区域最后一个单元格,即可完成自动填充。如图 5-4 所示给出了自动填充的示例。

图 5-4　自动填充的示例

自动填充分三种情况:

①相同数据填充

输入首个单元格数据后,直接拖曳该单元格右下角的填充柄,则鼠标拖动所经过的单元格都会被填充与该单元格相同的内容。

②数值序列填充

如果要输入的数据具有某种规律,例如等差数列、等比数列等数值型序列时,必须输入序列前两个单元格的数据,然后选定这两个单元格,拖曳填充柄,默认生成等差序列。如果需要填充等比序列数据,则可以在拖曳生成等差序列数据后,选定所有数据,在“开始”选项卡的“编辑”组中,单击“填充”下拉菜单,如图 5-5 所示,单击“系列”选项,打开“序列”对话框,如图 5-6 所示,在“类型”框内单击“等比序列”,并设置合适的步长值,最后单击“确定”即可完成。

图 5-5　“填充”下拉菜单

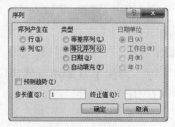

图 5-6　“序列”对话框

③文字序列填充

利用上述方法,除了输入数值序列外,也可以输入文字序列,此时只需要输入一个初始值,然后直接拖曳填充柄即可。例如在单元格 A1 中输入文本数据"星期一",然后拖曳填充柄,Excel 就按该序列的内容依次填充"星期二""星期三"等数据。

除了这个序列外,Excel 已定义的填充序列常用的还有以下这些:

日、一、二、三、四、五、六

Sun、Mon、Tue、Wed、Thu、Fri、Sat

Sunday、Monday、Tuesday、Wednesday、Thursday、Friday、Saturday

一月、二月、…

Jan、Feb、…

January、February、…

用户也可以自定义填充序列,方法是执行"文件"|"选项"命令,在弹出的"Excel 选项"对话框中"常规"下单击"编辑自定义列表"即可进行设置。

2. 删除数据

删除数据有两种方式:清除数据和删除单元格。

①清除数据:选择所需要清除的单元格或者单元格区域,单击右键,在弹出的快捷菜单中选择"清除内容"或者直接按 Delete 键,需要注意的是该操作只能清除数据,单元格的格式仍然保留。

②删除单元格:选择所需要清除的单元格或者单元格区域,单击右键,在弹出的快捷菜单中选择"删除单元格",弹出"删除单元格"对话框,选择删除的方式。

【例 5-1】　利用本节知识建立如图 5-7 所示的学生成绩表。

图 5-7　学生成绩表

5.1.5　单元格基本操作

1. 选择单元格

单元格的选择是 Excel 2010 的基本操作,单元格的选择包括选择单个单元格、选择连续的多个单元格区域、选择不连续的多个单元格或区域、选择行或列和选择整个工作表。

（1）选择单个单元格

选择单个单元格最简单的方法就是用鼠标单击该单元格。

（2）选择连续的多个单元格区域

单击单元格区域左上角单元格，拖动至区域右下角。

（3）选择不连续的多个单元格或区域

先选定一个单元格或区域后，按住 Ctrl 键，再选取其他要选定的单元格或区域即可。

（4）选择行或列

● 选择某个整行：可直接单击该行的行号；

● 选择连续多行：可以在行号区上从首行拖动到末行；

● 选择某个整列：可直接单击该列的列标；

● 选择连续多列：可以在列标区上从首列拖动到末列。

（5）选择整个工作表

单击工作表的左上角即行号与列标相交之处的"全选"按钮，或使用快捷键 Ctrl＋A。

2. 移动单元格内容

将某个单元格或某个区域的内容移动到其他位置上，可以使用鼠标或剪贴板的方法。

（1）用鼠标拖动

首先将鼠标指针移动到所选区域的边框线上，注意不要停在边框右下角的填充柄上，当鼠标出现四向箭头时，按下鼠标左键拖动到目标位置即可，在拖动过程中，边框显示为虚框。如果在拖动同时按住 Ctrl 键，则执行复制操作。

（2）使用剪贴板

①选定要移动数据的单元格或区域；

②单击"剪贴板"组中的"剪切"按钮；

③单击目标单元格或目标区域左上角的单元格；

④单击"粘贴"按钮。

3. 复制单元格内容

将某个单元格或某个区域的内容复制到其他位置，同样可以使用鼠标或剪贴板的方法。

（1）用鼠标拖动

首先将鼠标指针移动到所选区域的边框上，然后按住 Ctrl 键后拖动鼠标到目标位置即可，在拖动过程中，边框显示为虚框，同时鼠标指针的右上角有一个小的"＋"符号。

（2）使用剪贴板

使用剪贴板复制的过程与移动的过程是一样的，只是在第 2 步时要单击"复制"按钮，其他步骤完全一样。

4. 插入行、列

（1）插入行

在某行上面插入一整行，有以下两种操作方式：

● 右键单击某行的行号，在弹出的快捷菜单中执行"插入"命令；

● 单击某行的任意一个单元格，然后单击"单元格"组中的"插入"|"插入工作表行"命令，如图 5-8 所示。

（2）插入列

在某列前面插入一整列，同样有以下两种操作方式：

● 右键单击某列的列标，在弹出的快捷菜单中执行"插入"命令；

● 单击某列的任意一个单元格，然后单击"单元格"组中的"插入"|"插入工作表列"命令。

5. 删除行、列

（1）删除行

要删除某个整行，有以下两种操作方式：

● 右键单击某行的行号，在弹出的快捷菜单中执行"删除"命令；

● 单击选择某行的行号，然后单击"单元格"组中的"删除"|"删除工作表行"命令，如图 5-9 所示。

图 5-8　"插入"菜单

图 5-9　"删除"菜单

某行被删除后，该行下面的各行内容自动上移。

（2）删除列

要删除某个整列，有以下两种操作方式：

● 右键单击某列的列标，在弹出的快捷菜单中执行"删除"命令；

● 单击选择某列的列标，然后单击"单元格"组中的"删除"|"删除工作表列"命令。

某列被删除后，该列右边的各列内容自动向左移。

6. 合并单元格

选择将要合并的单元格，单击"开始"选项卡"对齐方式"组中"合并后居中"按钮右侧 ，可以弹出如图 5-10 所示下拉菜单，选择合并方式，合并单元格，或者直接单击"合并后居中"按钮，完成单元格合并及数据居中操作。

图 5-10　"合并后居中"下拉菜单

5.1.6　工作表的格式化

设置工作表格式主要通过"开始"选项卡中的"样式"组或"设置单元格格式"对话框来完成。

1. 设置单元格格式

先选定将要设置的单元格或区域，使用如图 5-11 所示的"开始"选项卡中各个分组的按钮，例如"字体""对齐方式""数字"等可以进行单元格格式的设置，也可以通过"设置单元格格式"对话框进行设置,方法是单击"字体"或"对齐方式"或"数字"分组右下方的按钮 ,打开"设置单元格格式"对话框,或在选定区域单击鼠标右键,在弹出的快捷菜单中选择"设置单元格格式"选项。如图 5-12 所示。

图 5-11　"开始"选项卡

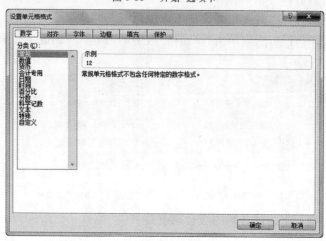

图 5-12　"设置单元格格式"对话框

"设置单元格格式"对话框中包括如下六个选项卡:

①"数字"选项卡:用于对单元格中不同类型的数字进行设置,其左边的"分类"列表框中列出的不同格式类型共 12 种,向某个单元格输入数据后,如果对该单元格设置不同的格式,则输入的数据也以不同的形式显示,如图 5-12 所示。

②"对齐"选项卡:包括"文本对齐方式""文本控制""文字方向"和"方向"四种设置。"文本对齐方式"可以实现水平或垂直方向多种对齐方式,"文本控制"包含"自动换行""缩小字体填充"和"合并单元格"三个复选框,"文字方向"可设置从右到左的作用范围;"方向"框用来改变单元格中文本的旋转角度,角度范围是－90 度到 90 度,设置角度时可以直接在数值框中输入角度值,如图 5-13 所示。

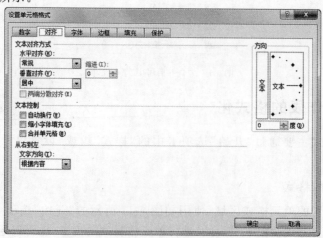

图 5-13　"对齐"选项卡

③"字体"选项卡:在"字体"选项卡中可以进行字体的设置,主要包括字体、字形和字号的设置,如图 5-14 所示。

图 5-14 "字体"选项卡

④"边框"选项卡:使用"边框"选项卡可以为表格设置不同类型的边框线,包括边框的线条样式、颜色等,如图 5-15 所示。

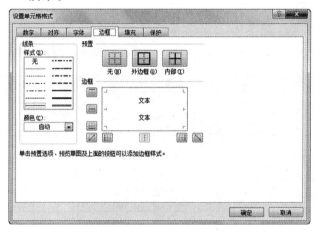

图 5-15 "边框"选项卡

⑤"填充"选项卡:在"填充"选项卡中可以通过设置单元格的背景色、图案颜色和图案样式等方式来设计单元格的背景,为表格增添色彩,如图 5-16 所示。

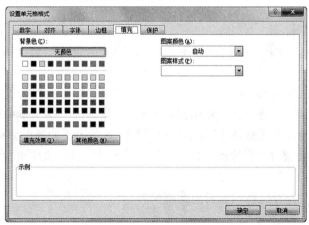

图 5-16 "填充"选项卡

⑥"保护"选项卡:可以通过"保护"选项卡锁定某些单元格,以防他人篡改或误删数据,如图 5-17 所示。

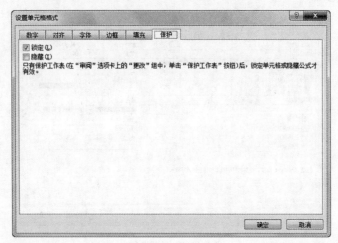

图 5-17 "保护"选项卡

【例 5-2】 对例 5-1 中的学生成绩表进行编辑和格式化,得到如图 5-18 所示的效果。

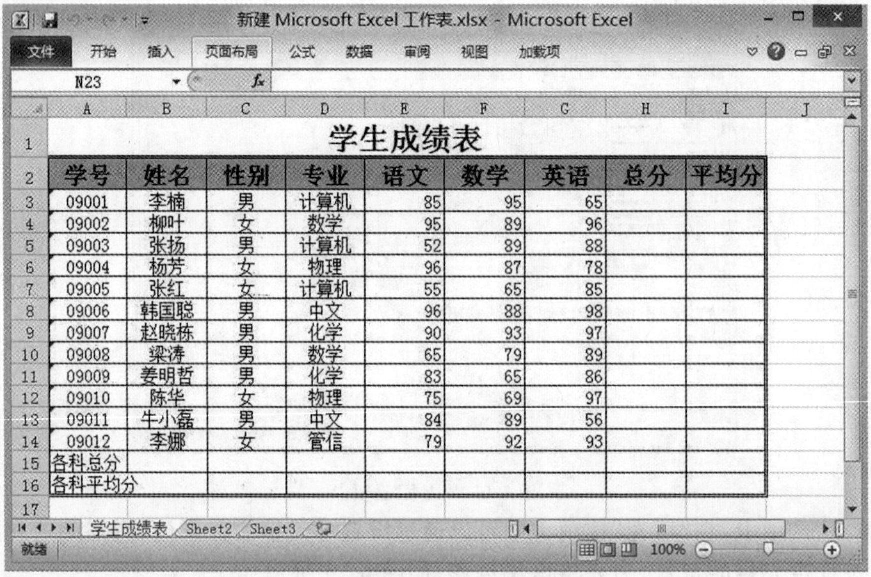

图 5-18 编辑并格式化后的学生成绩表

具体操作步骤如下:

①选定区域 A1:I1,单击"对齐分组"中的"合并后居中"按钮,选定 A2:I2 和 A3:D14,单击"居中"按钮。

②将标题"学生成绩表"设置字号为 20,加粗;将行标题字号设置为 16,加粗。

③选定 A2:I2 区域,在选定区域单击鼠标右键,在弹出的快捷菜单中选择"设置单元格格式"选项,在弹出的"设置单元格格式"对话框中"填充"选项卡下选择单元格背景色。

④选定 A2:I16 区域,在"设置单元格格式"对话框中"边框"选项卡中设置如图 5-19 所示的边框线。

⑤单击"文件"|"保存",将编辑后的文档保存。

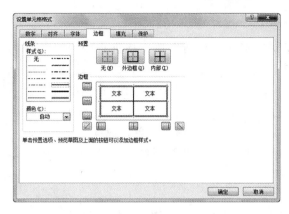

图 5-19　设置边框线

2.套用表格格式

套用表格格式是指使用 Excel 预先定义好的多种制表格式,目的是快速设置一组单元格的格式,使用套用表格格式的方法是先选择要设置格式的区域,然后单击"样式"组中的"套用表格格式"按钮,在下拉列表框中列出了已有的各种格式,如图 5-20 所示,可以在其中选择所需的样式。

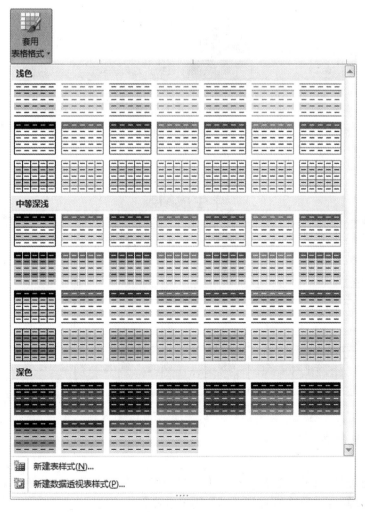

图 5-20　套用表格格式

3. 条件格式

前面的格式设置是对选择区域内所有单元格进行的,如果只对选择区域中那些满足某个条件的数据设置格式,这就是条件格式,设置条件格式时,在功能区"样式"分组中的"条件格式"下拉菜单中进行,如图 5-21 所示。

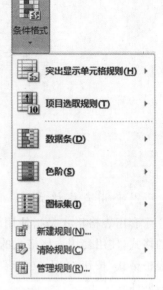

【例 5-3】 将图 5-18 所示的学生成绩表中单科成绩大于 95 的单元格设置格式为红色单下划线,对单科成绩小于 60 的单元格字体设置为蓝色斜体。

(1)选择区域 E3:G14。

(2)在"开始"选项卡的"样式"组中,执行"条件格式"|"突出显示单元格规则"|"大于"命令,打开"大于"对话框,如图 5-22 所示。

(3)向对话框左边的文本框中输入 95。

(4)在"设置为"下拉列表框中选择"自定义格式"命令,打开"设置单元格格式"对话框,在对话框中分别选择"单下划线"和"红色"。

图 5-21 "条件格式"下拉菜单

图 5-22 "大于"对话框

(5)仿照步骤(2)~(4),将小于 60 的单元格字体设置为蓝色斜体。

设置条件格式后的工作表如图 5-23 所示。

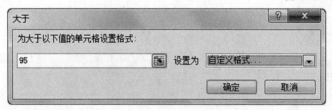

学生成绩表

学号	姓名	性别	专业	语文	数学	英语	总分	平均分
09001	李楠	男	计算机	85	95	65		
09002	柳叶	女	数学	95	89	96		
09003	张扬	男	计算机	52	89	88		
09004	杨芳	女	物理	96	87	78		
09005	张红	女	计算机	55	65	85		
09006	韩国聪	男	中文	96	88	98		
09007	赵晓栋	男	化学	90	93	97		
09008	梁涛	男	数学	65	79	89		
09009	姜明哲	男	化学	83	65	86		
09010	陈华	女	物理	75	69	97		
09011	牛小磊	男	中文	84	89	56		
09012	李娜	女	管信	79	92	93		
各科总分								
各科平均分								

图 5-23 设置"条件格式"后的工作表

4. 格式的复制和删除

(1)复制格式

对于一个已经设置好格式的区域,如果其他的区域也要设置相同的格式,不必重复设置,和 Word 一样,复制格式最简单的方法就是使用格式刷。

（2）删除格式

对已设置的格式不满意时可以删除，删除单元格格式的方法是单击"编辑"分组的"清除"按钮，执行其级联菜单（图 5-24）中的"清除格式"命令，在该菜单中还可以清除内容、批注和超链接。删除格式后，单元格中的数据将以默认的格式显示，即文本左对齐，数字右对齐。

图 5-24 "清除"菜单

5.1.7   工作表的打印输出

（1）设置打印纸张大小和页面输出方向

①单击"页面布局"选项卡"页面设置"组功能区右下角的"对话框启动器"按钮 ，系统会弹出"页面设置"对话框。初次显示"页面设置"对话框时，对话框中显示的是"页面"选项卡。

②在"页面"选项卡中，在"方向"框架选择页面的输出方向，在"纸张大小"下拉列表框选择打印纸张大小，例如选择"横向"输出、纸张大小选择"A4"，如图 5-25 所示。

（2）设置页边距

在"页面设置"对话框中，单击"页边距"选项卡。在"页边距"选项卡中，"上""下""左""右""页眉""页脚"六个文本框分别用于显示和设置页眉、页脚及页边距的大小，其单位默认为厘米。

例如：在"上""下"文本框中输入数字"2.5"，在"左""右"文本框中输入数字"2"，页眉、页脚采用默认值，勾选"居中方式"框架中的"水平""垂直"两个复选框，如图 5-26 所示。

图 5-25 "页面设置"对话框

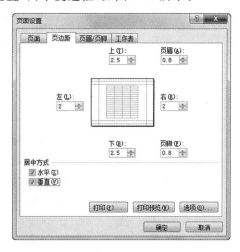

图 5-26 设置页边距

（3）设置页眉/页脚

①设置页眉。选择"插入"选项卡"文本"组的"页眉和页脚"按钮后，光标闪烁的地方即可录入页眉内容，可以选择系统预置的页眉页脚内容，也可以自己设定内容。系统给出了页眉设置操作的提示。系统将页眉分为了"左""中""右"三部分，例如可在"左"输入"制表人：小王"，如图 5-27 所示。

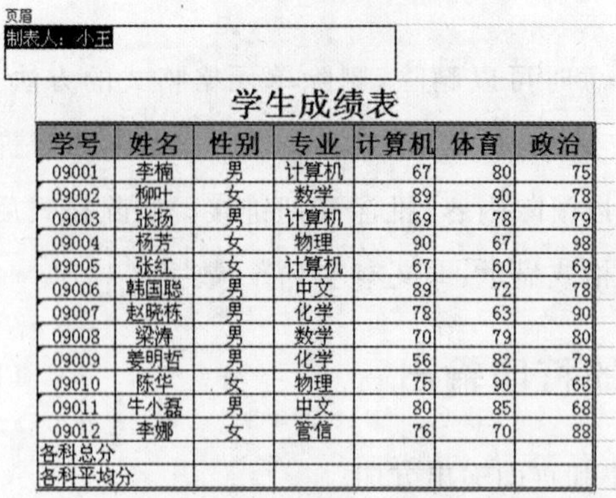

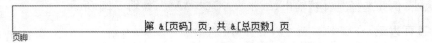

学生成绩表						
学号	姓名	性别	专业	计算机	体育	政治
09001	李楠	男	计算机	67	80	75
09002	柳叶	女	数学	89	90	78
09003	张扬	男	计算机	69	78	79
09004	杨芳	女	物理	90	67	98
09005	张红	女	计算机	67	60	69
09006	韩国聪	男	中文	89	72	78
09007	赵晓栋	男	化学	78	63	90
09008	梁涛	男	数学	70	79	80
09009	娄明哲	男	化学	56	82	79
09010	陈华	女	物理	75	90	65
09011	牛小磊	男	中文	80	85	68
09012	李娜	女	管信	76	70	88
各科总分						
各科平均分						

图 5-27　设置页眉

②设置页脚。在"页眉和页脚工具"|"设计"选项卡"导航"组中选择"转至页脚"按钮,系统将页脚也分为了"左""中""右"三部分,例如在"中"可通过"页眉和页脚"功能区中"页脚"下拉列表框中选择"第 1 页,共? 页"选项来设置页脚,设置后如图 5-28 所示。

第 &[页码] 页,共 &[总页数] 页

页脚

图 5-28　设置页脚

(4)设置打印工作表顶端标题行

顶端标题行,就是设置打印时每页都要打印输出的表格行。设置顶端标题行的操作的步骤如下:

①单击"页面布局"选项卡"页面设置"组中的"打印标题"按钮,弹出"页面设置"对话框,如图 5-29 所示。

图 5-29　设置打印工作表顶端标题行

②在"工作表"选项卡中,单击"顶端标题行"编辑区右侧的"拾取"按钮,系统会弹出"页面设置-顶端标题行:"对话框。

③单击工作表第一行的行标"1",按住鼠标下拖到第二行,这时"页面设置-顶端标题行:"对话框的编辑区中就会显示"$1:$2",表示顶端标题行已拾取,如图 5-30 所示。

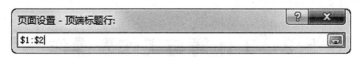

图 5-30　顶端标题行设置

在"页面设置-顶端标题行："对话框中,单击"拾取"按钮,系统就会返回"工作表"选项卡,这时顶端标题行右边的文本框中就显示了"＄1：＄2",表示已经设定为第一行第二行为顶端标题行,单击"页面设置"对话框中的"确定"按钮即可完成顶端标题行设置。

（5）设置打印区域

设置打印区域的操作步骤如下：

①选定待打印的区域 A1：I16。单击 A1 单元格,当鼠标呈空心十字状时,按住鼠标左键往右下方拖动,拖至 I16 单元格时释放鼠标。

②在"页面布局"选项卡"页面设置"组"打印区域"下拉菜单中选择"设置打印区域"命令,则完成设置。

（6）打印预览

选择"页面布局"选项卡"页面设置"组右下角的"对话框启动器"按钮,会弹出"页面设置"对话框,其中的四个选项卡中均有"打印预览"按钮,在任何一个选项卡中单击"打印预览"按钮,都可查看当前设置后的打印效果。如果"页面设置"对话框已经关闭,可以按照以下方法进行打印预览：

选择"文件"选项卡中的"打印"命令即可。

（7）打印工作表

打印工作表的操作步骤如下：

选择"文件"选项卡中的"打印"命令,系统会弹出如图 5-31 所示界面,该界面中可以设置打印的相关参数。此处我们选择默认参数。在实际使用时可根据需要进行调整。

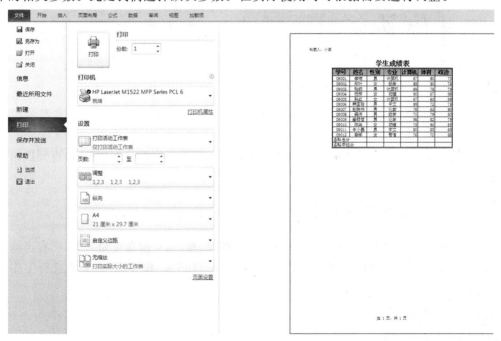

图 5-31　打印设置

5.2 工作簿与工作表操作

5.2.1 工作簿的隐藏与保护

1.文件的权限设置

Excel 为文件打开和修改提供权限的设置功能。通过设置权限密码,防止不具有访问权限的人查看或修改 Excel 文件。

设置文件权限的具体操作如下:

(1)打开 Excel 文件,单击"文件"选项卡"信息"组中的"保护工作簿"按钮,选择"用密码进行加密"选项,弹出"加密文档"对话框,设置权限密码,如图 5-32 所示。

(2)单击"确定"按钮,关闭"加密文档"对话框,保存并关闭文件。再次打开该 Excel 文档时,则要求用户输入密码,否则无法打开或编辑文件。

2.保护工作簿

保护工作簿中的数据指的是保护工作簿中的工作表,使其不可以进行插入、移动和复制操作,而不是禁止修改工作表中的数据。保护工作簿的具体操作步骤如下:

(1)打开 Excel 文件,单击"文件"选项卡"信息"组中的"保护工作簿"按钮,选择"保护工作簿结构",弹出"保护结构和窗口"对话框,如图 5-33 所示。

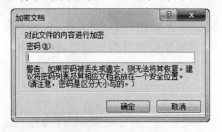

图 5-32 "加密文档"对话框   图 5-33 "保护结构和窗口"对话框

(2)在该对话框中,输入保护工作簿的密码,单击"确定"按钮后,再重新输入一次密码即可。

设置保护工作簿后,工作表的插入、删除、移动和复制等操作都将不能进行,直到撤销工作簿保护为止。

5.2.2 工作表基本操作

对工作表的操作是指对工作表整体进行插入、删除、移动、复制和重命名等,所有这些操作可以在 Excel 窗口左下方的工作表标签区进行,如图 5-34 所示,操作以前,要先进行工作表的选择。

1.选择工作表

(1)选择单张工作表

选择单张工作表时,在标签区单击相应的工作表名,则该工作表的内容显示在工作簿窗口中,同时对应的标签变为白色。

（2）选择连续多张工作表

先单击选择第一张,然后按住 Shift 键单击最后一张工作表。

（3）选择不连续多张工作表

可按住 Ctrl 键后分别单击每一张工作表。

选择后的工作表可以进行复制、删除等操作,最简单的方法是在选定的工作表标签处,右击工作表,然后在弹出的快捷菜单中选择相应的操作,如图 5-35 所示。

图 5-34　工作表标签　　　　　　　　图 5-35　工作表操作快捷菜单

2.插入工作表

新建立的工作簿中只包含有三张工作表,根据实际需要可以增加工作表,通过单击工作表标签区的"插入工作表"按钮 ![按钮] 实现,插入的新工作表会成为当前工作表,并且位于工作簿中的最后。

要在某个工作表之前插入一张工作表,可以按以下步骤进行:

（1）在工作表标签上右键单击该工作表,在弹出的快捷菜单中执行"插入"命令,打开"插入"对话框。

（2）在对话框中选择"工作表",然后单击"确定"按钮。

3.删除工作表

删除工作表时,鼠标右键单击选择的工作表,在弹出的快捷菜单中执行"删除"命令,也可以执行"开始"选项卡"单元格"组中的"删除"|"删除工作表"命令。

要注意的是,被删除的工作表无法用"撤消"命令恢复。

4.重命名工作表

重命名工作表时,双击工作表标签或右键单击工作表,在弹出的快捷菜单中执行"重命名"命令,这时工作表名称呈现可编辑状态,可直接输入新的工作表名,然后按回车键即可。

5.移动和复制工作表

移动和复制工作表可以在同一个工作簿内进行,也可以在不同的工作簿之间进行。

（1）使用菜单命令

使用菜单命令时,移动和复制这两个操作的过程是一样的,具体步骤如下:

①打开源工作表所在的工作簿和要复制到的目标工作簿。

②右键单击要移动或复制的工作表。

③在弹出的快捷菜单中执行"移动或复制"命令,此时弹出"移动或复制工作表"对话框,如图 5-36 所示。

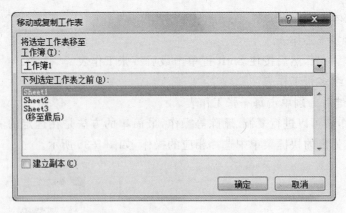

图 5-36 "移动或复制工作表"对话框

④在"移动或复制工作表"对话框中：

● 在工作簿的下拉列表框中选择要复制到的目标工作簿，如果选择的是源工作簿，则表示移动或复制在同一个工作簿内进行；

● 在工作表列表框中选择要复制到位置，即某个工作表之前或移至最后；

● 如果要复制工作表，则选中"建立副本"复选框，如果是移动工作表，则取消对该复选框的选择。

⑤在对话框中设置完成后，单击"确定"按钮，完成移动或复制操作。

（2）使用鼠标拖动

在同一个工作簿内复制或移动工作表，用鼠标拖动的方法更为方便。

移动工作表时，先选择要移动的工作表，然后按住鼠标左键后拖动鼠标到某个工作表位置，松开鼠标，则该工作表移动到目标工作表之前的位置。

如果在拖动鼠标时按住 Ctrl 键，则将选择的工作表复制到目标工作表之前的位置。

5.2.3　工作表的保护

保护工作表是指保护工作表中的数据不被编辑修改，但不能防止工作表被删除。保护工作表的操作方法和保护工作簿类似，在 Excel 文件中，单击"文件"选项卡中"信息"选项组中的"保护工作簿"按钮，选择"保护当前工作表"选项，在弹出的"保护工作表"对话框中设置密码即可。

上面的保护功能是保护工作表中的全部数据，但有时需要对工作表的部分数据加以保护，可以使用工作表的单元格数据保护功能，该功能可以实现对工作表中的部分或全部单元格进行数据保护，操作步骤如下：

①选取不需要保护的区域。

②单击"开始"选项卡"单元格"组中的"格式"按钮，选择"锁定单元格"选项，如图 5-37 所示。

③继续选择"格式"菜单中的"保护工作表"选项，弹出"保护工作表"对话框，如图 5-38 所示，在"取消工作表保护时使用的密码"文本框中输入密码，再次确认后即可完成。

图 5-37 单元格保护设置

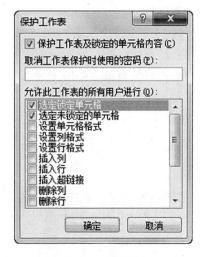

图 5-38 密码设置

此时,在选中区域范围外的单元格数据与公式均不能被修改,而选中区域内的单元格数据可以被修改。

5.2.4 同时对多张工作表进行操作

(1)创建不同工作表具有相同的结构与内容

在 Excel 中,表结构相同的工作表,可以将它们一并处理,不必重复相同的操作。具体操作步骤如下:

①同时选择多个工作表,使其变成为组工作表;

②在工作组中完成对多个工作表的操作。

(2)取消工作表选定

在 Excel 中,可以单击其他未选定的任一工作表标签取消,也可以右击已选定的任一工作表标签,在弹出的快捷菜单中选择"取消组合工作表",完成取消选定,如图 5-39 所示。

图 5-39 取消多张工作表的选定

(3)修改多张工作表

在 Excel 中,可同时对多张结构相同的工作表进行修改。先选定需要同时修改的多张工作表,将鼠标指针移到需要进行修改的单元格进行修改,修改操作会自动传递给其他选定的工作表,修改完成后单击任一标签名,取消多张工作表的选定状态完成对多张工作表的修改。

5.2.5 工作表窗口的视图控制

工作表窗口的拆分是指将工作表窗口分为几个窗口,每个窗口都可以显示工作表,工作表的冻结是指将工作表窗口的上部或左部固定住,使其内容不随滚动条而移动。

1.拆分工作表窗口

(1)拆分

工作表窗口的拆分有水平拆分、垂直拆分和水平垂直同时拆分三种,即在工作表窗口上加上水平拆分线和垂直拆分线。

进行水平拆分时，先单击某一行的行号或某一行的第一列单元格，然后执行“视图”选项下“窗口”分组中的“拆分”按钮，这时，所选行的上方出现水平拆分线，工作表窗口被分割为上下两个部分。在工作表窗口垂直滚动条向上箭头“▲”的上方有一个水平拆分按钮“▭”，拖动这个按钮也可以进行水平拆分。

例如，选择学生成绩表中第 15 行，执行水平拆分操作后效果如图 5-40 所示。

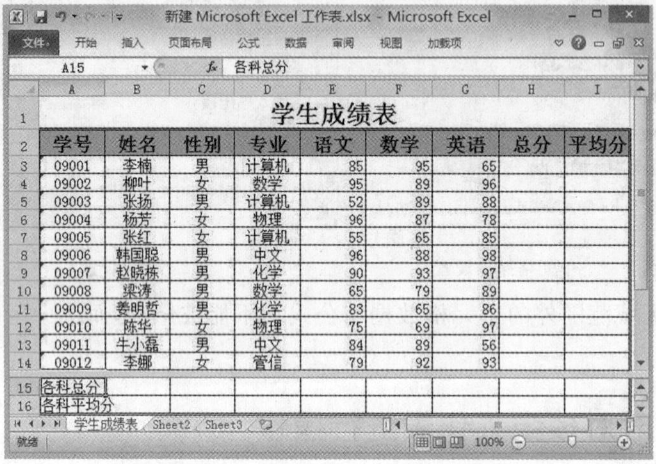

学号	姓名	性别	专业	语文	数学	英语	总分	平均分
09001	李楠	男	计算机	85	95	65		
09002	柳叶	女	数学	95	89	96		
09003	张扬	男	计算机	52	89	88		
09004	杨芳	女	物理	96	87	78		
09005	张红	女	计算机	55	65	85		
09006	韩国聪	男	中文	96	88	98		
09007	赵晓栋	男	化学	90	93	97		
09008	梁涛	男	数学	65	79	89		
09009	姜明哲	男	化学	83	65	86		
09010	陈华	女	物理	75	69	97		
09011	牛小磊	男	中文	84	89	56		
09012	李娜	女	管信	79	92	93		
各科总分								
各科平均分								

图 5-40　水平拆分学生成绩表

进行垂直拆分时，先单击某一列的列标或某一列的第一行单元格，然后执行“窗口”分组中的“拆分”命令，这时，在所选列的左侧出现垂直拆分线。在工作表窗口的水平滚动条的向右箭头“▶”的右方有一个垂直拆分按钮“▯”，拖动这个按钮也可以进行垂直拆分。

单击第一行和第一列之外的某个单元格，然后执行“窗口”分组中的“拆分”命令，这时，在所选单元格的左侧出现垂直拆分线，该单元格的上方出现水平拆分线，该窗口被分割为四个窗口，被拆分的每个部分都可以用滚动条来移动显示工作表的不同部分，这样，就可以在窗口中对比显示工作表中相距较远的单元格的数据。

例如，选择学生成绩表 E10 单元格，执行水平垂直拆分操作后效果如图 5-41 所示。

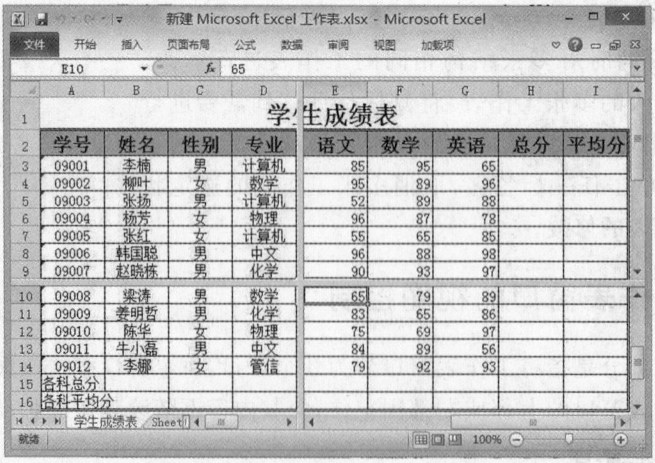

学号	姓名	性别	专业	语文	数学	英语	总分	平均分
09001	李楠	男	计算机	85	95	65		
09002	柳叶	女	数学	95	89	96		
09003	张扬	男	计算机	52	89	88		
09004	杨芳	女	物理	96	87	78		
09005	张红	女	计算机	55	65	85		
09006	韩国聪	男	中文	96	88	98		
09007	赵晓栋	男	化学	90	93	97		
09008	梁涛	男	数学	65	79	89		
09009	姜明哲	男	化学	83	65	86		
09010	陈华	女	物理	75	69	97		
09011	牛小磊	男	中文	84	89	56		
09012	李娜	女	管信	79	92	93		
各科总分								
各科平均分								

图 5-41　水平垂直拆分学生成绩表

(2)取消拆分

在窗口被分割后，再次执行“视图”选项卡“窗口”组中的“拆分”命令可以取消对窗口的分割，也可以直接双击拆分线。

2. 冻结工作表窗口

(1)冻结

冻结是指将指定区域冻结、固定，滚动条只对其他区域的数据起作用。冻结操作方法与拆分窗口相似，所不同的是要执行“视图”选项卡“窗口”分组中的“冻结窗格”按钮。

【例 5-4】 将学生成绩表中前两行冻结，使其始终可见。

具体操作步骤如下：

①选择学生成绩表第三行，单击“拆分”，此时学生成绩表被水平拆分。

②单击“冻结窗格”按钮，从其下拉菜单中选择“冻结拆分窗格”选项，在拆分处出现一条黑色细线即冻结线，如图 5-42 所示，此时使用垂直滚动条，可以看出前两行保持固定不动，其他部分可以滚动显示。

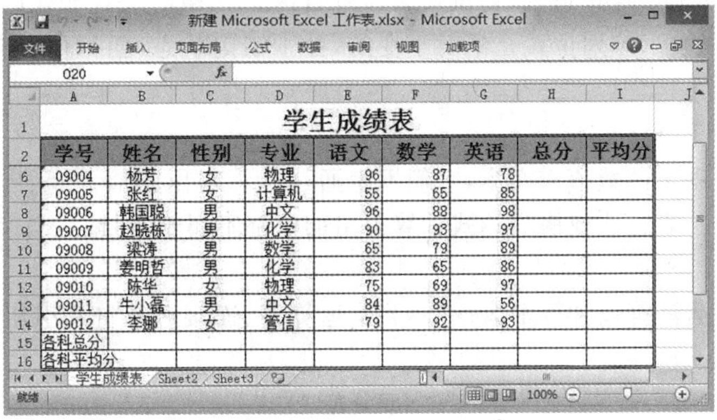

	A	B	C	D	E	F	G	H	I
1	学生成绩表								
2	学号	姓名	性别	专业	语文	数学	英语	总分	平均分
6	09004	杨芳	女	物理	96	87	78		
7	09005	张红	女	计算机	55	65	85		
8	09006	韩国聪	男	中文	96	88	98		
9	09007	赵晓栋	男	化学	90	93	97		
10	09008	梁涛	男	数学	65	79	89		
11	09009	姜明哲	男	化学	83	65	86		
12	09010	陈华	女	物理	75	69	97		
13	09011	牛小磊	男	中文	84	89	56		
14	09012	李娜	女	管信	79	92	93		
15	各科总分								
16	各科平均分								

图 5-42 冻结后学生成绩表

(2)取消冻结

若取消窗口冻结，执行“视图”选项卡“窗口”组中的“冻结窗格”|“取消冻结窗格”命令。

5.3 Excel 公式和函数

Excel 中不仅可以输入数据并进行格式化，更为重要的是可以通过公式和函数方便地进行统计计算，如求总和、求平均数、计数等。为此，Excel 提供大量的、类型丰富的实用函数，可以通过各种运算符及函数构造出各种公式以满足各类计算的需要。通过公式和函数计算出的结果，不但正确率有保证，而且当原始数据发生改变后，计算结果能够自动更新。

5.3.1 使用公式的基本方法

1. 认识公式

公式就是一组表达式，由单元格引用、常量、运算符、括号组成，复杂的公式还可以包括函数，用于计算生成新的值。在 Excel 中，公式总是以等号“=”开始，默认情况下，公式的计算结果显示在单元格中,公式本身显示在编辑栏中。

(1)单元格的引用

也就是单元格地址,用于表示单元格在工作表上所处位置的坐标。例如,显示在第 B 列和第 3 行交叉处的单元格,其引用形式为"B3"。Excel 2010 中单元格的地址有三种引用方式:相对引用地址、绝对引用地址和混合引用地址。

①相对引用地址:在复制或自动填充公式时,单元格地址随着复制或填充的目的单元格的变化而自动变化,这种方式称为"单元格的相对引用地址"。

②绝对引用地址:在复制或自动填充公式时,单元格地址不随复制或填充的目的单元格的变化而变化,这种方式称为"单元格的绝对引用地址"。绝对引用地址的表示方法是在行号和列号之前都加上一个"$"符号,它就像一把"锁",锁住了参与运算的单元格,使之不会随着复制或填充的目的单元格的变化而变化。

③混合引用地址:如果单元格引用地址的一部分为绝对引用地址,另一部分为相对引用地址,例如$C3 或 C$3,称为"单元格的混合引用地址"。如果"$"符号在行号前,表示该行位置是绝对不变的,处于锁定状态,而列位置会随着目的单元格的位置变化而变化。同理,如果"$"符号在列号前,表示该列位置是绝对不变的,处于锁定状态,而行位置会随着目的单元格的位置的变化而变化。

(2)常量

常量是指那些固定的数值或文本,它们不是通过计算得出的值。例如,数字"123"和文本"计算机"均为常量。表达式或由表达式计算得出的值都不属于常量。

(3)运算符

Excel 2010 的运算符包含算术运算符、关系运算符、连接运算符和引用运算符。见表 5-1 所示。

表 5-1 运算符

运算符	内　容	运算结果或举例
算术运算符	"%"(百分比)、"+"(加)、"−"(减)、"＊"(乘)、"/"(除)、"^"(乘方)	数值型
关系运算符	"="(等于)、"<"(小于)、">"(大于)、">="(大于等于)、"<="(小于等于)、"<>"或"><"(不等于)	逻辑值 TRUE、FALSE
连接运算符	"&"(文本连接)	连续的文本值,例如:A1=计算机,A2=组装大赛,A3=A1&A2,结果 A3=计算机组装大赛
引用运算符	","(逗号,联合运算符)、":"(冒号,区域运算符)	","完成对单元格数据的引用。例如:SUM(A1,A3,A5)表示对 A1、A3、A5 三个单元格中的数据求和。":"完成对单元格区域中数据的引用

这四类运算符的优先级从高到低依次为"引用运算符""算术运算符""连接运算符""关系运算符"。当优先级相同时,按照自左向右规则计算。

2.公式的创建

公式是利用单元格的引用地址对存放在其中的数值进行计算的等式。在 Excel 中,公式一般由三部分组成:等号、运算数、运算符。运算数可以是数值常量,也可以是单元格或单元格

区域,甚至是 Excel 提供的函数。用户可以通过以下步骤创建公式:

①选中输入公式的单元格;

②输入等号"＝";

③在单元格或者编辑栏中输入公式具体内容;

④按回车键或单击"输入"按钮 ,完成公式的输入。

5.3.2　使用函数的基本方法

在对工作表进行数据计算时,除了使用公式外,还可以使用 Excel 提供的函数,在 Excel 中提供了多类函数,例如数学和三角函数类、财务类、统计类等,每一类中包含若干个函数,使用函数时,可以在功能区的"公式"选项卡中的"函数库"组中(图 5-43)进行查找。

图 5-43　"函数库"组

向单元格输入函数时,先单击"函数库"组中的"插入函数"按钮 fx,打开"插入函数"对话框,然后在对话框中选择需要的函数。

也可以直接向单元格输入函数,函数的一般形式如下:

函数名([参数 1][,参数 2……])

其中,函数名是系统保留的名称,圆括号中可以有一个或多个参数,参数之间用逗号隔开,也可以没有参数,没有参数时,函数名后的圆括号也是不能省略的。

例如,函数 SUM(A1:A3)中有一个参数,表示计算区域 A1:A3 中数据之和。

函数 SUM(A1,B1:B3,C4)中有三个参数,分别是单元格 A1、区域 B1:B3 和单元格 C4。

Excel 提供的函数很多,下面是较为常用的几种:

(1)求和函数 SUM:计算各参数的和,参数可以是数值或含有数值的单元格的引用。

(2)求平均函数 AVERAGE:计算各参数的平均值,参数可以是数值或含有数值的单元格的引用。

(3)最大值函数 MAX:计算各参数中的最大值。

(4)最小值函数 MIN:计算各参数中的最小值。

(5)计数函数 COUNT:统计各参数中数值型数据的个数。

(6)条件函数 IF:该函数的格式是 IF(P,T,F),第 1 个 P 是可以产生逻辑值的表达式,如果其值为真,则函数的值为表达式 T 的值,如果 P 的值为假,则函数的值为表达式 F 的值。

【例 5-5】　用函数计算学生成绩表中的总分和平均分。

具体操作步骤如下:

①选择 H3 单元格。

②执行"公式"选项卡中"插入函数"命令,打开"插入函数"对话框,如图 5-44 所示,函数类别选择"数学与三角函数",从中选择 SUM 函数,单击"确定"按钮,此时弹出"函数参数"对话框,如图 5-45 所示。

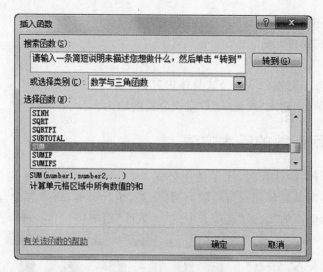

图 5-44 "插入函数"对话框

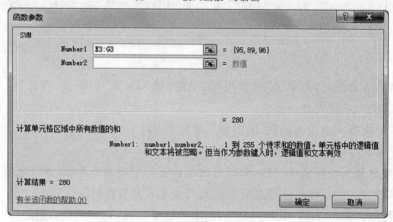

图 5-45 "函数参数"对话框

③输入参数，直接在 Number1 的文本框中输入参数，即用来计算总和的数据，可以是常量、单元格或区域，这里输入 E3:G3。

④在完成参数输入后，单击"确定"按钮，在单元格 H3 中显示计算的结果。

⑤选中 H3 单元格，点击其右下角的填充柄，拖曳至 H14 单元格，利用填充柄将 H3 单元格中的公式自动复制，完成其余学生成绩总分的计算。

⑥按照同样的步骤计算学生成绩表的平均分，需要注意此时选择 AVERAGE 函数。

【例 5-6】 计算学生成绩中的各科总分和各科平均分，完成总分和平均分计算的学生成绩表如图 5-46 所示。

具体操作步骤如下：

①选择 E15 单元格，参照例 5-5 求总分的方法，求各位同学语文科目的总分，利用填充柄拖曳至 F15 单元格和 G15 单元格，可以求出数学科目与英语科目总分。

②选择 E16 单元格，根据各科平均分＝各科总分/学生总人数，在 E16 的编辑栏输入"＝E15/12"后，单击"输入"按钮 ✔，即可求出语文科目的平均分，通过公式复制，可以求得数学与英语科目的平均分。

完成所有计算后的学生成绩表如图 5-47 所示。

	A	B	C	D	E	F	G	H	I
1	学生成绩表								
2	学号	姓名	性别	专业	语文	数学	英语	总分	平均分
3	09002	柳叶	女	数学	95	89	96	280	93.33333
4	09004	杨芳	女	物理	96	87	78	261	87
5	09005	张红	女	计算机	55	65	85	205	68.33333
6	09010	陈华	女	物理	75	69	97	241	80.33333
7	09012	李娜	女	管信	79	92	93	264	88
8	09001	李楠	男	计算机	85	95	65	245	81.66667
9	09003	张扬	男	计算机	52	89	88	229	76.33333
10	09006	韩国聪	男	中文	96	88	98	282	94
11	09007	赵晓栋	男	化学	90	93	97	280	93.33333
12	09008	梁涛	男	数学	65	79	89	233	77.66667
13	09009	姜明哲	男	化学	83	65	86	234	78
14	09011	牛小磊	男	中文	84	89	56	229	76.33333
15	各科总分								
16	各科平均分								

图 5-46　完成总分和平均分计算的学生成绩表

	A	B	C	D	E	F	G	H	I
1	学生成绩表								
2	学号	姓名	性别	专业	语文	数学	英语	总分	平均分
3	09002	柳叶	女	数学	95	89	96	280	93.33333
4	09004	杨芳	女	物理	96	87	78	261	87
5	09005	张红	女	计算机	55	65	85	205	68.33333
6	09010	陈华	女	物理	75	69	97	241	80.33333
7	09012	李娜	女	管信	79	92	93	264	88
8	09001	李楠	男	计算机	85	95	65	245	81.66667
9	09003	张扬	男	计算机	52	89	88	229	76.33333
10	09006	韩国聪	男	中文	96	88	98	282	94
11	09007	赵晓栋	男	化学	90	93	97	280	93.33333
12	09008	梁涛	男	数学	65	79	89	233	77.66667
13	09009	姜明哲	男	化学	83	65	86	234	78
14	09011	牛小磊	男	中文	84	89	56	229	76.33333
15	各科总分				955	1000	1028		
16	各科平均分				79.58333	83.33333	85.66667		

图 5-47　完成所有计算后的学生成绩表

5.3.3　公式与函数常见问题

在输入公式或函数的过程中,当输入有误时,单元格中常常会出现各种不同的错误结果。对这些提示的含义有所了解,有助于更好地发现并修正公式或函数中的错误。

常见错误提示见表 5-2。

表 5-2　公式或函数中的常见错误列表

错误提示	说　明
＃＃＃＃＃	当某一列的宽度不够而无法在单元格中显示所有字符时,或者单元格包含负的日期或时间值时,Excel 将显示此错误 例如,用过去的日期减去将来的日期的公式(如＝06/12/2008－07/01/2008),将得到负的日期值
＃DIV/0!	当一个数除以零(0)或不包含任何值的单元格时,Excel 将显示此错误
＃N/A	当某个值不允许被用于函数或公式但却被引用时,Excel 将显示此错误
＃NAME?	当 Excel 无法识别公式中的文本时,将显示此错误。例如,区域名称或函数名称拼写错误,或删除了某个公式引用的名称
＃NULL!	当指定两个不相交的区域的交集时,Excel 将显示此错误。交集运算是分隔公式中的两个区域地址间的空格字符 例如,区域 A1:A2 和 C3:C5 不相交,因此,输入公式＝SUM(A1:A2 C3:C5)将返回＃NULL! 错误

（续表）

错误提示	说　明
♯NUM!	当公式或函数包含无效数值时，Excel 将显示此错误
♯REF!	当单元格引用无效时，Excel 将显示此错误。例如，如果删除了某个公式所引用的单元格，该公式将返回♯REF! 错误
♯VALUE!	如果公式所包含的单元格有不同的数据类型，则 Excel 将显示此错误。如果启用了公式的错误检查，则屏幕提示会显示"公式中所用的某个值是错误的数据类型"。通常，通过对公式进行较少更改即可修复此问题

5.4　在 Excel 中创建图表

5.4.1　创建并编辑迷你图

在 Excel 2010 中，引入了一个被称之为迷你图的功能，它是根据用户选择的一组单元格数据绘制在单元格中的一个微型图表，用迷你图可以直观地反映数据系列的变化趋势。

1. 插入"迷你图"

【例 5-7】　现有一张工作表，记录了某工厂一车间代号为 101～104 四种产品在去年 1～4 月的产量，请为该表绘制"迷你图"。

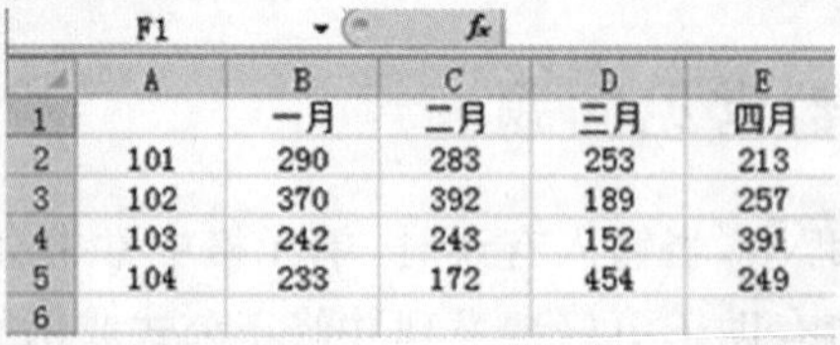

	A	B	C	D	E
1		一月	二月	三月	四月
2	101	290	283	253	213
3	102	370	392	189	257
4	103	242	243	152	391
5	104	233	172	454	249
6					

图 5-48　产量表

具体操作步骤如下：

单击"插入"功能区任意一种类型的迷你图示例（本例选折线图），如图 5-49 所示，即可弹出"创建迷你图"对话框（如图 5-50 所示），参数"数据范围"选择 B2:E5 单元格区域，另一参数"位置范围"是指生成"迷你图"的单元格区域，本例为 F2:F5，单击"确定"按钮后，"迷你图"就创建完毕，如图 5-51 所示。

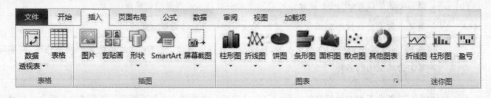

图 5-49　插入"迷你图"

图 5-50　创建迷你图

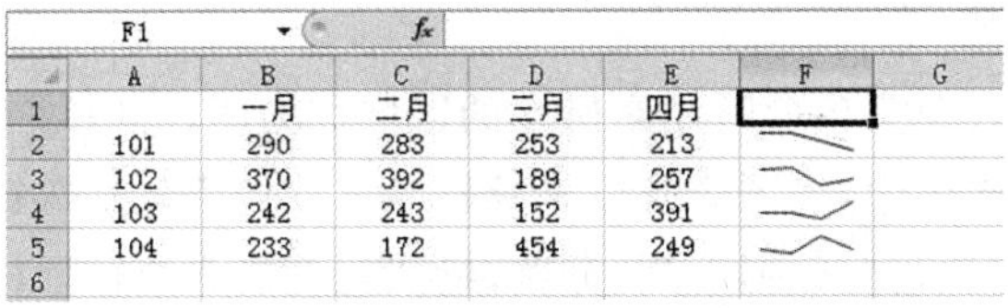

图 5-51　创建四张"折线迷你图"

2."迷你图"的编辑

单击"迷你图"后将会出现如图 5-52 所示的"迷你图工具"|"设计"选项卡,在此功能区可完成如下操作:

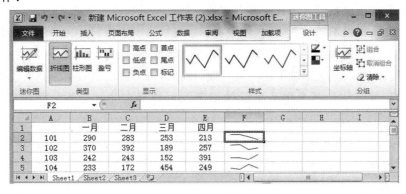

图 5-52　"迷你图工具"|"设计"选项卡

(1)清除迷你图。

(2)编辑数据:可完成"迷你图"图组的源数据区域或单个"迷你图"的源数据区域的数据修改、隐藏和清空单元格、切换行/列。

(3)改变类型:可更改"迷你图"的类型为折线图、柱形图、盈亏图中的任一种。

(4)显示:在迷你图中可标识一些特殊数据,如高点、低点、负点、首点、尾点和标记点。

(5)样式:可使"迷你图"直接应用预定义格式的图表样式。

(6)迷你图颜色:修改"迷你图"折线或柱形的颜色。

5.4.2　创建图表

1.图表类型

Excel 2010 中有十一种内置的图表类型,常用类型有以下六种:

(1)柱形图:柱形图用于比较一个或多个数据系列相交于类别轴上的数值大小。

（2）条形图：条形图实际上是顺时针旋转 90°的柱形图，主要强调各个数据项之间的差别情况。

（3）折线图：折线图是将数据点以折线连接，显示出数据在某一段时间内的变化趋势，常用来描绘连续的数据。

（4）饼图：是把一个圆面分为若干个扇形图，每一个扇形图代表一项数据值。饼图显示每一项数值相对于总数值的大小比重。

（5）散点图：散点图通过比较成对的数值，来显示两个变量之间的关系，常用于科学计算。

（6）面积图：面积图显示每一数值相对于总数值所占大小随时间或类别而变化的趋势线。

2.图表的基本组成

（1）图表区：整个图表及其包含的元素所在的区域称为图表区。

（2）绘图区：在二维图表中，绘图区是以坐标轴为界并包含全部数据系列的区域；在三维图中，绘图区以坐标轴为界并包含数据系列、分类名称、刻度线和坐标轴标题。

（3）图表标题：图表的文本标题，自动与坐标轴对齐或在图表顶端居中。

（4）数据分类：数据分类是图表上的一组相关数据点，取自工作表的一行或一列。图表中的每个数据系列以不同的颜色和图案加以区别，在同一图表上可以绘制一个以上的数据系列。

（5）数据标记：数据标记是图表中的条形面积、圆点、扇形或其他类似符号，来自于工作表单元格的某一数据点或数值。图表中所有相关的数据标记构成了数据系列。

（6）数据标志：根据不同的图表类型，数据标志可以表示数值、数据系列名称和百分比等。

（7）坐标轴：坐标轴为图表提供计量和比较的参考线，一般包含 X 轴和 Y 轴。

（8）刻度线：刻度线是坐标轴上的短度量线，用于区分图表上的数据分类值或数据系列。

（9）网格线：网络线是图表中从坐标轴刻度线延伸开来并贯穿整个绘图区的可选线条系列。

（10）图例：图例包括图例项和图例项标示的方框，用于标示图表中的数据系列。

（11）图例项标示：图例项标示是图例中用于标示图表上相应数据系列的图案和颜色的方框。

（12）背景墙及基底：背景墙及基底是三维图表中包围三维图形的周边区域，用于显示维度和边角尺寸。

（13）数据表：数据表在图表下面的网格中，用来显示每个数据系列的值。

创建图表最方便的方法是使用图表向导。

【**例 5-8**】 使用图表向导对例 5-2 中学生成绩表创建二维簇状柱形图表。

创建图表的过程如下：

（1）在学生成绩表中，选择 B2:B14 和 E2:G14 这两个不连续的区域。

（2）选择"插入"选项卡，该选项卡中有六个分组，单击"图表"组中的"柱形图"按钮，在下拉列表框中显示了各种不同的柱形类型，如图 5-53 所示。

（3）在类型列表框中选择第一个"二维柱形图"，这时，在功能区显示出"图表工具"|"设计"选项卡，如图 5-54 所示，选项卡中显示了多个关于图表设计的分组，例如"类型""数据""图表布局""图表样式"和"位置"。

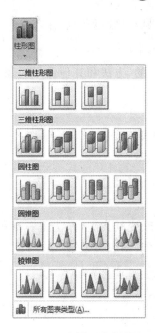

图 5-53 不同类型的柱形图

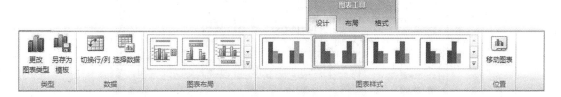

图 5-54 "图表工具"|"设计"选项卡

（4）在"图表工具"|"设计"选项卡的"图表布局"组中选择"布局 1"。

（5）在创建的图表中，单击"图表标题"，输入标题内容"学生成绩表"，创建的图表如图 5-55 所示。

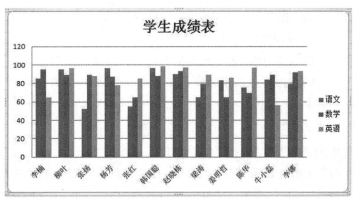

图 5-55 创建后的图表

5.4.3 修饰与编辑图表

编辑图表是指对图表中的各个对象进行编辑，图表对象是组成一个图表的各个部分，在图表上单击某个对象，可以将该对象选中，该对象的四周会出现框线和控点，当鼠标指针停留在某个对象时,在该对象的旁边也会显示该对象的名称。

1. 移动、复制、缩放和删除图表

这几个操作是对整个图表进行的,方法和其他图形对象的操作是一样的,先选择图表,在图表周围出现八个控点时进行操作:

- 移动:直接拖动图表。
- 复制:按住 Ctrl 键后拖动图表。
- 缩放:拖动周围的控点。
- 删除:选择后按 Delete 键。

2. 改变图表类型

已创建的图表,可以根据需要改变其类型,方法是右键单击图表,然后执行快捷菜单中的"更改图表类型"命令,在出现的"更改图表类型"对话框(图 5-56)中选择图表类型和子类型。

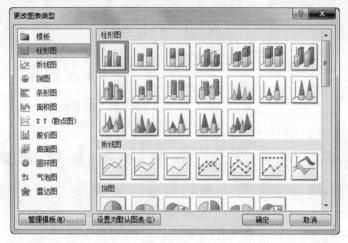

图 5-56 "更改图表类型"对话框

3. 更新或删除数据

创建图表后,图表和创建图表的数据区域之间就建立了联系,当工作表中数据发生了变化,图表中对应的数据也自动更新。

如果删除工作表中的数据,则图表中对应的数据系列也随之被删除。

如果只删除图表中的数据系列而不删除工作表中的数据,可以在图表中选定要删除的数据系列,然后按 Delete 键。

4. 修改图表区格式

图表区格式是指图表区中文字的字体、颜色以及底纹图案,设置方法是右键单击图表,然后在快捷菜单中执行"设置图表区域格式"命令,在打开的"设置图表区格式"对话框中进行设置。

5. 图表中各对象的格式化

一个图表由若干个对象组成,各个对象的格式可以独立地进行设置,方法是右键单击不同的对象,在弹出的快捷菜单中执行与格式设置有关的命令,然后在弹出的对话框中就可以对选定的对象进行格式设置。

5.4.4　打印图表

位于工作簿中的图表将会在保存工作簿时一起保存在工作簿文档中,也可对图表进行单独的打印设置。

1.整页打印图表

(1)当图表单独存在于工作表中时,直接打印该张工作表即可单独打印图表到一页纸上。

(2)当图表以嵌入方式与数据列表位于同一张工作表上时,首先单击选中该图表,然后通过"文件"选项卡上的"打印"命令进行打印,即可只将选定的图表输出到一页纸上。

2.作为表格的一部分打印图表

当图表以嵌入方式与数据列表位于同一张工作表上时,首先选择这张工作表,保证不要单独选中图表,此时通过"文件"选项卡上的"打印"命令进行打印,即可将图表作为工作表的一部分与数据列表一起打印在一张纸上。

3.不打印工作表中的图表

(1)首先只将需要打印的数据区域(不包括图表)设定为打印区域,再通过"文件"选项卡上的"打印"命令打印活动工作表,即可不打印工作表中的图表。

(2)在"文件"选项卡上单击"选项",打开"Excel 选项"对话框,单击"高级",在"此工作簿的显示选项"区域的"对于对象,显示"下,单击选中"无内容(隐藏对象)",如图 5-57 所示,嵌入到工作表中的图表将会隐藏起来。此时通过"文件"选项卡上的"打印"命令进行打印,将不会打印嵌入的图表。

图 5-57　在"Excel 选项"对话框中设置隐藏对象后将不打印图表

5.5　Excel 数据处理

5.5.1　合并计算

若要汇总和报告多个单独工作表中数据的结果,可以将每个单独工作表中的数据合并到一个主工作表。所合并的工作表可以与主工作表位于同一工作簿中,也可以位于其他工作簿中。

【**例 5-9**】　现有一个工作簿,里面有学生成绩表 1(图 5-58)、学生成绩表 2(图 5-59)和成绩汇总表三个工作表,利用合并计算功能将学生成绩表 1 和学生成绩表 2 中各科成绩合并到成绩汇总表中以便进行统计分析。

	A	B	C	D	E	F	G	H	I
1	学生成绩表1								
2	学号	姓名	性别	专业	语文	数学	英语	总分	平均分
3	09001	李楠	男	计算机	85	95	65		
4	09002	柳叶	女	数学	95	89	96		
5	09003	张扬	男	计算机	52	89	88		
6	09004	杨芳	女	物理	96	87	78		
7	09005	张红	女	计算机	55	65	85		
8	09006	韩国聪	男	中文	96	88	98		
9	09007	赵晓栋	男	化学	90	93	97		
10	09008	梁涛	男	数学	65	79	89		
11	09009	姜明哲	男	化学	83	65	86		
12	09010	陈华	女	物理	75	69	97		
13	09011	牛小磊	男	中文	84	89	56		
14	09012	李娜	女	管信	79	92	93		
15	各科总分								
16	各科平均分								

图 5-58　学生成绩表 1

	A	B	C	D	E	F	G
1	学生成绩表2						
2	学号	姓名	性别	专业	计算机	体育	政治
3	09001	李楠	男	计算机	67	80	75
4	09002	柳叶	女	数学	89	90	78
5	09003	张扬	男	计算机	69	78	79
6	09004	杨芳	女	物理	90	67	98
7	09005	张红	女	计算机	67	60	69
8	09006	韩国聪	男	中文	89	72	78
9	09007	赵晓栋	男	化学	78	63	90
10	09008	梁涛	男	数学	70	79	80
11	09009	姜明哲	男	化学	56	82	79
12	09010	陈华	女	物理	75	90	65
13	09011	牛小磊	男	中文	80	85	68
14	09012	李娜	女	管信	76	70	88
15	各科总分						
16	各科平均分						

图 5-59　学生成绩表 2

具体操作步骤如下：

(1)打开要进行合并计算的工作簿。

提示：参与合并计算的数据区域应满足数据列表的条件且应位于单独的工作表中，不要放置在合并后的主工作表中，同时确保参与合并计算的数据区域都具有相同的布局。

(2)切换到放置合并数据的汇总成绩表中，在要显示合并数据的单元格区域中，单击左上方的单元格。本例中选择表中 A1 单元格。

(3)在"数据"选项卡上的"数据工具"组中，单击"合并计算"按钮，打开"合并计算"对话框，如图 5-60 所示。

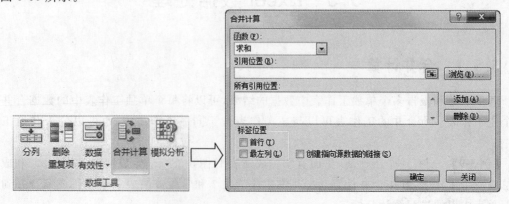

图 5-60　打开"合并计算"对话框

(4)在"函数"下拉列表框中,选择一个汇总函数。此处选择"求和"函数。

(5)在"引用位置"框中单击鼠标,然后在包含要对其进行合并计算的数据的工作表中选择合并区域。此处,单击工作表标签"学生成绩表 1",选择其中的单元格区域 E3:G14。

🐛提示:如果包含合并计算数据的工作表位于另一个工作簿中,可单击"浏览"按钮打开该工作簿,并选择相应的工作表区域。

(6)在"合并计算"对话框中,单击"添加"按钮,选定的合并计算区域显示在"所有引用位置"列表框中。

(7)重复步骤(5)和(6)添加"学生成绩表 2"中的区域 E3:G14 到"所有引用位置"列表框中。

(8)在"标签位置"组下,按照需要单击选中表示标签在源数据区域中所在位置的复选框,可以只选一个,也可以两者都选。此处,单击选中"首行"复选框。

🐛提示:当所有合并计算数据所在的源区域具有完全相同的行列标签时,无需选中"标签位置"。当一个源区域中的标签与其他区域都不相同时,将会导致合并计算中出现单独的行或列。一般情况下,只有当包含数据的工作表位于另一个工作簿中时才选中"创建指向源数据的链接"复选框,以便合并数据能够在另一个工作簿中的源数据发生变化时自动进行更新。

(9)单击"确定"按钮,完成数据合并,合并后成绩汇总表如图 5-61 所示。

	A	B	C	D	E	F	G
1	85	95	65	67	80	75	
2	95	89	96	89	90	78	
3	52	89	88	69	78	79	
4	96	87	78	90	67	98	
5	55	65	85	67	60	69	
6	96	88	98	89	72	78	
7	90	93	97	78	63	90	
8	65	79	89	70	79	80	
9	83	65	86	56	82	79	
10	75	69	97	75	90	65	
11	84	89	56	80	85	68	
12	79	92	93	76	70	88	
13							

图 5-61　成绩汇总表

(10)对合并后的数据进一步修改完善。例如,可以在成绩汇总表首列前插入"学号"列,还可以通过 VLOOKUP 函数从"学生成绩表"中查找学生的姓名插入到学号列之后。

5.5.2　对数据进行排序

排序是指按指定的字段值重新调整记录的顺序,这个指定的字段称为排序关键字,排序时可以按照从高到低的顺序排列,称为降序或递减,也可以按从低到高的顺序排列,称为升序或递增。

排序时,在"开始"选项卡中,单击"编辑"组中"排序和筛选"按钮的下拉箭头,若排序是根据数据表中的某一字段进行升序或降序的排序,选择"升序"或"降序"按钮即可。若排序涉及多个字段时执行下拉菜单中的"自定义排序"命令,打开"排序"对话框(如图 5-62 所示),在对话框中进行排序条件的设置。

在排序时,所有记录按主要关键字的顺序排列,如果有些记录的主要关键字的值相同,则这些记录再按次要关键字排序,方法是单击对话框中的"添加条件"按钮,设置次要关键字,如果某些记录的主要关键字和次要关键字都相同,则可以再设置下一个次要关键字,这些记录再

图 5-62 "排序"对话框

按下一个次要关键字进行排序。

对话框中的复选框"数据包含标题"用来指定第一行是否是字段名,如果选中此框,则数据中第一行是字段名,不参与排序,取消选中此框,则第一行也作为数据和其他行一起进行排序。

5.5.3 从数据中筛选

筛选记录是指集中显示满足条件的记录,而将不满足条件的记录暂时隐藏起来。筛选分为以下三种:

(1)自动筛选

选择数据区域中的任一单元格,或者选择需要筛选的数据区域,单击"数据"选项卡"排序和筛选"组中的"筛选"按钮,在数据表中每个字段旁出现一个向下的小箭头,单击小箭头可以在下拉列表中选择筛选的选项(如图 5-63 所示)。如果再次单击"排序和筛选"组中的"筛选"按钮,则会取消筛选功能,数据表还原。

图 5-63 自动筛选

(2)自定义筛选

当较复杂的筛选条件无法用自动筛选来完成的时候,可以使用自定义筛选。

在自动筛选方式下,选择筛选单元格的筛选下拉按钮,在"文本筛选"列表中选择"自定义筛选"命令,弹出"自定义自动筛选方式"对话框,如图 5-64 所示,在对话框中设置筛选条件,最后单击"确定"按钮返回。

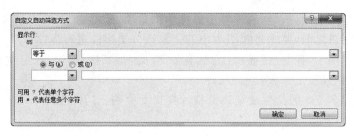

图 5-64   自定义筛选

（3）高级筛选

如果筛选条件更为复杂，则需要选择高级筛选。使用时需要事先在工作表中建立筛选条件，在筛选条件中列与列之间的关系为"与"，行与行之间的关系为"或"，选择相应的数据区域、条件区域和结果区域后则筛选的结果显示在结果区域。

【**例 5-10**】 将学生成绩表中数学成绩大于 80 分或者语文成绩大于 70 分的数据筛选出来。具体操作步骤如下：

①打开学生成绩表，在 B19 单元格中输入"数学"，在 B20 单元格中输入"＞80"，在 C19 单元格中输入"语文"，在 C20 单元格中输入"＞70"，如图 5-65 所示。

19		数学	语文
20		>80	>70

图 5-65   筛选条件

②在"数据"选项卡中，单击"排序和筛选"组中的"高级"按钮 ![高级] ，弹出"高级筛选"对话框，"列表区域"选择 A2：I16，"条件区域"选择 B19：C20，将筛选结果复制到区域 A21：I33 中，如图 5-66 所示。

图 5-66   "高级筛选"对话框

③单击"确定"按钮，即可将筛选结果显示到指定区域内，如图 5-67 所示。

21	学号	姓名	性别	专业	语文	数学	英语	总分	平均分
22	09001	李楠	男	计算机	85	95	65		
23	09002	柳叶	女	数学	95	89	96		
24	09004	杨芳	女	物理	96	87	78		
25	09006	韩国聪	男	中文	96	88	98		
26	09007	赵晓栋	男	化学	90	93	97		
27	09011	牛小磊	男	中文	84	89	56		
28	09012	李娜	女	管信	79	92	93		

图 5-67   筛选后结果

5.5.4 分类汇总与分级显示

利用公式或函数可以完成对某个字段进行求和、平均值等计算，如果数据表中还有一个字段是"班级"，要分别计算每个班学生的数学、物理总和等，就要用到分类汇总的方法，其中的

"班级"字段称为分类字段,数学、物理等字段称为汇总项,而求和、平均值则称为汇总方式。

在进行分类汇总之前,要先将数据表中的记录按分类字段进行排序。

选择"数据"选项卡,在"分级显示"组中单击"分类汇总"按钮,出现"分类汇总"对话框,在对话框中设置分类字段、汇总方式和汇总项。

【例 5-11】 对例 5-9 的学生成绩表分别计算男女生的三门课程的平均值。

操作过程如下:

①按分类字段"性别"将数据列表进行排序;

②选择"数据"选项卡,在"分级显示"组中单击"分类汇总"按钮,出现"分类汇总"对话框,如图 5-68 所示。

③在对话框中:

● 单击"分类字段"下拉箭头,在下拉列表框中选择"性别";

● "汇总方式"下拉列表框中有求和、计数、平均值、最大值、最小值等,这里选择"平均值";

● 在"选定汇总项"中选择"语文""数学"和"英语"。

④单击"确定"按钮,完成分类汇总,汇总结果如图 5-69 所示。

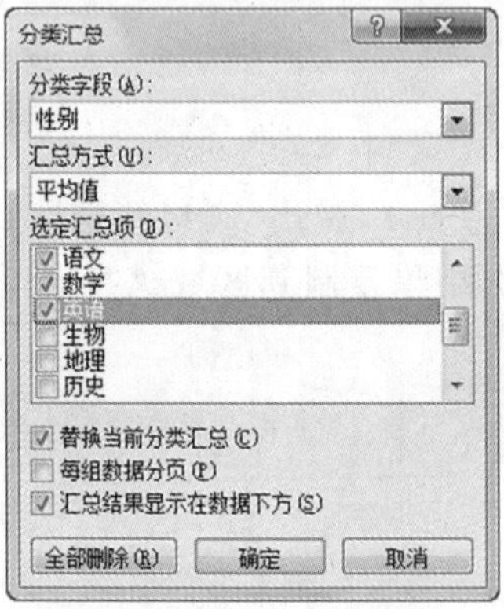

图 5-68 "分类汇总"对话框

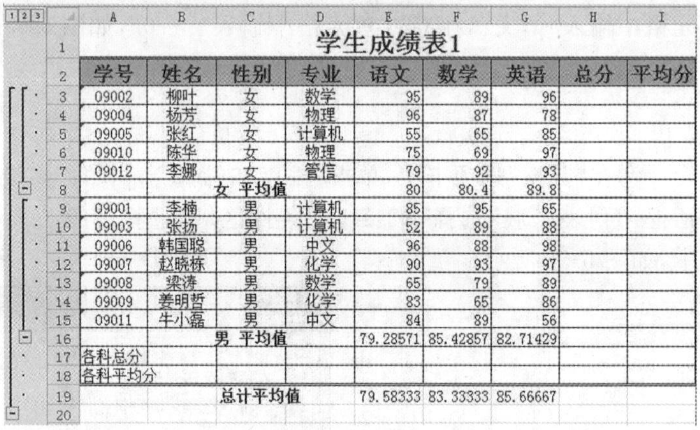

图 5-69 分类汇总的结果

分类汇总的结果通常按三级显示,可以通过单击分级显示区上方的三个按钮进行控制,单击"1"时,只显示列表中的列标题和总的汇总结果,单击"2"显示各个分类汇总结果和总的汇总结果,单击"3"时,显示全部数据和汇总结果。

在分级显示区中还有"+""-"等分级显示符号,其中"+"表示将高一级展开为低一级,"-"表示将低一级折叠为高一级。

如果要取消分类汇总,可以打开"分类汇总"对话框,在对话框中选择"全部删除"按钮即可。

实验一 利用函数计算员工加班费

1. 工作表的建立与编辑

【操作方法】

(1)启动 Excel 2010,在空白工作簿的 Sheet1 中输入如图 5-70 所示的员工加班统计表。

	员工加班统计表									
员工编号	员工姓名	所属部门	加班日期	星期	开始时间	结束时间	小时数	分钟数	加班标准	加班费总计
1001	张亮	采购部	2014/4/12		8:25	17:37				
1001	张亮	采购部	2014/4/20		8:45	14:20				
1002	李晓	财务部	2014/5/8		19:20	21:45				
1002	李晓	财务部	2014/5/19		19:00	21:15				
1003	王林	信息科	2014/5/21		19:20	22:25				

图 5-70　员工加班统计表

（2）将 Sheet1 重命名为"员工加班统计表"。

（3）以"ex1.xlsx"为文件名保存该工作簿到"我的文档"文件夹中。

（4）设置标题行样式：选择 A2:K2 区域，在"开始"选项卡中，单击"样式"选项组中的"单元格样式"按钮，在弹出的下拉菜单中选择一种样式，如图 5-71 所示，即可为标题行添加一种样式。

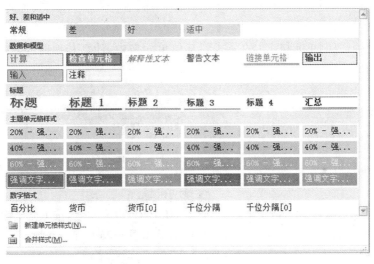

图 5-71　单元格样式下拉菜单

2. 工作表的计算

（1）计算加班时间：加班费计算标准为平时晚 7 点以后每小时 15 元，星期六和星期日加班每小时 20 元，加班时间在 30 分钟以上计 1 小时，不足 30 分钟计 0.5 小时。首先计算加班时间，具体步骤如下：

①选择单元格 E3，在编辑栏中输入公式"＝WEEKDAY(D3,1)"，按 Enter 键显示显示计算结果为"7"，如图 5-72 所示。

E3				=WEEKDAY(D3,1)						
A	B	C	D	E	F	G	H	I	J	K
	员工加班统计表									
员工编号	员工姓名	所属部门	加班日期	星期	开始时间	结束时间	小时数	分钟数	加班标准	加班费总计
1001	张亮	采购部	2014/4/12	7	8:25	17:37				
1001	张亮	采购部	2014/4/20		8:45	14:20				
1002	李晓	财务部	2014/5/8		19:20	21:45				
1002	李晓	财务部	2014/5/19		19:00	21:15				
1003	王林	信息科	2014/5/21		19:20	22:25				

图 5-72　WEEKDAY 函数返回值

②选中"星期"列，更改"星期"列单元格格式的分类为"日期"，设置"类型"为星期三，如图 5-73 所示。单击"确定"按钮，单元格 E3 显示为"星期六"。

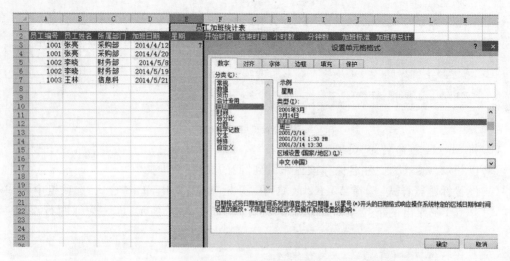

图 5-73 设置"星期"列单元格格式

③利用填充柄,复制单元格 E3 的公式到其他单元格中,计算其他时间对应的星期数,结果如图 5-74 所示。

	A	B	C	D	E	F	G	H	I	J	K
1					员工加班统计表						
2	员工编号	员工姓名	所属部门	加班日期	星期	开始时间	结束时间	小时数	分钟数	加班标准	加班费总计
3	1001	张亮	采购部	2014/4/12	星期六	8:25	17:37				
4	1001	张亮	采购部	2014/4/20	星期日	8:45	14:20				
5	1002	李晓	财务部	2014/5/8	星期四	19:20	21:45				
6	1002	李晓	财务部	2014/5/19	星期一	19:00	21:15				
7	1003	王林	信息科	2014/5/21	星期三	19:20	22:25				

图 5-74 "星期"列计算结果

④选择单元格 H3,在单元格中输入公式"=HOUR(G3-F3)",按 Enter 键即可显示加班的小时数,利用填充柄,完成其他时间的小时数,结果如图 5-75 所示。

	A	B	C	D	E	F	G	H	I	J	K
1					员工加班统计表						
2	员工编号	员工姓名	所属部门	加班日期	星期	开始时间	结束时间	小时数	分钟数	加班标准	加班费总计
3	1001	张亮	采购部	2014/4/12	星期六	8:25	17:37	9			
4	1001	张亮	采购部	2014/4/20	星期日	8:45	14:20	5			
5	1002	李晓	财务部	2014/5/8	星期四	19:20	21:45	2			
6	1002	李晓	财务部	2014/5/19	星期一	19:00	21:15	2			
7	1003	王林	信息科	2014/5/21	星期三	19:20	22:25	3			

图 5-75 小时数计算结果

⑤选择单元格 I3,在单元格中输入公式"=MINUTE(G3-F3)",按 Enter 键即可显示加班的分钟数,利用填充柄,完成其他时间的分钟数,结果如图 5-76 所示。

	A	B	C	D	E	F	G	H	I	J	K
1					员工加班统计表						
2	员工编号	员工姓名	所属部门	加班日期	星期	开始时间	结束时间	小时数	分钟数	加班标准	加班费总计
3	1001	张亮	采购部	2014/4/12	星期六	8:25	17:37	9	12		
4	1001	张亮	采购部	2014/4/20	星期日	8:45	14:20	5	35		
5	1002	李晓	财务部	2014/5/8	星期四	19:20	21:45	2	25		
6	1002	李晓	财务部	2014/5/19	星期一	19:00	21:15	2	15		
7	1003	王林	信息科	2014/5/21	星期三	19:20	22:25	3	5		

图 5-76 分钟数计算结果

(2)计算加班标准

选择单元格 J3,在单元格中输入公式"=IF(OR(E3=7,E3=1),"20","15")",按 Enter 键即可显示加班的标准,利用填充柄,完成其他加班标准的计算,结果如图 5-77 所示。

	A	B	C	D	E	F	G	H	I	J	K
1						员工加班统计表					
2	员工编号	员工姓名	所属部门	加班日期	星期	开始时间	结束时间	小时数	分钟数	加班标准	加班费总计
3	1001	张亮	采购部	2014/4/12	星期六	8:25	17:37	9	12	20	
4	1001	张亮	采购部	2014/4/20	星期日	8:45	14:20	5	35	20	
5	1002	李晓	财务部	2014/5/8	星期四	19:20	21:45	2	25	15	
6	1002	李晓	财务部	2014/5/19	星期一	19:00	21:15	2	15	15	
7	1003	王林	信息科	2014/5/21	星期三	19:20	22:25	3	5	15	

图 5-77　加班标准计算结果

（3）计算加班费

选择单元格 K3，在单元格中输入公式"＝（H3＋IF（I3＝0,0,IF（I3＞30,1,0.5）））＊J3"，按 Enter 键即可显示加班的费用，利用填充柄，完成其他加班费用的计算，结果如图 5-78 所示。

	A	B	C	D	E	F	G	H	I	J	K
1						员工加班统计表					
2	员工编号	员工姓名	所属部门	加班日期	星期	开始时间	结束时间	小时数	分钟数	加班标准	加班费总计
3	1001	张亮	采购部	2014/4/12	星期六	8:25	17:37	9	12	20	190
4	1001	张亮	采购部	2014/4/20	星期日	8:45	14:20	5	35	20	120
5	1002	李晓	财务部	2014/5/8	星期四	19:20	21:45	2	25	15	37.5
6	1002	李晓	财务部	2014/5/19	星期一	19:00	21:15	2	15	15	37.5
7	1003	王林	信息科	2014/5/21	星期三	19:20	22:25	3	5	15	52.5

图 5-78　加班费用计算结果

实验二　图表的制作

现有月收入对比表，如图 5-79 所示，请绘制月收入对比图。

	A	B	C	D	E	F	G	H	I	J	K	L	M
1	月收入对比												
2		1月	2月	3月	4月	5月	6月	7月	8月	9月	10月	11月	12月
3	2012年	1230	1530	1801	1640	1674	1428	1993	1735	1637	1923	1632	1956
4	2013年	2360	3001	3206	2832	2405	2743	3410	2540	3200	2896	3198	3620

图 5-79　月收入对比表

1.建立图表

具体操作步骤如下：

（1）启动 Excel 2010，打开一个空白工作簿的，在 Sheet1 中输入如图 5-80 所示的月收入对比表。

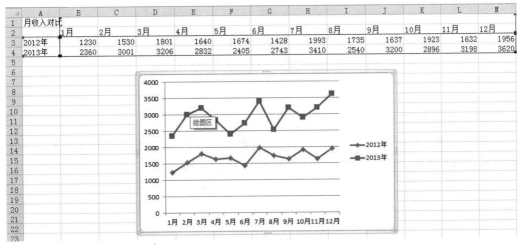

图 5-80　插入"带数据标记的折线图"

（2）将 Sheet1 改名为"月收入对比表"。

（3）以"ex2.xlsx"为文件名保存该工作簿到"我的文档"文件夹中。

（4）设置图表选项

①选择 A1:M4 单元格区域。

②选择"插入"选项卡，单击"图表"选项组中的"折线图"按钮，在弹出的下拉列表中选择"带数据标记的折线图"，结果如图 5-80 所示。

③选择图表，在"图表工具"|"布局"选项卡中，单击"坐标轴"选项组中的"网格线"按钮，在弹出的下拉菜单中选择"主要横网格线"|"主要网格线和次要网格线"选项，如图 5-81 所示，即可在图表中显示横向的网格线，如图 5-82 所示。

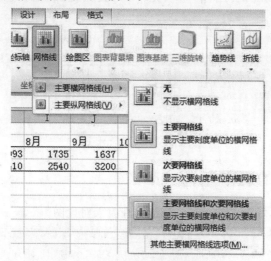

图 5-81　"网格线"下拉菜单

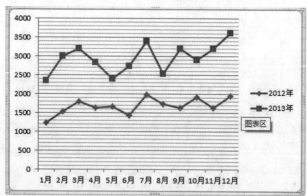

图 5-82　添加横向网格线后图表

2.添加数据标志

选择图表，在"布局"选项卡中，单击"标签"选项组中的"数据标签"按钮，在弹出的下拉菜单中选择"上方"选项，即可在图表中显示数据标签，如图 5-83 所示。

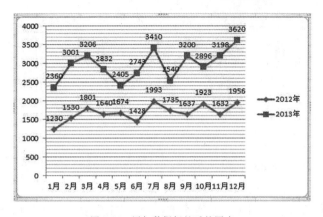

图 5-83　添加数据标签后的图表

3. 添加模拟运算表

选择图表,在"布局"选项卡中,单击"标签"选项组中的"模拟运算表"按钮,在弹出的下拉菜单中选择"显示模拟运算表"选项,在图表区域就会出现图表标题,将标题命名为"月收入对比图",如图 5-84 所示。

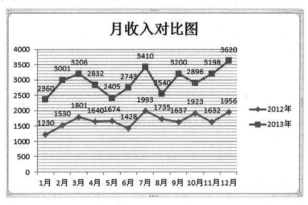

图 5-84　添加标题后图表

至此,完成月收入对比图的绘制。

　　习　题

【主要术语自测】

工作簿	自动填充	相对引用	数据排序
工作表	填充柄	绝对引用	分类汇总
单元格	条件格式	混合引用	公式
电子表格	单元格引用	数据清单	函数

【基本操作自测】

1. 新建一个工作簿,输入如图 5-85 所示的内容,用填充柄自动填充"序号",从"1 号"开始按顺序填充,计算"总价"列内容,将序号、名称和数量所在的三列的具体内容(包含序号、名称和数量三个单元格)复制到工作表 Sheet2 的 A1:C7 区域中。

	A	B	C	D	E	F
1	文化商品价格表					
2	序号	名称	数量	单价	总价	
3	1号	笔记本	60	0.5		
4		图画本	100	0.8		
5		英语本	70	0.5		
6		圆珠笔	150	0.5		
7		墨水	52	3		
8		钢笔	36	17		
9						
10						
11						
12						

Sheet1 / Sheet2 / Sheet3

图 5-85　文化商品价格表

2. 新建一个工作簿，输入如图 5-86 所示的内容，将工作表 Sheet1 的 A1:E1 的单元格合并为一个单元格，水平对齐方式设置为居中，计算“总计”行的内容；将工作表 Sheet2 命名为“连锁店销售情况表”，选取工作表 Sheet1 的 A2:E5 单元格的内容建立“数据点折线图”，X 轴上的项为季度名称（系列产生在“行”），标题为“连锁店销售情况图”。

	A	B	C	D	E	F	G
1	连锁店销售额情况表（单位：万元）						
2	名称	第一季度	第二季度	第三季度	第四季度		
3	A连锁店	26.4	72.4	34.5	63.5		
4	B连锁店	35.6	23.4	54.5	58.4		
5	C连锁店	46.2	54.6	64.7	67.9		
6	总计						
7							
8							
9							
10							
11							
12							

Sheet1 / Sheet2 / Sheet3

图 5-86　连锁店销售额情况表

3. 新建一个工作簿，输入如图 5-87 所示的内容，计算考生的平均分，筛选“Word”成绩在 20～30 的考生信息，按筛选后的结果将考生的姓名和“Word”成绩用簇状柱形图表示出来存放到 Sheet1 中。

	A	B	C	D	E	F	G	H
1	考号	姓名	理论	Word	Excel	Powerpoint	平均分	
2	7091	曹希花	27	16	24	16		
3	7058	孙敬敬	27	14	23	14		
4	7059	胡成林	26	16	23	16		
5	7124	贾存明	24	15	23	15		
6	7125	贾晓玲	24	25	23	15		
7	7005	崔建勇	23	25	22	6		
8	7107	常静	27	24	24	16		
9	7070	陈英霞	27	24	22	17		
10	7056	赵建永	26	16	23	17		
11	7115	孙法刚	26	17	23	17		
12	7065	贾玉泰	26	17	23	16		
13	7117	樊红亮	25	17	23	16		
14	7122	杨慧君	24	24	23	18		
15	7026	马翠华	24	24	24	15		
16	7007	张法梅	24	24	0	14		
17	7006	董洪斌	23	24	24	16		

Sheet1 / Sheet2 / Sheet3

图 5-87　期末成绩表

【填空题】

1. Excel 工作簿最小组成单位是_____。

2. 在对数据清单分类汇总前,必须做的操作是_____。

3. 函数 MIN(10,7,12,0)的返回值是_____。

4. Excel 2010 中,选定多个不连续的行所用的键是_____。

5. 在编辑菜单中,可以将选定单元格的内容清空,而保留单元格格式信息的是_____。

6. 公式被复制后,公式中参数的地址随之发生相应的变化的引用叫_____。

7. Excel 2010 中共有_____种图表类型。

8. 在默认状态下,单元格内文字对齐方式是_____。

9. 要选取不相邻的几张工作表可以在单击第一张工作表之后按住_____键不放,再分别单击其他的工作表。

10. 在 Excel 的编辑栏中输入公式时,应先输入的符号是_____。

【选择题】

1. Excel 中的填充柄位于(　　)。

A. 功能区   B. 工具栏里

C. 当前单元格的右下角   D. 状态栏

2. 在 Excel 中 A1 单元格行变列不变的引用格式是(　　)。

A. A$1   B. $A1   C. A1   D. A1

3. 在 Excel 中,如果同时打开了四个工作簿,单击"关闭窗口"按钮会将(　　)工作簿关闭。

A. 1 个   B. 2 个   C. 3 个   D. 4 个

4. 在选定单元格后进行插入行操作,新行会出现在(　　)。

A. 当前行上方   B. 当前行下方   C. 当前行末端   D. 末行

5. 在 Excel 中,要使表格的前几行信息不随滚动条的移动发生变化可以使用(　　)命令来实现。

A. 拆分窗口   B. 冻结窗格

C. 新建窗口   D. 重排窗口

6. 在 Excel 工作表中,选定某单元格,执行删除操作时,不可能完成的操作是(　　)。

A. 删除该行   B. 右侧单元格左移

C. 删除该列   D. 左侧单元格右移

7. 如果想在单元格中输入一个编号 00010,应该先输入(　　)。

A. =   B. ′   C. "   D. (

8. Excel 中向单元格输入 3/5 Excel 会认为是(　　)。

A. 分数 3/5   B. 日期 3 月 5 日   C. 小数 3.5   D. 错误数据

9. Excel 中取消工作表的自动筛选后(　　)。

A. 工作表的数据消失   B. 工作表恢复原样

C. 只剩下符合筛选条件的记录   D. 不能取消自动筛选

10. Excel 的数据筛选,下列说法中正确的是(　　)。

A. 筛选后的表格中只含有符合条件的行,其他行被删除

B. 筛选后的表格中只含有符合筛选条件的行,其他行被隐藏

C. 筛选条件只能是一个固定的值

D. 筛选条件不能由用户自定义,只能由系统确定

6

第6章　　　　演示文稿制作

本章学习要求

1. 熟悉 PowerPoint 2010 的使用环境。
2. 了解演示文稿的各种视图模式。
3. 掌握演示文稿的创建及编辑。
4. 掌握幻灯片的外观和播放效果设置。
5. 掌握幻灯片的放映方式。

6.1　PowerPoint 2010 系统概述

6.1.1　PowerPoint 简介

PowerPoint 作为演示文稿制作软件,提供了方便、快速建立演示文稿的功能,包括幻灯片的建立、插入、删除等基本功能,以及幻灯片版式的选用,幻灯片中信息的编辑及最基本的放映方式等。对于已建立的演示文稿,为了方便用户从不同角度阅读幻灯片,PowerPoint 提供了多种幻灯片浏览模式,包括普通视图、浏览视图、备注页视图、阅读视图和母版视图等。

为了更好地展示演示文稿的内容,利用 PowerPoint 可以对幻灯片的页面、主题、背景及母版进行外观设计;对于演示文稿中的每张幻灯片,可利用 PowerPoint 提供的丰富的对象编辑功能,根据用户的需求设置具有多媒体效果的幻灯片。PowerPoint 提供了具有动态性和交互性的演示文稿放映方式,通过设置幻灯片中对象的动画效果、幻灯片切换方式和放映控制方式,可以更加充分地展示演示文稿的内容和达到预期的目的。演示文稿还可以打包输出和格式转换,以便在未安装 PowerPoint 的计算机上放映演示文稿。

6.1.2　PowerPoint 2010 窗口

1. 启动 PowerPoint 2010

下列方法之一可启动 PowerPoint 2010 应用程序:

(1)单击"开始"|"所有程序"|"Microsoft Office"|"Microsoft PowerPoint 2010"命令。

（2）双击桌面上的 PowerPoint 2010 快捷方式图标或应用程序图标。

（3）双击文件夹中已存在的 PowerPoint 演示文稿文件，启动 PowerPoint 并打开该演示文稿。

使用方法 1 和方法 2，系统将启动 PowerPoint 2010，并在 PowerPoint 窗口中自动生成一个名为"演示文稿 1"的空白演示文稿，如图 6-1 所示；使用方法 3 将打开已存在的演示文稿，在此也可以新建空白演示文稿。

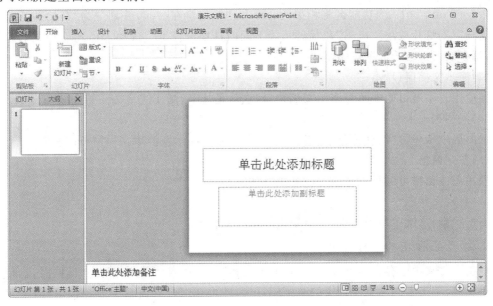

图 6-1　空白演示文稿

2. PowerPoint 2010 的窗口组成

PowerPoint 2010 窗口的启动与其他 Office 应用程序的启动方式相同，启动 PowerPoint 2010 后，其窗口如图 6-2 所示。

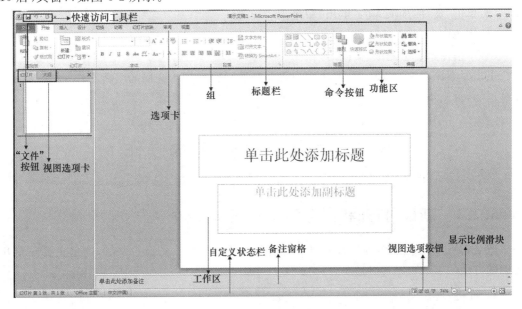

图 6-2　PowerPoint 2010 窗口

在图 6-2 中，PowerPoint 2010 的窗口主要由标题栏、功能区、演示文稿窗口（工作区）、视图选项卡、备注窗格以及自定义状态栏六部分组成。

（1）标题栏

标题栏位于窗口的顶部，包括"快速访问工具栏"、演示文稿名、"最小化"按钮、"最大化/还原"按钮和"关闭"按钮等。

（2）功能区

PowerPoint 2010 的功能区将相关的命令和功能组合在一起，并划分为"开始""插入""设计""动画""幻灯片放映""审阅"和"视图"等不同的选项卡。每个选项卡由功能相关的若干组组成，每个组又由若干命令按钮组成。

（3）演示文稿窗口

在应用程序窗口的中间是演示文稿窗口，这就是加工、制作演示文稿的区域。

（4）视图选项卡

视图选项卡包含"幻灯片"选项卡和"大纲"选项卡，显示在演示文稿窗口的左侧。

（5）备注窗格

使用备注窗格可编写关于该幻灯片的备注。

（6）自定义状态栏

右击状态栏，选中所需选项，可自定义状态栏的内容。

3. 打开已存在的演示文稿

双击文件夹中已存在的 PowerPoint 演示文稿文件，在启动 PowerPoint 的同时，也打开了该演示文稿，单击大纲浏览窗口中的某张幻灯片，即可在幻灯片窗口中显示该幻灯片，并进行编辑。

4. 退出 PowerPoint

下列方法之一可以退出 PowerPoint 应用程序：

（1）双击窗口快速访问工具栏左端的控制菜单图标按钮。

（2）单击"文件"选项卡的"退出"命令。

（3）按 Alt＋F4 键。

（4）单击窗口右上角的"关闭"按钮。

退出时系统会弹出对话框，要求用户确认是否保存对演示文稿的编辑工作，选择"保存"则存盘退出，否则不存盘。

6.2　演示文稿的基本操作

6.2.1　新建、打开和保存演示文稿

PowerPoint 提供了多种创建新演示文稿和打开已有演示文稿的方法，这里主要介绍几种常用的方法。

1. 新建演示文稿

（1）新建空白演示文稿。启动 PowerPoint 2010 应用程序后，系统默认创建了名为"演示

文稿 1"的空白演示文稿。或者选择"文件"选项卡,单击"新建"命令,在"可用的模板和主题"列表框下,选择"空白演示文稿"图标后,单击"创建"按钮,也能创建一个空白演示文稿。

(2)利用模板创建演示文稿。设计模板包含配色方案、具有自定义格式的幻灯片和标题母版,以及文字样式,它们都可用来创建特殊外观的演示文稿。在演示文稿中应用设计模板时,新模板的幻灯片母版、标题母版和配色方案将取代原演示文稿的幻灯片母版、标题母版和配色方案。应用设计模板之后,再添加的每张幻灯片都会拥有相同的自定义外观。

PowerPoint 2010 提供了一些专业设计的模板,用户可以选择"文件"|"新建"|"样本模板"命令进行使用,如图 6-3 所示。也可选择"文件"|"新建"命令,从"Office.com 模板"中在线选择,如图 6-4 所示。

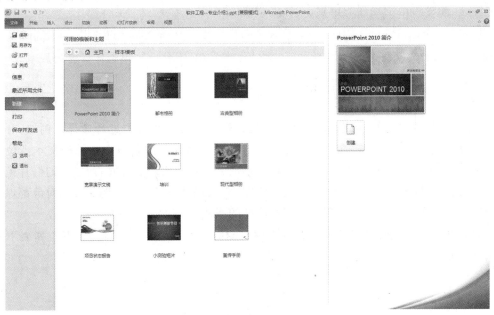

图 6-3　样本模板

图 6-4　在线模板

（3）利用主题创建演示文稿。选择"文件"选项卡，单击"新建"命令，在"可用的模板和主题"列表框下，单击"主题"图标后，选择需要的主题样式，单击"创建"即可。

2.打开演示文稿

打开演示文稿的方法有很多。一般可以直接双击现有的演示文稿文件，或者利用"文件"选项卡中的"打开"命令，在弹出的"打开"对话框中选择需要打开的演示文稿文件，也可以在"最近使用的文件"列表中，快速打开最近使用过的演示文稿。

3.保存演示文稿

利用"文件"选项卡中的"保存"命令可将编辑后的文件直接以原文件名和原位置保存，利用"另存为"命令可改变保存的位置、文件名和文件格式。

注意：PowerPoint 2010 文件的默认保存格式为".pptx"，而早期的 PowerPoint 版本的文件格式为".ppt"，因此在保存的时候可以在"保存类型"下拉列表中选择保存的版本。

6.2.2 幻灯片版式应用

创建新幻灯片时，用户可以从 11 张预先设计好的幻灯片版式中进行选择。例如，有一个版式包含标题和文本占位符，而另一个版式包含标题和剪贴画占位符。标题和文本占位符依照演示文稿中的幻灯片模板的格式，用户可以移动或重置其大小和版式，使之与幻灯片模板不同，也可以在创建幻灯片之后修改其版式。应用一个新的版式时，所有的文本和对象都保留在幻灯片中，但是可能需要重新排列它们以适应新的版式。

选择"开始"|"新建幻灯片"命令，就可进行选择，也可以在"版式"![版式]下拉列表下进行修改，如图 6-5 所示。

图 6-5 "版式"下拉列表

6.2.3 插入和删除幻灯片

新建演示文稿后，将自动新建一张幻灯片，幻灯片是组成演示文稿的基本元素，一般来说，一个演示文稿往往是由多张幻灯片组成的。

1. 插入幻灯片

（1）插入新的幻灯片。在"开始"选项卡"幻灯片"组中，直接单击"新建幻灯片"按钮，即可在当前幻灯片后插入一张与当前幻灯片版式相同的幻灯片；或者单击"新建幻灯片"按钮的下拉箭头，在展开的列表中选择所需的幻灯片版式，如图6-6所示。

（2）插入其他演示文稿的幻灯片。在如图6-6所示的列表中选择"重用幻灯片"，窗口将出现"重用幻灯片"窗格（如图6-7所示），通过"浏览"按钮选择其他演示文稿，打开该演示文稿后选择需要插入的幻灯片即可。

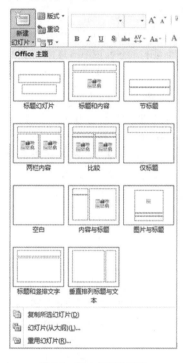

图6-6　插入幻灯片列表　　　　图6-7　"重用幻灯片"窗格

2. 删除幻灯片

删除单张幻灯片只需在普通视图中包含"大纲"和"幻灯片"选项卡的左窗格上，单击"幻灯片"选项卡，选中需要删除的幻灯片，直接按Delete键即可，也可以右击需要删除的幻灯片，再选择"删除幻灯片"命令。如要同时删除多张幻灯片，则通过按住Ctrl键并单击选中所有需要删除的幻灯片，删除方法同删除单张幻灯片操作。

6.2.4 编辑幻灯片信息

1. 使用占位符

在普通视图模式下，占位符是指幻灯片中被虚线框起来的部分，当使用了幻灯片版式或设计模板时,每张幻灯片均提供占位符。用户可在占位符内输入文字或插入图片等,一般占位符的文字字体具有固定格式,用户也可以通过选中文本内容更改。

2.使用"大纲"视图

文稿中的文字通常具有不同的层次结构,有时还通过项目符号来体现,可使用"大纲"视图进行文字编辑,方法如下:

(1)在"大纲"视图区内选择一张需编辑的幻灯片图标,可直接输入幻灯片标题,此时,按Enter 键可再插入一张新幻灯片,同样可输入该幻灯片的标题。

(2)在"大纲"视图区内新建一张幻灯片后,按 Tab 键可将其转换为之前幻灯片的下级标题,同时输入文字,再按 Enter 键,可输入多个同级标题。

在"大纲"视图区中,按 Ctrl+Enter 快捷键可插入一张新幻灯片,按 Shift+Enter 快捷键可实现换行输入。使用"大纲"视图输入的文本还可进行字体编辑等操作。

3.使用文本框

幻灯片中的占位符是一个特殊的文本框,包含预设的格式,出现在固定的位置,用户可对其进行更改格式、移动位置等操作。除使用占位符外,用户还可以在幻灯片的任意位置绘制文本框,并设置文本格式,展现用户需要的幻灯片布局。

(1)插入文本框

方法1:选择"插入"选项卡,单击"文本"组的"文本框"命令或单击"文本框"命令下拉按钮,可以幻灯片中插入文本框,并输入文本,按 Enter 键可输入多行。

方法2:选择"插入"选项卡,单击"插图"组的"形状"命令,在出现的下拉列表中选择"基本形状"中的图形,可以插入矩形、箭头等多种图形并输入文本。

(2)设置文本格式

选择"开始"选项卡,单击"字体"组和"段落"组的命令,可对文本的字体、字号、文字颜色进行设置,可对文本添加项目符号,设置文本行距等。

(3)设置文本框样式和格式

选中某一文本框时,功能区上方会出现"绘图工具"|"格式"选项卡,如图6-8所示,可设置文本框的形状样式和格式,插入艺术字,重新排列文本框等,在此还可插入新的文本框。

图6-8 "绘图工具"|"格式"选项卡

选择"绘图工具"|"格式"选项卡,单击"形状样式"左侧的下拉列表,可更改形状或线条的外观样式,选择右侧的命令,可进行"形状填充""形状轮廓""形状效果"设置。

选择"绘图工具"|"格式"选项卡,单击"形状样式"组右下侧的按钮或选择"绘图工具"|"格式"选项卡,单击"大小"组右下侧的按钮可弹出"设置形状格式"对话框,如图6-9所示,可进行形状填充、线条颜色、阴影、效果、三维格式、位置等的设置,使幻灯片更富可视性的感染力。

选择"绘图工具"|"格式"选项卡,单击"艺术字样式"组,可对已插入的艺术字进行颜色、字体、位置等样式进行设置。

图 6-9 "设置形状格式"对话框

6.2.5 复制和移动幻灯片

1. 复制幻灯片

在普通视图中包含"大纲"和"幻灯片"选项卡的左窗格上,单击"幻灯片"选项卡,右击需要复制的幻灯片,在弹出的快捷菜单中选择"复制"命令(Ctrl+C 键),然后单击"幻灯片"选项卡中需要插入副本的位置,单击"开始"选项卡上"粘贴"命令(Ctrl+V 键)即可。

2. 移动幻灯片

在普通视图中包含"大纲"和"幻灯片"选项卡的左窗格上,单击"幻灯片"选项卡,再单击需要移动的幻灯片,直接拖曳到目标位置。也可以通过"开始"选项卡的"剪切"命令(Ctrl+X 键),再单击"粘贴"命令(Ctrl+V 键)粘贴到目标位置。

6.2.6 放映幻灯片

单击位于屏幕右下角的"幻灯片放映"按钮,或在"幻灯片放映"|"开始放映幻灯片"中选择"从头开始"或"从当前幻灯片开始",即可切换到幻灯片放映视图中,如图 6-10 所示。

图 6-10 幻灯片放映视图

幻灯片放映视图就像一台幻灯放映机,演示文稿在计算机屏幕上呈现全屏外观。如果最终输出用于屏幕上演示幻灯片,使用幻灯片放映视图就特别有用。当然,在放映幻灯片时,可加入许多特效,使得演示过程更加有趣。

另外,PowerPoint 2010还允许在放映过程中设置绘图笔,加入屏幕注释,或者定位至某一张幻灯片等。只需右击,在弹出的快捷菜单中选择所需的命令即可。

6.3 演示文稿的视图模式

PowerPoint 2010提供了多种视图模式,如普通视图、幻灯片浏览视图、备注页视图、幻灯片放映视图和阅读视图等,另外,为了便于输出成为黑白幻灯片,还提供了幻灯片的黑白视图。其每种视图中都包含有特定的工作区、菜单命令、按钮和工具栏等组件。每种视图都有自己特定显示方式和加工特色,并且在一种视图中对演示文稿的修改和加工会自动反映在该演示文稿的其他视图中。视图之间的切换可以单击"视图"菜单中的各种视图命令。

6.3.1 普通视图

普通视图是PowerPoint 2010中使用最多的视图,单击位于屏幕右下角的普通视图切换按钮或选择"视图"菜单中的"普通视图"命令,均可切换到幻灯片的普通视图中。

普通视图是PowerPoint 2010中默认的视图方式,它主要用于幻灯片的编辑工作,在普通视图中,又包括两种视图方式:大纲视图和幻灯片视图。

单击普通视图左侧窗格的"大纲"可以切换到大纲视图,如图6-11所示。

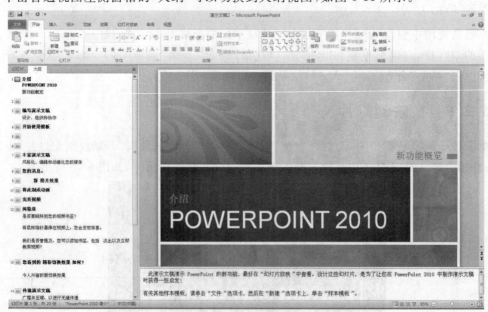

图6-11 大纲视图

在大纲视图中,仅显示幻灯片的标题和主要的文本信息,适合组织和创建演示文稿的内容。在该视图中,按编号由小到大的顺序和幻灯片内容的层次关系,显示演示文稿中全部幻灯片的编号、图表、标题和主要的文本信息等。

在 PowerPoint 2010 中,大纲视图与幻灯片视图非常相似,也将窗口分为三个区,只不过左窗格变得比较大,用于显示当前演示文稿的大纲结构。大纲文本由幻灯片标题和正文组成,每张幻灯片的标题都出现在数字编号和图标的旁边,每一级标题都是左对齐,下一级标题自动缩进。右上窗格用于预览幻灯片,右下窗格用于输入幻灯片的备注内容。拖动窗格的分隔线可以调整窗格的尺寸。

单击普通视图左侧窗格的"幻灯片"选项卡,可以切换到幻灯片视图,如图 6-12 所示。

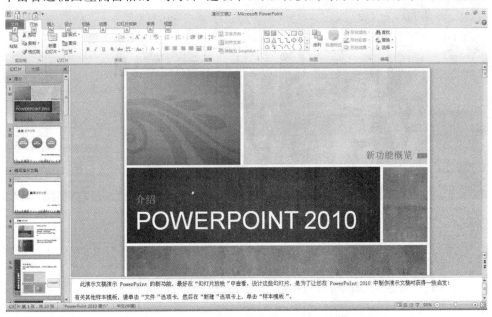

图 6-12 幻灯片视图

在 PowerPoint 2010 的幻灯片视图中,整个窗口的主体被幻灯片的编辑窗格所占据,仅在左边显示当前演示文稿中的幻灯片图标。在该视图中,一次只能操作一张幻灯片,可以详细观察和设计幻灯片。

在幻灯片视图中,可以看到整张幻灯片,如果要显示所需的幻灯片,可选择以下几种方法之一进行操作。

方法 1:直接拖动垂直滚动条,系统会提示切换的幻灯片编号和标题。如果已经移到所要的幻灯片时,松开鼠标左键即可切换到该幻灯片中。

方法 2:单击垂直滚动条中"上一张幻灯片"按钮,可切换到当前幻灯片的上一张;单击"下一张幻灯片",可切换到当前幻灯片的下一张。

6.3.2 幻灯片浏览视图

单击窗口右下角"幻灯片浏览"按钮或者选择"视图"|"幻灯片浏览"命令,均可切换到"幻灯片浏览视图"中,如图 6-13 所示。

在幻灯片浏览视图中,可以看到整个演示文稿的内容,它与普通视图不同的是,这些幻灯片是以缩略图形式显示的。这样用户不仅可以了解整个演示文稿的大致外观,还可以轻松地按顺序组织幻灯片,插入、删除或移动幻灯片,设置幻灯片放映方式,设置动画特效以及设置排练时间等。

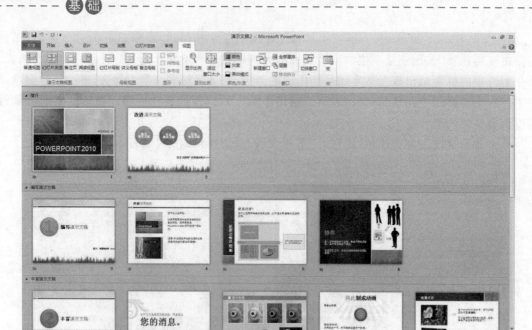

图 6-13　幻灯片浏览视图

6.3.3　备注页视图

选择"视图"|"备注页"命令,可切换到备注页视图,如图 6-14 所示。

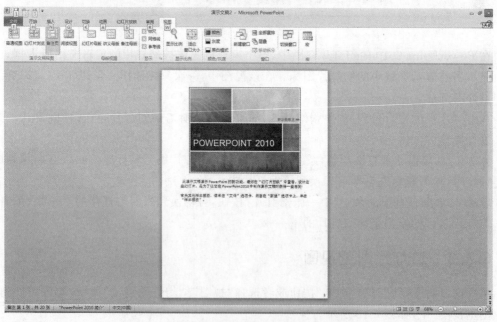

图 6-14　备注页视图

在备注页视图中,可以看到画面分成上下两部分:上面是幻灯片,下面是一个文本框。在文本框中可以输入备注内容,并且可以将其打印出来作为演讲稿。

在默认情况下,PowerPoint 2010 按整页缩放比例显示备注页。因此,在输入或编辑演讲备注内容时,按默认的显示比例阅读文本是比较困难的,可以适当增大显示比例。

6.3.4　阅读视图

选择"视图"|"阅读视图"命令,即可切换到阅读视图。它主要是将演示文稿作为适应窗口大小的幻灯片放映查看。如图 6-15 所示。

图 6-15　阅读视图

6.4　演示文稿的外观设计

6.4.1　使用内置主题

主题是一组统一的设计元素,它使用颜色、字体和效果来设置幻灯片的外观。PowerPoint 2010 提供了多个标准的预设主题,通过更改其颜色、字体和效果后生成自定义主题。

1.应用主题样式

在"设计"选项卡的"主题"组中,单击"主题"组的其他按钮,在展开的列表中选择所需的预设主题样式应用于当前演示文稿中的所有幻灯片。如果只是对选定的幻灯片应用主题,则可右击所需的主题样式,从弹出的快捷菜单中选择"应用于选定幻灯片"命令即可。如图 6-16 所示。

图 6-16　主题样式

2. 自定义主题

在"设计"选项卡的"主题"组中,可以通过"颜色""字体""效果"这三个按钮来自定义主题的颜色、字体和效果。还可以将自定义的主题保存下来。

6.4.2 背景设置

同样,为了美化演示文稿,可以对幻灯片的背景进行设置,主要包括背景颜色、阴影、图案和纹理等。这些设置不仅可以应用于当前幻灯片,还可以应用于所有幻灯片。

在"设计"选项卡"背景"组中单击"背景样式"按钮,在展开的背景样式库(如图 6-17 所示)中选择需要的背景样式,即将该背景样式应用于幻灯片。

要对选定的幻灯片设置背景,则需右击背景样式,从弹出的快捷菜单中选择"应用于选定幻灯片"命令。

在展开的下拉列表中单击"设置背景格式"命令,可打开"设置背景格式"对话框(如图6-18所示),通过该对话框可以设置背景的填充、图片更正、图片颜色和艺术效果。

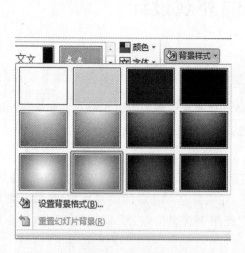

图 6-17　背景样式库

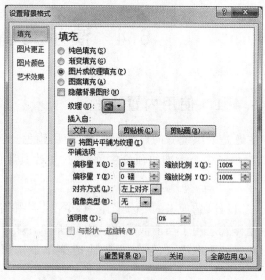

图 6-18　"设置背景格式"对话框

6.4.3 幻灯片母版制作

幻灯片母版控制幻灯片上所输入的标题和文本的格式和类型;标题母版控制标题幻灯片的格式,还能控制指定为标题幻灯片的所有幻灯片,例如某部分的开始。母版还包含背景项目,例如放在每张幻灯片上的图形。幻灯片母版上的修改会反映在每张幻灯片上,如果要使个别幻灯片上的外观与母版不同,应直接修改该幻灯片而不用修改母版。

选择"视图"|"母版"|"幻灯片母版"命令,将切换到"幻灯片母版"视图,如图 6-19 所示。在其中对幻灯片的母版进行修改和设置。

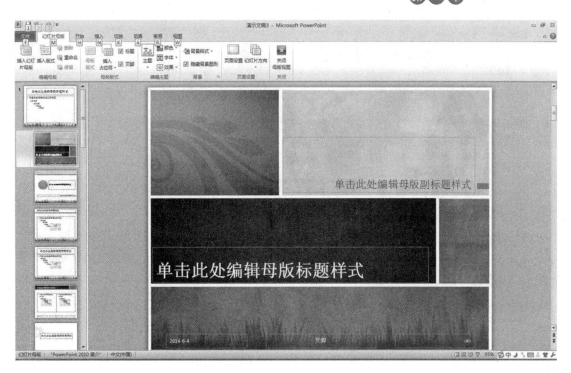

图 6-19　幻灯片母版

在 PowerPoint 2010 中新增"讲义母版"和"备注母版"视图,分别如图 6-20 和 6-21 所示。

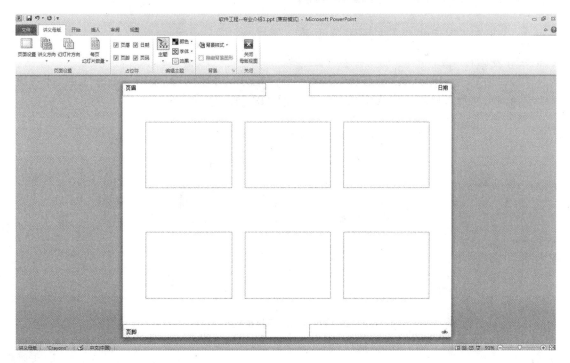

图 6-20　讲义母版

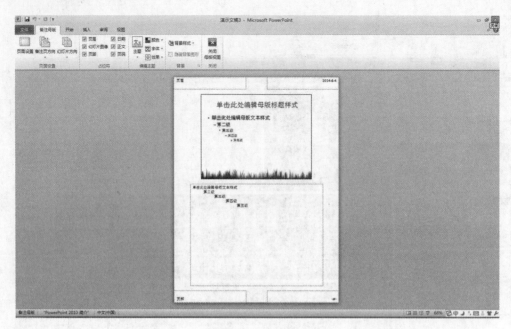

图 6-21　备注母版

 操作实践

实验　演示文稿的创建和编辑

1. 利用"空演示文稿"建立演示文稿

操作方法：

（1）启动 PowerPoint 2010，选择"文件"|"新建"菜单，在中间"可用的模板和主题"区域选择"空白演示文稿"，如图 6-22 所示，然后在右侧单击"创建"按钮。

图 6-22　可用的模板和主题

（2）演示文稿由一张标题幻灯片和若干张（不少于 5 张）幻灯片组成，演示文稿内容可根据教材自行选择。

（3）每张幻灯片应由标题和文本内容组成，可以根据需要插入一些图片。

（4）分别以"ex1.pptx"和"ex2.pptx"为文件名保存到"我的文档"文件夹中。

2.利用"主题"或"样本模板"建立演示文稿

操作方法：

(1)启动 PowerPoint 2010,选择"文件"|"新建"菜单,在中间"可用的模板和主题"区域选择"主题"或"样本模板",如图 6-22 所示,然后在右侧单击"创建"按钮。

(2)剩余其他操作参照 1 中的(2)(3)。

(3)以"ex3.pptx"为文件名保存到"我的文档"文件夹中。

3.应用设计模板

操作方法：

选择"设计"菜单的"主题"栏目,在其中选择合适的设计模板,对 ex1.ppt 应用设计模板,查看效果。模板类型根据需要和爱好自行选择。

4.利用母版设置格式

对 ex2.pptx 利用幻灯片母版进行格式设置。

操作方法：

(1)显示幻灯片编号,选择 24 号字,并将其放置在右上角。

(2)使演示文稿中所显示的日期随着当前日期变化。

(3)向幻灯片母版中插入一个图片,要求在标题幻灯片中不显示。

 习 题

【主要术语自测】

剪贴画	幻灯片	幻灯片版式	幻灯片设计
母版	动画	任务窗格	模板
演示文稿	切换	幻灯片放映	

【基本操作自测】

1.利用模板创建一演示文稿,以"我们的校园"为主题,内容丰富,富有感染力。

2.创建一演示文稿,以"家乡"为主题,设置其外观,并对其进行配色。

【填空题】

1.PowerPoint 2010 幻灯片默认的文件扩展名是_____。

2.要停止正在放映的幻灯片,只要按_____键即可。

3.在 PowerPoint 2010 中,从当前页开始播放幻灯片的快捷键是_____。

【选择题】

1.在 PowerPoint 2010 中,如果想要修改母版,可以使用(   )选项卡。

A."文件"   B."视图"   C."插入"   D."格式"

2.向 PowerPoint 2010 幻灯片中添加正文,是在(   )中输入。

A.剪贴板   B.对象   C.占位符   D.标题栏

3.以下选项中,不属于 PowerPoint 2010 窗口部分的内容是(   )。

A.幻灯片区   B.大纲区   C.备注区   D.编辑

4.在 PowerPoint 2010 中,复制文本时,如果在两张幻灯片上移动,则(   )。

A.文本无法复制   B.文本复制正常

C.文本会丢失   D.操作系统进入死锁状态

5.以下不属于页面设置内容的是(   )。

A.幻灯片大小   B.幻灯片方向

C.幻灯片页码   D.幻灯片编号起始值

第7章　计算机程序设计基础

本章学习要求

本章将介绍计算机程序设计的一些基本概念和基本方式,包括:数据结构与算法、程序设计基础、软件工程基础、数据库设计基础等。这些知识是学习计算机程序设计的基础,不仅针对 Visual FoxPro,对学习其他程序设计也同样重要。

在步入信息化时代的今天,计算机已经应用到了人类生活和社会发展的各个方面。学习计算机程序设计,最重要的是了解计算机工作的基本方式,培养利用计算机处理问题的思维方式,提高计算机应用能力。

7.1　数据结构与算法

计算机解决一个具体问题时,大致需要经过下列步骤:首先,从具体问题中抽象出一个适当的数学模型;然后,设计一个解决此问题的算法;再进行程序编写;最后,进行测试、调试,直至得到最终方案。在这个过程中,算法设计和程序设计是两项主要工作。本节主要介绍算法和数据结构的基础知识。算法是解决实际应用问题的步骤,数据结构是计算机存储、组织数据的方式。计算机算法与数据结构密切相关,算法依附于具体的数据结构,数据结构直接关系到算法的选择和效率,两者是相辅相成的。

7.1.1　算法的基本概念

1.算法的定义

算法是指解题方案的准确而完整的描述,通常由一系列清晰的指令构成。

2.算法的基本特征

算法由一组严谨的定义运算顺序的规则组成,每一个规则都是有效的、明确的,此顺序将在有限的次数下终止。具有以下特征:

(1)可行性。针对实际问题而设计的算法,执行后能够得到满意的结果。

(2)确定性。每一条指令的含义明确,无二义性。

(3)有穷性。算法必须在有限的时间内完成。

(4)拥有足够的情报。一个算法执行的结果总是与输入的初始数据有关,不同的输入将会有不同的结果输出。当输入不够或输入错误时,算法将无法执行或执行错误。一般来说,当算法拥有足够的情报时,此算法才是有效的;而当提供的情报不够时,算法可能无效。

3.算法的基本要素

(1)对数据的运算和操作

在一般的计算机系统中,基本的功能有:算术运算、逻辑运算、关系运算和数据传输。

(2)算法的控制结构

算法中各操作之间的执行顺序称为算法的控制结构。一个算法由顺序、选择、循环基本控制结构组合而成。

描述算法的工具通常有自然语言、传统流程图、N-S 高级计算机语言和伪代码等。

4.算法设计的基本方法

(1)列举法:根据提出的问题,列举所有可能的情况。

(2)归纳法:通过列举少量的情况,进行分析,最后找出一般的关系。

(3)递推法:从已知的初始条件出发,逐次推出所要求的各中间结果和最后结果。

(4)递归法:将问题逐层分解,当解决了最后的最简单问题后,再沿着原来分解的逆过程逐步进行综合。

(5)减半递推法:将问题的规模减半,而问题的性质不变。"递推"是指重复"减半"的过程。

(6)回溯法:通过对问题的分析,找出一个解决问题的线索,然后沿着这条线索逐步试探。

5.算法的复杂度

算法复杂度主要包括时间复杂度和空间复杂度。

(1)时间复杂度是指执行算法所需要的计算工作量,可以用执行算法过程中所需基本运算的执行次数来度量。

(2)空间复杂度是指执行这个算法所需要的内存空间。

7.1.2　数据结构的基本概念

1.数据结构的定义

数据结构是计算机存储、组织数据的方式,是指相互有关联的数据元素的集合。

通常情况下,优化的数据结构可以带来更高的运行或者存储效率。

2.数据结构主要研究的问题

(1)数据的逻辑结构

数据集合中各数据元素之间固有的逻辑关系,包含两类信息:

①数据元素本身的信息。

②各数据元素之间的前后件关系。

(2)数据的存储结构

各数据元素在计算机中的存储关系。包含:

①顺序存储。把逻辑上相邻的结点存储在物理位置相邻的存储单元里,结点间的逻辑关系由存储单元的位置关系来体现。

②链接存储。不要求逻辑上相邻的结点在物理位置上也相邻,结点间的逻辑关系是由附

加的指针字段表示的。

③索引存储。除建立存储结点信息,还建立附加的索引表来标识结点的地址。

数据的逻辑结构反映数据元素之间的逻辑关系,数据的存储结构(也称数据的物理结构)是数据的逻辑结构在计算机存储空间中的存储形式。同一种逻辑结构的数据可以采用不同的存储结构。

(3)数据的操作

可以对各种数据结构施加的运算。

3. 数据结构的表示

(1)二元组表示

数据的逻辑结构仅反映数据元素之间的前后关系,与它们在计算机中的存储位置无关。可以用二元组表示,记为:B=(D,R)。

其中,B 表示数据结构,D 表示数据元素的集合,R 表示数据元素之间的前后件关系。

【**例 7.1**】 用二元组表示一年四季的数据结构。

在四季关系中,春是夏的前件,而夏是春的后件。

B=(D,R)

D={春,夏,秋,冬}

R={<春,夏>,<夏,秋>,<秋,冬>}

(2)图形表示

一个数据结构除了用二元组表示外,还可以直观地用图形表示。在数据结构的图形表示中,数据集合 D 中的每一个数据元素用中间标有元素值的方框表示,称为数据结点,简称结点。为了表示各数据元素之间的前后件关系,对于关系 R 中的每一个二元组,用一条有向线段从前件结点指向后件结点。

【**例 7.2**】 用图形表示一年四季的数据结构,如图 7-1 所示。

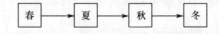

图 7-1 一年四季数据结构的图形表示

7.1.3 基本数据结构

1. 数据结构分类

数据结构分为两大类:线性结构和非线性结构。

(1)线性结构需满足下列两个条件:

①有且只有一个根结点(在数据结构中,没有前件的结点称为根结点)。

②每一个结点最多有一个前件,也最多有一个后件。

常见的线性结构有线性表、栈和队列等。

(2)非线性结构是不满足线性结构条件的数据结构。

常见的非线性结构有树、二叉树和图等。

2. 线性表

线性表是由 $n(n \geqslant 0)$ 个数据元素组成的一个有限序列,表中的每一个数据元素,除了第一个外,有且只有一个前件,除了最后一个外,有且只有一个后件。数据元素的位置只取决于自身的序号,元素之间的相对位置是线性的。线性表中数据元素的个数称为线性表的长度。线性表可以为空表。

线性表的存储方式包括顺序和链式两种存储结构。

(1)线性表顺序存储结构

在计算机中用一组地址连续的存储单元按逻辑顺序存储线性表中的各个数据元素,称作线性表的顺序存储结构。以顺序存储结构存储的线性表称为顺序表。

①顺序存储结构基本特点:

● 线性表中所有元素所占的存储空间是连续的。

● 线性表中各数据元素在存储空间中是按逻辑顺序依次存放的。

在线性表的顺序存储结构中,其前件后件两个元素在存储空间中是紧邻的,且前件元素一定存储在后件元素的前面。要在这种结构中查找某一个元素是很方便的,只要知道顺序表首地址和每个数据元素在内存中所占字节的大小,就可求出任何一个数据元素的地址。

②顺序表的插入、删除运算

● 顺序表的插入运算:在一般情况下,要在第 $i(1 \leqslant i \leqslant n)$ 个元素之前插入一个新元素,首先将第 i 个元素与最后一个(即第 n 个)元素之间共 $n-i+1$ 个元素依次向后移动一个位置,移动结束后,第 i 个位置就被空出,然后将新元素插入到第 i 项。插入结束后,线性表的长度加 1。

在进行顺序表的插入运算时需要移动元素,在等概率情况下,平均需要移动 $n/2$ 个元素。

● 顺序表的删除运算:在一般情况下,要删除第 $i(1 \leqslant i \leqslant n)$ 个元素,要将第 $i+1$ 个元素与第 n 个元素之间共 $n-i$ 个元素依次向前移动一个位置。删除结束后,线性表的长度减 1。

在进行顺序表的删除运算时也需要移动元素,在等概率情况下,平均需要移动 $(n-1)/2$ 个元素。

③线性表顺序存储的缺点

在顺序存储的线性表中,插入或删除数据元素时需要移动大量的数据元素,插入或删除的运算效率很低;线性表的存储空间不便于扩充;线性表的顺序存储结构不便于进行存储空间的动态分配。

(2)线性表链式存储结构

线性表的顺序存储结构在插入和删除操作时需移动大量的结点,对于大的线性表,尤其是元素变动频繁的大线性表不宜采用顺序存储结构,而是采用链式存储结构,简称线性链表。

线性链表是一种物理存储单元上非连续、非顺序的存储结构,数据元素的逻辑顺序是通过链表中的指针链接来实现的。在链式存储方式中,每个结点由两部分组成:一部分用于存放数据元素的值,称为数据域,另一部分用于存放指针,指向该结点的前一个或后一个结点(即前件或后件),称为指针域,如图 7-2 所示。

图 7-2 链表的结点结构

线性链表分为单链表、双向链表和循环链表三种类型。

在单链表中,每一个结点只有一个指针域,由这个指针只能找到其后件结点,而不能找到其前件结点,如图 7-3 所示。

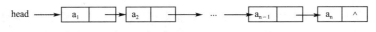

图 7-3 单链表示意图

在某些应用中,线性链表中的每个结点设置两个指针,一个称为左指针,指向其前件结点;另一个称为右指针,指向其后件结点,这种链表称为双向链表,如图 7-4 所示。

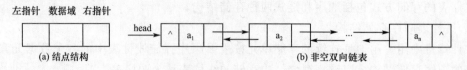

图 7-4　双向链表示意图

①线性链表的基本运算

- 在线性链表中包含指定元素的结点之前插入一个新元素。
- 在线性链表中删除包含指定元素的结点。
- 将两个线性链表按要求合并成一个线性链表。
- 将一个线性链表按要求进行分解。
- 逆转线性链表。
- 复制线性链表。
- 线性链表的排序。
- 线性链表的查找。

线性链表不能随机存取。在链表中,即使知道被访问结点的序号 i,也不能像顺序表中那样直接按序号 i 访问结点,而只能从链表的头指针出发,顺着链域逐个结点往下搜索,直至搜索到第 i 个结点为止。因此,链表不是随机存储结构。

②循环链表及其基本运算

在线性链表中,其插入与删除的运算虽然比较方便,但在运算过程中对于空表和对第一个结点的处理必须单独考虑,使空表与非空表的运算不统一。为了克服线性链表的这个缺点,可以采用另一种链接方式,即循环链表。

与线性链表相比,循环链表具有以下两个特点:其一,在链表中增加了一个表头结点,其数据域为任意值或者根据需要来设置,其指针域指向线性表的第一个元素的结点,而循环链表的头指针指向表头结点;其二,循环链表中最后一个结点的指针域不为空,而是指向表头结点。即在循环链表中,所有结点的指针构成了一个环状链。

循环链表的优点主要体现在两个方面:一是在循环链表中,只要指出表中任何一个结点的位置,就可以从它出发访问到表中其他所有结点,而线性链表做不到这一点;二是由于在循环链表中设置了一个表头结点,在任何情况下,循环链表中至少有一个结点存在,从而使空表与非空表的运算统一,如图 7-5 所示。

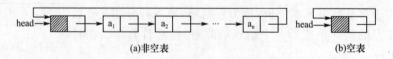

图 7-5　循环链表示意图

循环链表是在链表的基础上增加了一个表头结点,其插入和删除运算与线性链表相同。

3. 栈和队列

对线性表进行插入和删除操作时要移动大量元素,增加了时间复杂度,降低了系统的运行速度。为了避免移动大量元素,限定线性表进行的插入和删除操作只能在端点处进行,栈和队列就是这样两个特殊的操作受限的线性表。

（1）栈及其基本运算

栈是限定在一端进行插入与删除运算的线性表,如图 7-6 所示。

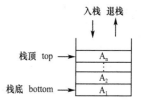

在栈中,允许插入与删除的一端称为栈顶(top),不允许插入与删除的一端称为栈底(bottom)。栈是按照"先进后出"或"后进先出"的原则组织数据的。

栈顶元素总是最后被插入的元素,栈底元素总是最先被插入的元素。当栈中没有元素时,称为空栈。

图 7-6　栈示意图

可以使用一维数组来作为栈的顺序存储空间,设指针 top 指向栈顶元素,以数组下标小的一端作为栈底,当 top＝0 时意为栈空,当有元素进栈时指针 top 加 1,当 top 等于数组的最大下标值时为栈满。

栈的常用运算有三种:入栈、退栈、读栈顶元素。

①入栈运算

入栈运算是指在栈顶位置插入一个新元素。首先将栈顶指针 top 加 1,然后将新元素插入到栈顶指针 top 所指向的位置。当栈顶指针 top 指向栈的存储空间的最后一个位置,说明栈已经为满,不能进行入栈运算,这种情况称为栈"上溢"错误。

②退栈运算

退栈运算是指在栈顶位置退出一个元素。首先将栈顶指针 top 所指向的元素赋给一个指定的变量,然后将栈顶指针 top 减 1。当栈顶指针 top 为 0 时,表明栈已经为空,不能进行退栈运算,这种情况称为栈"下溢"错误。

③读栈顶元素运算

读栈顶元素运算是指将栈顶元素赋给一个指定的变量。这个运算不是删除栈顶元素,而是将它赋给一个变量,因此栈顶指针 top 不会改变。当栈顶指针 top 为 0 时,说明栈空,读不到栈顶元素。图 7-7 是栈的几种运算示意图。

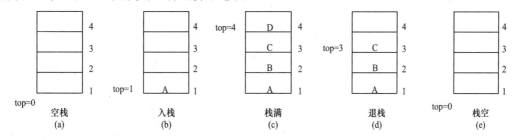

图 7-7　栈的运算示意图

（2）队列及其基本运算

①队列是指允许在一端(队尾)进行插入,而在另一端(队头)进行删除的线性表。尾指针(rear)指向队尾元素,头指针(front)指向排头元素的前一个位置(队头)。如图 7-8 所示。

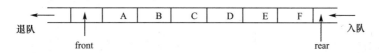

图 7-8　队列示意图

队列是按照"先进先出"或"后进后出"的原则组织数据的。

②队列的常用运算有两种:入队运算和退队运算。入队运算是指从队尾插入一个元素;退

队运算是指从队头删除一个元素。如图7-9所示。

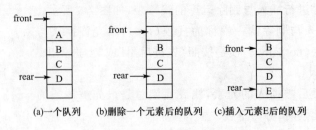

(a)一个队列　　(b)删除一个元素后的队列　(c)插入元素E后的队列

图7-9　队列运算示意图

③循环队列

循环队列是将队列存储空间的最后一个位置绕到第一个位置,形成逻辑上的环状空间,供队列循环使用。

循环队列是逻辑上循环的队列。在循环队列中,用尾指针 rear 指向队列中的队尾元素,用头指针 front 指向排头元素的前一个位置,从头指针 front 指向的后一个位置直到尾指针 rear 指向的位置之间,所有的元素均为队列中的元素。

循环队列中元素的个数＝rear－front。

4.树与二叉树

(1)树的基本概念

树是一种简单的非线性结构。在树结构中,所有数据元素之间的关系具有明显的层次特性。

● 父结点:树结构的每一个结点只有一个前件,称为父结点。

● 根结点:没有前件的结点只有一个,称为树的根结点,简称树的根。

● 子结点:每一个结点可以有多个后件,称为该结点的子结点。

● 叶子结点:没有后件的结点称为叶子结点,叶子结点度为0。

● 子树:以某结点的一个子结点为根构成的树称为该结点的一棵子树。

● 结点的度:一个结点所拥有的后件个数称为该结点的度。

● 结点层次:根结点在第一层,根的子结点在第二层,若某结点在第 k 层,其子结点为 $k+1$ 层。

● 树的度:一个结点所拥有的后件的个数称为该结点的度,所有结点中最大的度称为树的度。树的最大层次称为树的深度。

(2)二叉树及其基本性质

二叉树是一种很有用的非线性结构,其特点是:非空二叉树只有一个根结点;每一个结点最多有两棵子树,且分别称为该结点的左子树与右子树。

根据二叉树的概念可知,二叉树的度可以为0(叶子结点)、1(只有一棵子树)或2(有两棵子树)。

①二叉树的基本性质

● 在二叉树的第 k 层上,最多有 $2^{k-1}(k\geqslant1)$ 个结点。

● 深度为 m 的二叉树最多有个 2^m-1 个结点。

● 在任意一棵二叉树中,度为0的结点(即叶子结点)总比度为2的结点多一个。

● 具有 n 个结点的二叉树,其深度至少为 $[\log_2 n]+1$($[\log_2 n]$ 表示对 $\log_2 n$ 取整)。

②满二叉树与完全二叉树

● 满二叉树:除最后一层外,每一层上的所有结点都有两个子结点。如图7-10(a)所示。

● 完全二叉树:除最后一层外,每一层上的结点数均达到最大值;在最后一层上只缺少右边的若干结点。如图7-10(b)所示。

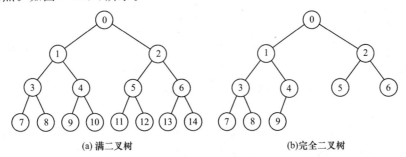

(a) 满二叉树   (b) 完全二叉树

图 7-10   满二叉树与完全二叉树示意图

完全二叉树还具有如下两个特性:

● 具有 n 个结点的完全二叉树深度为 $[\log_2 n]+1$。

● 设完全二叉树共有 n 个结点,如果从根结点开始,按层序(每一层从左到右)用自然数 $1,2,\cdots,n$ 对结点进行编号,对于编号为 $k(k=1,2,\cdots,n)$ 的结点有以下结论:

若 $k=1$,则该结点为根结点,它没有父结点。

若 $k>1$,则该结点的父结点的编号为 $\text{INT}(k/2)$。

若 $2k \leq n$,则编号为 k 的左子结点编号为 $2k$;否则该结点无左子结点。

若 $2k+1 \leq n$,则编号为 k 的右子结点编号为 $2k+1$;否则该结点无右子结点。

③二叉树的存储结构

在计算机中,二叉树通常采用链式存储结构,称为二叉链表。

与线性链表类似,用于存储二叉树中各元素的存储结点也由两部分组成:数据域和指针域。但在二叉树中,由于每一个元素可以有两个后件(即两个子结点)。因此,用于存储二叉树的存储结点的指针域有两个:一个用于指向该结点的左子结点的存储位置,称为左指针域;另一个用于指向该结点的右子结点的存储位置,称为右指针域。

一般二叉树通常采用链式存储结构,对于满二叉树与完全二叉树来说,可以按层序进行顺序存储。

④二叉树的遍历

二叉树的遍历是指不重复地访问二叉树中的所有结点。若二叉树为空,则结束返回。否则,可采用三种不同的方式进行遍历:

● 前序遍历(DLR):首先访问各子树根结点,然后遍历左子树,最后遍历右子树;并且在遍历左、右子树时,仍然先访问各子树根结点,然后遍历左子树,最后遍历右子树。

● 中序遍历(LDR):首先遍历左子树,然后访问根结点,最后遍历右子树;并且在遍历左、右子树时,仍然先遍历左子树,然后访问各子树根结点,最后遍历右子树。

● 后序遍历(LRD):首先遍历左子树,然后遍历右子树,最后访问根结点;并且在遍历左、右子树时,仍然先遍历左子树,然后遍历右子树,最后访问各子树根结点。

【例7.3】   如图7-10(b)所示,完全二叉树的遍历方式分别为:

前序遍历:0137849256;

251

中序遍历:7381940526;

后序遍历:7839415620。

5.算法中常用技术

(1)查找技术

①基本概念

● 查找:根据给定的某个值,在查找表中确定一个其关键字等于给定值的数据元素。

● 查找结果:查找成功——找到;查找不成功——没找到。

● 平均查找长度:查找过程中关键字和给定值比较的平均次数。

②顺序查找

基本思想:从表中的第一个元素开始,将给定的值与表中逐个元素的关键字进行比较,直到两者相符,查到所要找的元素为止。否则查找不成功。

对于长度为 n 的线性表,利用顺序查找法在线性表中查找一个元素,平均要与线性表中一半的元素进行比较,即比较 $n/2$ 次,最坏情况下需要比较 n 次。

下列情况下只能采用顺序查找:

● 如果线性表是无序表(即表中元素的排列是无序的),则不管是顺序存储结构还是链式存储结构,都只能用顺序查找。

● 即使是有序线性表,如果采用链式存储结构,也只能用顺序查找。

③二分法查找

基本思想:先确定待查找记录所在的范围,然后逐步缩小范围,直到找到或确认找不到该记录为止。

前提:必须在具有顺序存储结构的有序表中进行。

设有序线性表的长度为 n,被查元素为 x,则二分查找方法如下:

● 若中间项(中间项 $mid=(n-1)/2$,mid 的值四舍五入取整)的值等于 x,表示已查到;

● 若 x 小于中间项的值,则在线性表的前半部分以相同方法进行查找;

● 若 x 大于中间项的值,则在线性表的后半部分以相同方法进行查找。

特点:二分法查找只适用于顺序存储的线性表,且表中元素必须按关键字有序排列;比顺序查找方法效率高;最坏的情况下,需要比较 $\log_2 n$ 次。

(2)排序技术

排序是指将一个无序序列整理成按值非递减顺序排列的有序序列的一种操作。

各种排序方法比较见表 7-1。

表 7-1　　　　　　　　　　　　　　**各种排序方法比较**

类别	排序方法	基本思想	时间复杂度
交换类	冒泡排序	相邻元素比较,不满足条件时交换	$n(n-1)/2$
	快速排序	选择基准元素,通过交换,划分成两个子序列	$O(n\log_2 n)$
插入类	简单插入排序	将待排序的元素看成一个有序表和一个无序表,将无序表中元素插入到有序表中	$n(n-1)/2$
	希尔排序	分割成若干个子序列,分别进行直接插入排序	$O(n^{1.5})$
选择类	简单选择排序	扫描整个线性表,从中选出最小的元素,将它交换到表的最前面	$n(n-1)/2$
	堆排序	选建堆,然后将堆顶元素与堆中最后一个元素交换,再调整为堆	$O(n\log_2 n)$

7.2　程序设计基础

程序是按某种顺序排列的,能完成某种功能的指令集合。程序设计是给出解决特定问题程序的过程。好的程序设计能使程序更加科学、可靠、易读,并且代价合理。

7.2.1　程序设计方法与风格

程序设计的风格主要强调"清晰第一,效率第二"。在进行程序设计和编写时主要应注重和考虑以下内容:

1.源程序文档化

(1)符号名的命名:符号名应能反映它所代表的实际事物,有一定的实际含义。

(2)程序的注释:为程序加注释可使程序易读。注释可分为:

①序言性注释:位于程序开头部分,给出程序的总体说明。

②功能性注释:嵌在源程序体之中,用于描述具体语句或程序的主要功能。

(3)视觉组织:利用空格、空行、缩进等技巧使程序层次清晰。

2.数据说明

(1)数据说明的次序规范化。

(2)说明语句中当一条语句说明多个变量时,变量按照字母顺序排序为好。

(3)使用注释来说明复杂数据的结构。

3.语句的结构

(1)在一行内只写一条语句。

(2)程序编写应优先考虑清晰性,强调"清晰第一,效率第二"。

(3)避免使用临时变量而使程序的可读性下降。

(4)避免不必要的转移。

(5)尽量使用库函数。

(6)避免采用复杂的条件语句和"否定"的条件语句。

(7)数据结构要有利于程序的简化。

(8)尽量模块化,并使模块功能尽可能单一,并具有独立性。

(9)不要修补不好的程序,要重新编写程序。

4.输入和输出

(1)检验输入数据的合法性。

(2)检查输入项的各种重要组合的合理性。

(3)输入格式要简单,使得输入的步骤和操作尽可能简单。

(4)输入数据时,应允许使用自由格式。

(5)应允许使用缺省值。

(6)输入一批数据时,最好使用输入结束标志。

(7)在以交互式输入和输出方式进行输入时,要在屏幕上使用提示符明确提示输入的要求,同时在数据输入过程中和输入结束时,应在屏幕上给出状态信息。

(8)当程序设计语言对输入格式有严格要求时,应保持输入语句与输入格式的一致性。给所有的输出加注释。

7.2.2 结构化程序设计

结构化程序设计的概念首先是为了防止编程过程中无限制地使用转移语句而提出的。在实际软件产品的开发中,更注重软件的可读性和可修改性,而带有转移语句结构和风格的程序往往容易造成程序的混乱。

1.结构化程序设计方法的主要原则

(1)自顶向下。程序设计时,应先考虑总体,后考虑细节;先考虑全局目标,后考虑局部目标。不要一开始就过多追求众多的细节,先从最上层总目标开始设计,逐步使问题具体化。

(2)逐步求精。对于复杂问题,应设计一些子目标作为过渡,逐步细化。

(3)模块化。一个复杂问题肯定是由若干稍简单的问题构成,模块化是把程序要解决的总目标分解为子目标,再进一步分解为具体的小目标,把每个小目标称为一个模块。

(4)尽量避免使用 goto 语句。

2.结构化程序的基本结构

结构化程序设计只允许有一个入口和结构化一个出口,仅使用顺序、选择和循环三种基本控制结构的组合就足以完成复杂程序设计任务。程序易于编写、使用和维护,提高了编程工作的效率。

(1)顺序结构。一种简单的程序结构,按照程序语句行的自然顺序,一条语句一条语句地执行程序,它是最基本、最常用的结构。

(2)选择结构。又称分支结构,包括简单选择和多分支选择结构,可根据条件,判断应该选择哪一条分支来执行相应的语句序列。

(3)循环结构。又称重复结构,可根据给定的条件,判断是否需要重复执行某一相同或类似的程序段。

7.2.3 面向对象程序设计

1.面向对象方法及主要优点

面向对象的程序设计方法以对象为中心,以类和继承等为机制来构造和抽象现实世界,建立模型并构建软件系统。面向对象是当今主流的软件开发方法,其基本思想是尽可能按人类思维方式,依照现实世界的客观状态,指导软件的开发。

面向对象的程序设计主要考虑的是提高软件的可重用性,具有以下优点:与人类习惯的思维方法一致;稳定性好;可重用性好;易于开发大型软件产品;可维护性好。

2.面向对象方法的基本概念

(1)对象

对象是面向对象方法中最基本的概念,是系统中用来描述客观事物的一个实体,它包括数据(属性)和作用于数据的操作(方法)。属性描述了对象内在的性质和特征,反映了对象的状态。方法是对象根据其状态改变和消息传送所采取的行动与做出的响应。一个对象把属性和方法封装为一个整体,对象通常由对象名、属性和方法三部分组成。对象的基本特点包括标识唯一性、分类性、多态性、继承性、封装性和模块独立性等。

(2)类和实例

类是指具有共同属性、共同方法的对象的集合。实例是指一个具体的对象。类是对象的抽象,对象是对应类的一个实例。

(3)消息

消息是对象之间进行通信的一种机制。在面向对象方法中,程序的执行是通过对象间传递消息来完成的。

(4)继承

继承是利用已经有的类作为基础来定义新的类,继承性是面向对象方法实现可重用性的前提和最有效的特性,不仅支持系统的可重用性,而且还提高了系统的可扩充性。

(5)多态性

多态性是指同样的消息被不同的对象接收时可导致完全不同的操作的现象。

7.3　软件工程基础

7.3.1　软件工程基本概念

1.软件及特点

计算机软件是包括程序、数据及相关文档的集合。

软件的特点:

(1)软件是一种逻辑实体,而不是物理实体,具有抽象性。

(2)软件的生产与硬件不同,它没有明显的制作过程。

(3)软件在运行、使用期间不存在磨损和老化问题。

(4)软件的开发、运行对计算机系统具有依赖性,受计算机系统的限制,这导致了软件移植的问题。

(5)软件复杂性高,成本昂贵。

(6)软件开发涉及诸多的社会因素。

2.软件工程

(1)软件危机

软件危机泛指在计算机软件的开发和维护过程中所遇到的一系列严重问题。在软件开发和维护过程中,软件危机主要表现为:

①软件需求的增长得不到满足。用户对系统不满意的情况经常发生。

②软件开发成本和进度无法控制。开发成本超出预算,开发周期大大超过规定日期的情况经常发生。

③软件质量难以保证。

④软件不可维护或维护程度非常低。

⑤软件的成本不断提高。

⑥软件开发生产率的提高跟不上硬件的发展和应用需求的增长。

（2）软件工程

软件工程是应用于计算机软件的定义、开发和维护的一整套方法、工具、文档、实践标准和工序。软件工程的目的就是要解决软件危机，建造一个优良的软件系统。

软件工程的主要思想是将工程化原则运用到软件开发过程中，它包括三个要素：方法、工具和过程。方法是完成软件工程项目的技术手段。工具用于支持软件的开发、管理及文档生成等。过程支持软件开发的各个环节的控制和管理。

（3）软件生命周期

软件生命周期是软件产品从提出、实现、使用、维护到停止使用（退役）的过程。

软件生命周期分为软件定义、软件开发和软件运行维护三个阶段。

①软件定义阶段

● 制订计划：确定总目标；可行性研究；探讨解决方案；制订开发计划。

● 需求分析：对待开发软件提出的需求进行分析，并给出详细的定义。

②软件开发阶段

● 软件设计：包括概要设计和详细设计两个部分。

● 软件实现：把软件设计转换成计算机可以接收的程序代码。

● 软件测试：在设计测试用例的基础上检验软件的各个组成部分。

③软件运行维护阶段

软件投入运行，并在使用中不断地对其进行维护，进行必要的扩充和删改。

软件生命周期中花费最多的阶段是软件运行维护阶段。

（4）软件工程的目标与原则

①软件工程目标

在给定成本、进度的前提下，开发出具有有效性、可靠性、可理解性、可维护性、可重用性、可适应性、可移植性、可追踪性和可互操作性且满足用户需求的产品。

②软件工程原则

● 抽象：抽象是事物最基本的特性和行为，忽略非本质细节，采用分层次抽象、自顶向下和逐层细化的方法控制软件开发过程的复杂性。

● 信息隐蔽：采用封装技术，将程序模块的实现细节隐蔽起来，使模块接口简单。

● 模块化：模块是程序中相对独立的成分，一个独立的编程单位，应有良好的接口定义。模块的大小要适中，模块过大会使模块内部的复杂性增加，不利于模块的理解和修改，也不利于模块的调试和重用；模块太小会导致整个系统过于复杂，不利于控制系统的复杂性。

● 局部化：保证模块间具有松散的耦合关系，模块内部有较强的内聚性。

● 确定性：软件开发过程中所有概念的表达应是确定、无歧义且规范的。

● 一致性：程序内外部接口应保持一致，系统规格说明与系统行为应保持一致。

● 完备性：软件系统不丢失任何重要成分，完全实现系统所需的功能。

● 可验证性：应遵循容易检查、测评、评审的原则，以确保系统的正确性。

（5）软件开发工具与软件开发环境

①软件开发工具

软件开发工具的完善和发展将促使软件开发方法的进步和完善，促进软件开发的高速度和高质量。软件开发工具是从单项工具的开发逐步向集成工具发展的，为软件工程方法提供了自动的或半自动的软件支撑环境。同时,软件开发方法的有效应用也必须得到相应工具的支持,否则方法将难以有效地实施。

②软件开发环境

软件开发环境是全面支持软件开发全过程的软件工具集合。计算机辅助软件工程将各种软件工具、开发机器和存储开发过程信息的中心数据库组合起来,形成软件工程环境。它将极大降低软件开发的技术难度,并保证软件开发的质量。

7.3.2　结构化分析方法

结构化分析方法是比较成熟的软件开发方法,其核心和基础是结构化程序设计理论。

1. 需求分析

软件需求是指用户对目标软件系统在功能、行为、性能、设计约束等方面的期望。需求分析的任务是导出目标系统的逻辑模型,解决"做什么"的问题。需求分析一般分为需求获取、需求分析、编写需求规格说明书和需求评审四个步骤。

常用需求分析方法有:结构化分析方法和面向对象的分析方法。

2. 结构化分析方法

结构化分析方法是结构化程序设计理论在软件需求分析阶段的应用。

结构化分析方法的实质:着眼于数据流,自顶向下、逐层分解,建立系统的处理流程;以数据流图和数据字典为主要工具,建立系统的逻辑模型。

结构化分析的常用工具:数据流图、数据字典、判定树和判定表。

(1)数据流图

数据流图是以图形的方式描绘数据在系统中流动和处理的过程,它反映了系统必须完成的逻辑功能,是结构化分析方法中用于表示系统逻辑模型的一种工具。

数据流图的基本图形元素如图 7-11 所示。

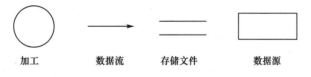

图 7-11　数据流图的基本图形元素

①加工(转换):输入数据经加工变换产生输出。

②数据流:沿箭头方向传送数据的通道,一般在其旁边标注数据流名。

③存储文件(数据源):表示处理过程中存储各种数据的文件。

④数据源:表示系统和环境的接口,属于系统之外的实体。

画数据流图的基本步骤是自外向内、自顶向下、逐层细化和完善求精。图 7-12 为医院就诊的数据流图。

(2)数据字典

数据字典的作用是对数据流图中出现的被命名的图形元素进行确切解释,是结构化分析方法的核心。

数据字典是所有与系统相关的数据元素的一个有组织的列表,以及精确的、严格的定义,使得用户和系统分析员对于输入、输出、存储成分和中间计算结果有共同的理解。数据字典的

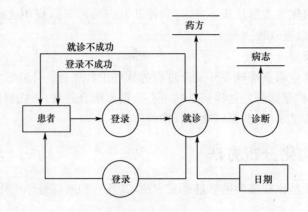

图 7-12　医院就诊数据流图

内容包括：图形元素的名字、别名和编号、分类、描述、定义和位置等。

（3）软件需求规格说明书

软件需求规格说明书是需求分析阶段的最后成果，通过建立完整的信息描述、详细的功能和行为描述、性能需求和设计约束的说明及合适的验收标准，给出对目标软件的各种需求。

7.3.3　结构化设计方法

1. 软件设计

需求分析主要解决"做什么"的问题，而软件设计主要解决"怎么做"的问题。

从技术观点来看，软件设计包括：结构设计、数据设计、接口设计和过程设计；从工程管理角度来看，软件设计分两步完成——概要设计和详细设计。

● 概要设计：又称结构设计，将软件需求转化为软件体系结构，确定系统级接口、全局数据结构或数据库模式。

● 详细设计：确定每个模块的实现算法和局部数据结构，用适当方法表示算法和数据结构的细节。

软件设计的基本原理包括：

（1）抽象。抽象是一种思维工具，就是把事物本质的共同特性提取出来而不考虑其他细节。

（2）模块化。解决一个复杂问题时自顶向下逐步把软件系统划分成一个个较小的、相对独立但又相互关联的模块的过程。

（3）信息隐蔽。每个模块的实施细节对于其他模块来说是隐蔽的。

（4）模块独立性。软件系统中每个模块只涉及软件要求的具体的子功能，而与软件系统中其他模块的接口是简单的。模块的内聚性和耦合性是衡量软件的模块独立性的两个定性指标。

①内聚性：是一个模块内部各个元素间彼此结合的紧密程度的度量。

按内聚性由弱到强排列，内聚可以分为以下几种：偶然内聚、逻辑内聚、时间内聚、过程内聚、通信内聚、顺序内聚及功能内聚。

②耦合性：是模块间互相连接的紧密程度的度量。

按耦合性由高到低排列，耦合可以分为以下几种：内容耦合、公共耦合、外部耦合、控制耦合、标记耦合、数据耦合及非直接耦合。

一个设计良好的软件系统应具有高内聚、低耦合的特征。

在结构化程序设计中,模块划分的原则是:模块内具有高内聚度,模块间具有低耦合度。

2. 总体设计和详细设计

结构化设计方法主要包括总体设计和详细设计。

(1)总体设计(概要设计)

软件概要设计的基本任务是:设计软件系统结构,设计数据结构及数据库,编写概要设计文档,评审概要设计文档。

概要设计中最主要环节是软件结构设计,常用的软件结构设计工具是结构图,也称程序结构图。程序结构图的基本图符如图 7-13 所示,其中:模块用矩形表示,箭头表示模块间的调用关系。在结构图中用带注释的箭头表示模块调用过程中来回传递的信息,带实心圆的箭头表示传递的是控制信息,带空心圆的箭头表示传递的是数据信息。

一般模块　　　数据信息　　　控制信息

图 7-13　程序结构图的基本图符

(2)详细设计(过程设计)

详细设计的任务是为软件结构中的每一个模块确定实现算法和局部数据结构,不同于编码或编程。可用某种选定的表达工具表示算法和数据结构的细节。

常用的详细设计工具有:程序流程图、判定表和伪码等。

7.3.4　软件测试

1. 软件测试定义

软件测试是使用人工或自动手段运行检测某个系统的过程,其目的在于检验系统是否满足规定的需求,或弄清预期结果与实际结果之间的差别。

在软件测试过程中,为了尽可能多地发现程序中的错误,关键是设计测试用例,好的测试用例能找到尚未发现的错误。

2. 软件测试方法

软件测试方法很多,从是否需要执行被测软件的角度划分,可分为静态测试和动态测试。

(1)静态测试:包括代码检查、静态结构分析和代码质量度量。不实际运行软件,主要通过人工进行。

(2)动态测试:是基于计算机运行的测试,主要包括白盒测试方法和黑盒测试方法。

①白盒测试

白盒测试也称为结构测试或逻辑驱动测试。它是根据软件产品的内部工作过程,检查其内部成分,以确认每种内部操作符合设计规格要求。

白盒测试的基本原则:保证所测模块中每一独立路径至少执行一次;保证所测模块所有判断的每一分支至少执行一次;保证所测模块每一循环都在边界条件和一般条件下至少各执行一次;验证所有内部数据结构的有效性。

白盒测试的主要方法有逻辑覆盖、基本路径测试等。

● 逻辑覆盖:泛指一系列以程序内部的逻辑结构为基础的测试用例设计技术。根据覆盖的目标,逻辑覆盖可分为:

◆ 语句覆盖:选择足够的测试用例,使程序中每一条语句都至少执行一次。

◆ 路径覆盖:设计足够的测试用例,使程序中所有可能的路径都至少经历一次。

◆ 判定覆盖:又称分支覆盖,设计的测试用例保证程序中每个判定的每个取值分支(T 或 F)至少经历一次。

◆ 条件覆盖:设计的测试用例保证程序中每个条件的可能取值至少执行一次。

◆ 判定-条件覆盖:选择足够的测试用例,使得判定中的每个条件都取到各种可能的值,而且每个判定表达式也都取到各种可能的结果。

● 基本路径测试:通过分析控制流程确定环路的复杂性,导出基本路径集合,从而设计测试用例,保证这些路径至少经历一次。

②黑盒测试

黑盒测试也称为功能测试或数据驱动测试,它是对软件已经实现的功能是否满足需求进行测试和验证。

黑盒测试主要诊断功能不对或遗漏、接口错误、数据结构或外部数据库访问错误、性能错误、初始化和终止条件错误等。

黑盒测试不关心程序内部的逻辑,只根据程序的功能说明来设计测试用例,主要方法有等价类划分法、边界值分析法和错误推测法。黑盒测试主要用软件的确认测试。

● 等价类划分法:这是一种典型的黑盒测试方法,它是将程序所有可能的输入数据划分成若干部分,即若干等价类,然后从每个等价类中选取数据作为测试用例。

● 边界值分析法:它是针对各种输入、输出范围的边界情况设计测试用例的方法。

● 错误推测法:依靠经验和直觉推测程序中可能存在的各种错误,从而有针对性地编写检查这些错误的用例。

3.软件测试过程

软件测试一般按四个步骤进行:单元测试、集成测试、确认测试和系统测试。

(1)单元测试

单元测试是对软件设计的最小单位——模块(程序单元)进行正确性检测的测试,其目的是发现各模块内部可能存在的各种错误。

单元测试根据程序的内部结构来设计测试用例,其依据是详细设计说明书和源程序。单元测试可以采用静态分析和动态测试技术。其中,动态测试通常以白盒测试为主,黑盒测试为辅。

单元测试的内容包括:模块接口测试、局部数据结构测试、错误处理测试和边界测试。

(2)集成测试

集成测试是测试和组装软件的过程,它是在把模块按照设计要求组装起来的同时进行测试,其主要目的是发现与接口有关的错误。

集成测试的依据是概要设计说明书。

集成测试的内容包括:软件单元的接口测试、全局数据结构测试、边界条件和非法输入的测试等。

集成测试通常采用两种方式:非增量方式组装与增量方式组装。

①非增量方式组装:又称一次性组装方式。首先对每个模块分别进行模块测试,然后再把

所有模块组装在一起进行测试,最终得到符合要求的软件系统。

②增量方式组装:又称渐增式集成方式。首先对每个模块分别进行模块测试。然后将这些模块逐步组装成较大的系统,在组装的过程中边连接边测试,以发现连接过程中产生的问题。最后通过增值逐步组装成符合要求的软件系统。增量方式组装包括自顶向下、自底向上、自顶向下与自底向上相结合等三种方式。

(3)确认测试

确认测试的任务是验证软件的有效性,即验证软件的功能和性能及其他特性是否与用户的要求一致。

确认测试的主要依据是软件需求规格说明书,确认测试主要运用黑盒测试法。

(4)系统测试

系统测试的目的在于通过与系统的需求定义进行比较,发现软件与系统定义不符或矛盾的地方。系统测试的测试用例应根据需求分析规格说明设计,并在实际使用环境下来运行。

系统测试的具体实施一般包括:功能测试、性能测试、操作测试、配置测试、外部接口测试和安全性测试等。

4.程序调试

程序调试的任务是诊断和改正程序中的错误,主要在开发阶段进行。程序调试应该由编制源程序的程序员完成。

程序调试的基本步骤:错误定位、纠正错误和回归测试。

软件调试可分为静态调试和动态调试。静态调试主要是指通过人的思维分析源程序代码和排错,是主要的调试手段;而动态调试主要用于辅助静态调试。

软件调试的主要方法有:

(1)强行排错法:通过设置断点和监视表达式,使程序在运行中暂停,观察其运行状态。

(2)回溯法:发现错误后分析错误现象,确定发现"症状"的位置。一般用于小程序。

(3)原因排除法:通过演绎、归纳和二分法实现。

①演绎法:首先,根据已有的测试用例,设想并举出所有可能出错的原因作为假设;然后用原始测试数据或新数据进行测试,逐个排除不可能正确的假设;最后,用测试数据验证余下的假设,确定出错的原因。

②归纳法:从错误现象入手,通过分析它们之间的关系找出错误发生位置。大致分四步:收集有关的数据、组织数据、提出假设和证明假设。

③二分法:在程序的关键点给变量赋正确值,然后运行程序并检查程序的输出。如果输出结果正确,则错误原因在程序的前半部分;反之,错误原因在程序的后半部分。

7.4　数据库设计基础

在信息化社会,数据库和数据库技术是信息系统的核心技术之一,已经在社会的各个层面扮演着非常重要的角色。

7.4.1 数据库系统基本概念

1. 数据、数据库、数据库管理系统

(1)数据(Data):反映、描述客观事物的符号记录,是信息的载体。

数据的特点:有一定的结构,有型与值之分。数据的型给出了数据表示的类型,如整型、实型和字符型等。而数据的值给出了符合给定型的值,如整型值15。

(2)数据库(DB):数据的集合,具有统一的结构形式并存储于统一的存储介质内,是多种应用数据的集成,并可被各个应用程序共享。

数据库是按数据模式存储数据的,具有集成与共享的特点,即数据库集中了各种应用的数据,进行统一的构造和存储,使它们可被不同应用程序使用。

(3)数据库管理系统(DBMS):一种系统软件,负责数据库中的数据组织、数据操纵、数据维护、数据控制及保护和数据服务等,是数据库的核心。

数据库管理系统功能:

①数据模式定义:为数据库构建模式,即为数据库构建其数据框架。

②数据存取的物理构建:为数据模式的物理存取与构建提供有效的存取方法与手段。

③数据操纵:为用户使用数据库中的数据提供方便,一般提供查询、插入、修改及删除数据的功能;此外,还具有简单的算术运算及统计能力,还可以与某些过程性语言结合,使其具有强大的过程性操作能力。

④数据的完整性、安全性定义与检查:数据库中的数据具有内在语义上的关联性与一致性,这些构成了数据的完整性,数据的完整性是保证数据库中数据正确的必要条件。数据库中的数据共享性可能会引发数据的非法使用,为了保证数据的安全性,必须要对数据正确使用做出必要的规定,并在使用时进行检查。数据完整性与安全性的维护是数据库系统的基本功能。

⑤数据库的并发控制与故障恢复:数据库是一个集成、共享的数据集合体,它能为多个应用程序服务,存在多个应用程序对数据库的并发操作。在并发操作时如果不进行控制和管理,多个应用程序间就会相互干扰,从而对数据库中的数据造成破坏。因此,数据库管理系统必须对多个应用程序的并发操作进行必要的控制以保证数据不受破坏,这就是数据库的并发控制。数据库中的数据一旦遭到破坏,数据库管理系统必须有能力及时进行恢复,这就是数据库的故障恢复。

⑥数据的服务。数据库管理系统提供对数据库中数据的多种服务功能,如数据拷贝、转存、重组、性能监测和分析等。

(4)数据库管理员(DBA):对数据库进行规划、设计、维护、监视等的专业管理人员。

(5)数据库系统(DBS):由数据库(数据)、数据库管理系统(软件)、数据库管理员(人员)、硬件平台(硬件)、软件平台(软件)五个部分构成的运行实体。

(6)数据库应用系统:由数据库系统、应用软件及应用界面三者组成。

2. 数据管理的发展

数据管理发展至今已经历了三个阶段:人工管理阶段、文件系统阶段和数据库系统阶段。

数据管理三个阶段的比较见表7-2。

表 7-2　　　　　　　　　　数据管理三个阶段的比较

		人工管理阶段	文件系统阶段	数据库系统阶段
背景	应用背景	科学计算	科学计算、管理	大规模管理
	硬件背景	无直接存取存储设备	磁盘、磁鼓	大容量磁盘
	软件背景	没有操作系统	有文件系统	有数据库管理系统
	处理方式	批处理	联机实时处理、批处理	联机实时处理、分布处理、批处理
特点	数据的管理者	用户(程序员)	文件系统	数据库管理系统
	数据面向的对象	某一应用程序	某一应用	现实世界
	数据的共享程度	无共享,冗余度极大	共享性差,冗余度大	共享性高,冗余度小
	数据的独立性	不独立,完全依赖于程序	独立性差	具有高度的物理独立性和一定的逻辑独立性
	数据的结构化	无结构	记录内有结构,整体无结构	整体结构化,用数据模型描述
	数据控制能力	应用程序自己控制	应用程序自己控制	由数据库管理系统提供数据安全性、完整性、并发控制和恢复能力

3.数据库系统的基本特点

(1)数据的高集成性。

(2)数据的高共享性与低冗余性。

(3)数据独立性。数据库中的数据独立于应用程序且不依赖于应用程序。数据的逻辑结构、存储结构与存取方式的改变不会影响应用程序。

数据独立性一般分为物理独立性与逻辑独立性两级。

①物理独立性:数据的物理结构(包括存储结构、存取方式等)的改变,如存储设备的更换、物理存储的更换、存取方式的改变等都不影响数据库的逻辑结构,从而不致引起应用程序的变化。

②逻辑独立性:数据库总体逻辑结构的改变,如修改数据模式、增加新的数据类型、改变数据间联系等,不需要修改相应的应用程序。

(4)数据统一管理与控制。主要包含以下三个方面:

①数据的完整性检查:检查数据库中数据的正确性以保证数据的正确。

②数据的安全性保护:检查数据库访问者以防止非法访问。

③并发控制:控制多个应用的并发访问所产生的相互干扰以保证其正确性。

4.数据库系统的内部结构体系

数据模式是数据库系统中数据结构的一种表示形式。

(1)数据库系统的三级模式

①概念模式:又称模式或逻辑模式,数据库系统中全局数据逻辑结构的描述,它是全体用户的公共数据视图。

②外模式:也称子模式或用户模式,它是用户的数据视图,即用户所见到的数据模式,它由概念模式推导得出。

③内模式:又称物理模式,它给出了数据库物理存储结构与物理存取方法。内模式的物理性主要体现在操作系统及文件级上,它还未深入到设备级上(如磁盘及磁盘操作)。内模式对一般用户是透明的,但它的设计直接影响数据库的性能。

(2)数据库系统的两级映象

①概念模式/内模式映象：实现概念模式到内模式之间的相互转换。当数据库的存储结构发生变化时,通过修改相应的概念模式/内模式映象,使数据库的逻辑模式不变,外模式不变,应用程序不必修改,从而保证数据具有很高的物理独立性。

②外模式/概念模式映象：实现外模式到概念模式之间的相互转换。当逻辑模式发生变化时,通过修改相应的外模式/逻辑模式映象,使用户使用的那部分外模式不变,应用程序不必修改,从而保证数据具有较高的逻辑独立性。

7.4.2 数据模型与关系代数

1.数据模型的基本概念

数据模型是对数据库全局逻辑结构的描述,反映了数据及数据之间的联系。数据模型所描述的内容包含三个部分:数据结构、数据操作与数据约束。

(1)数据结构:包括数据的类型、内容、性质及数据间的联系等,是数据模型最基本的组成部分,是数据操作和数据约束的基础。

(2)数据操作:对数据库中各种对象(型)的实例(值)允许执行的操作的集合,包括操作的含义、符号、操作规则及实现操作的语句等。

(3)数据约束:一组完整性规则的集合。完整性规则是给定的数据模型中数据及其联系所具有的制约和依存规则,用来限定符号数据模型的数据库状态及状态的变化,以保证数据的正确、有效和相容。

数据模型分为概念数据模型、逻辑数据模型和物理数据模型三类。

(1)概念数据模型:简称概念模型,是对客观世界复杂事物的结构描述及它们之间内在联系的刻画。概念模型主要有:E-R模型(实体联系模型)、扩充的E-R模型、面向对象模型及谓词模型等。

(2)逻辑数据模型:简称逻辑模型,是一种面向数据库系统的模型,该模型着重于在数据库系统一级的实现。逻辑模型主要有:层次模型、网状模型、关系模型和面向对象模型等。

(3)物理数据模型:简称物理模型,它是一种面向计算机物理表示的模型,此模型给出了数据模型在计算机中物理结构的表示。

2.E-R模型

E-R模型也称E-R图。可以将现实世界的要求转化为实体、属性、联系等几个基本概念以及它们之间的基本连接关系,用图非常直观地表现出来。

(1)实体:现实世界中的事物。

(2)属性:事物的特性。

(3)联系:现实世界中事物间的关系。

实体集的关系有一对一(1∶1),一对多(1∶N)和多对多(M∶N)的联系。

在E-R图中,实体集用矩形表示,属性用椭圆形表示,联系用菱形表示,实体集与属性联系间的连接关系均用无向线段表示,实体是与联系间的连接关系用无向线段表示。图7-14为学生选课E-R图。

3.常用数据模型

数据库管理系统中常见的数据模型有层次模型、网状模型和关系模型三种。

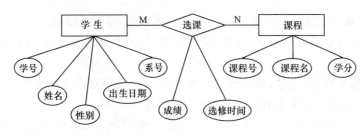

图 7-14　学生选课 E-R 图

（1）层次模型的基本结构是树形结构,其特点是每棵树有且仅有一个无双亲结点,称为根;树中除根外所有结点有且仅有一个双亲。图 7-15 为一个层次模型实例示意图。

（2）网状模型是层次模型的扩展,能表示多个从属关系呈现一种交叉关系的网络结构。如图 7-16 所示。

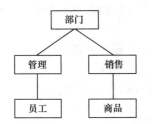

图 7-15　层次模型实例示意图

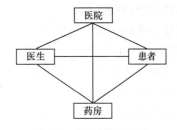

图 7-16　网状模型示意图

（3）关系模型采用二维表表示,一个二维表就是一个关系。如表 7-3 所示的"学生"表就是一个关系模型。关系模型是目前应用最广泛的数据模型。

表 7-3　　　　　　　"学生"表

学号	姓名	性别	出生日期	籍贯	系号
201401	曹娜	女	1997-8-23	辽宁	002
201402	王路	男	1995-10-10	北京	001
201403	李静	女	1996-1-26	内蒙古	001
201404	高航	男	1997-4-18	河南	001
201405	赵丽娜	女	1995-12-7	福建	001
201406	李希光	男	1996-9-6	山东	002
201407	钱媛媛	女	1995-4-16	辽宁	003
201408	周新华	男	1995-8-1	山东	005
201409	孙佩佩	女	1995-3-18	上海	004
201410	郑晓蕾	女	1996-6-30	辽宁	006
201411	李璇	男	1996-10-15	北京	004
201412	刘江	男	1996-1-23	浙江	002
201413	李颖	女	1996-4-8	吉林	007
201414	何鹏	男	1997-1-18	山西	010
201415	刘涛	男	1997-5-24	河北	009
201416	黄英	女	1995-6-7	吉林	009
201417	王海荣	男	1995-8-10	福建	010
201418	孙佳佳	女	1995-9-1	新疆	008
201419	郭烨	男	1997-6-29	河北	007
201420	姜赢	男	1997-7-11	湖南	006
201421	吕青青	女	1995-12-25	上海	004
201422	贾小天	男	1995-12-6	山东	008

4.关系模型的相关概念

（1）属性（字段）:二维表的表框架由 n 个已命名的属性组成, n 称为属性元数。每个属性有一个取值范围,称为值域。表框架对应了关系的模式,即类型的概念。

(2)元组(记录):在表框架中可以按行存取数据,每行数据称为元组,实际上一个元组由 n 个元组分量组成。

(3)主码:又称关键字、主键,简称码、键,表中的一个属性或几个属性的组合,其值能唯一地标识表中的一个元组,如学生的学号。主码属性不能取空值。

(4)外键:在一个关系中与另一个关系的关键字相对应的属性组称为该关系的外部关键字,简称外键。外部关键字可取空值或为外部表中对应的关键字值。

5. 关系模型中的数据操作

关系模型中的数据操作即是建立在关系上的数据操作,一般包含查询、增加、删除和修改。

6. 关系模型中的数据约束

(1)实体完整性约束:要求关系的主键属性值不能为空值,因为主键是唯一决定元组的,如为空值则其唯一性就成为不可能的了。

(2)参照完整性约束:关系之间相互关联的基本约束,不允许关系引用不存在的元组,即在关系中的外键或者是所关联关系中实际存在的元组,或者为空值。

(3)用户定义的完整性约束:反映某一具体应用所涉及的数据必须满足的语义要求。如某个属性的取值范围为 $0\sim100$。

7. 关系代数

关系代数是关系模型和关系数据库的理论基础。

(1)集合运算

下面以两个结构相同的关系 R 和关系 S 为例,描述有关的集合运算。关系 R 和关系 S 分别见表 7-4 和表 7-5。

表 7-4 关系 R

X	Y	Z
X1	Y1	Z1
X2	Y2	Z2

表 7-5 关系 S

X	Y	Z
X2	Y2	Z2
X3	Y3	Z3

①并运算(∪)

并运算指从结构相同的关系中取出不重复的所有元组。如 R 和 S 的并运算 R∪S 的结果见表 7-6。

②交运算(∩)

交运算指从结构相同的关系中取出既属于第一个关系又属于第二个关系的所有元组。如 R 和 S 的交运算 R∩S 的结果见表 7-7。

③差运算(一)

差运算指从结构相同的关系中取出属于第一个关系而不属于第二个关系的所有元组。如 R 和 S 的差运算 R-S 的结果见表 7-8。

表 7-6 R∪S

X	Y	Z
X1	Y1	Z1
X2	Y2	Z2
X3	Y3	Z3

表 7-7 R∩S

X	Y	Z
X2	Y2	Z2

表 7-8 R-S

X	Y	Z
X1	Y1	Z1

④笛卡尔积(×)

设有 n 元关系 R 和 m 元关系 S,它们分别有 p 和 q 个元组,则 R 与 S 的笛卡尔积记为 R×S,它是一个 $m+n$ 元关系,元组个数是 $p×q$。如 R 和 S 的笛卡尔积运算 R×S 的结果见表 7-9。

表 7-9　　　　　　　R×S

R. X	R. Y	R. Z	S. X	S. Y	S. Z
X1	Y1	Z1	X2	Y2	Z2
X1	Y1	Z1	X3	Y3	Z3
X2	Y2	Z2	X2	Y2	Z2
X2	Y2	Z2	X3	Y3	Z3

(2)关系运算

关系运算表达了实用系统中应用最普遍的查询操作。下面以关系 R1 和关系 S1 为例,描述有关的关系运算。关系 R1 和关系 S1 分别见表 7-10 和表 7-11。

表 7-10　　　关系 R1　　　　　　　　表 7-11　　关系 S1

学号	姓名	性别	系号
201201	曹娜	女	002
201202	王路	男	001
201203	李静	女	001
201204	高航	男	001
201205	赵丽娜	女	001
201206	李希光	男	002

学号	籍贯
201201	辽宁
201202	北京
201203	内蒙古
201204	河南
201205	福建
201206	山东

①选择(Selection)

选择运算是指从关系中找出给定条件的元组形成新的关系的操作。以逻辑表达式指定选择条件,使得逻辑表达式为真的元组被选取。例如,在关系 R1 中选择系号为"002"的学生,得到新的关系见表 7-12。

②投影(Projection)

投影运算是指从关系中选取若干个属性形成新的关系的操作。例如,对关系 R1 中的"系号"属性进行投影运算,得到无重复元组的新关系见表 7-13。

表 7-12　选择运算结果　　　　　　表 7-13　投影运算结果

学号	姓名	性别	系号
201201	曹娜	女	002
201206	李希光	男	002

系号
001
002

③连接(Join)

连接运算是指将两个关系的若干属性拼接成一个新的关系模式的操作,新的关系中,包含满足条件的所有元组。例如,把关系 R1 和 S1 按学号相等连接形成新的关系,新的关系中只包含学号、姓名、系号、籍贯属性。得到的新关系见表 7-14。

表 7-14　　　　　　　连接运算结果

学号	姓名	系号	籍贯
201201	曹娜	002	辽宁
201202	王路	001	北京
201203	李静	001	内蒙古
201204	高航	001	河南
201205	赵丽娜	001	福建
201206	李希光	002	山东

7.4.3 数据库设计

数据库设计阶段包括:需求分析、概念分析、逻辑设计和物理设计。

(1)需求分析阶段:这是数据库设计的第一个阶段,其任务主要是收集和分析数据,这一阶段收集到的基础数据和数据流图是下一步设计概念结构的基础。

(2)概念设计阶段:分析数据间的内在语义关联,在此基础上建立一个数据的抽象模型,即形成 E-R 图。

(3)逻辑设计阶段:将 E-R 图转换成指定 RDBMS 中的关系模式。

(4)物理设计阶段:对数据库内部物理结构进行调整,并选择合理的存取路径,以提高数据库访问速度及有效利用存储空间。

 习 题

【主要术语自测】

软件工程	队列	算法
需求分析	栈	时间复杂度
软件开发环境	树	空间复杂度
系统测试	二叉树	面向过程程序设计
调试	图	面向对象程序设计
数据库	二分查找	封装
DBMS	冒泡排序	继承
关系模型	选择排序	
线性表	插入排序	

【选择题】

1.算法的时间复杂度是指(　　)。

A.执行算法程序所需要的时间

B.算法程序的长度

C.算法执行过程中所需要的基本运算次数

D.算法程序中的指令条数

2.算法的空间复杂度是指(　　)。

A.算法程序的长度　　　　　　　　B.算法程序中的指令条数

C.算法程序所占的存储空间　　　　D.算法执行过程中所需要的存储空间

3.下列叙述中正确的是(　　)。

A.线性表是线性结构　　　　　　　B.栈与队列是非线性结构

C.线性链表是非线性结构　　　　　D.二叉树是线性结构

4.数据的存储结构是指(　　)。

A.数据所占的存储空间量　　　　　B.数据的逻辑结构在计算机中的表示

C.数据在计算机中的顺序存储方式　D.存储在外存中的数据

5.下列关于队列的叙述中正确的是(　　)。

A.在队列中只能插入数据　　　　　B.在队列中只能删除数据

C. 队列是先进先出的线性表　　　　D. 队列是先进后出的线性表

6. 下列关于栈的叙述中正确的是（　　　）。

　　A. 在栈中只能插入数据　　　　　　B. 在栈中只能删除数据

　　C. 栈是先进先出的线性表　　　　　D. 栈是先进后出的线性表

7. 已知一棵二叉树前序遍历和中序遍历分别为 ABDEGCFH 和 DBGEACHF，则该二叉树的后序遍历为（　　　）。

　　A. GEDHFBCA　　　　　　　　　B. DGEBHFCA

　　C. ABCDEFGH　　　　　　　　　D. ACBFEDHG

8. 在深度为 5 的满二叉树中，叶子结点的个数为（　　　）。

　　A. 32　　　　　　B. 31　　　　　　C. 16　　　　　　D. 15

9. 对长度为 N 的线性表进行顺序查找，在最坏情况下所需要的比较次数为（　　　）。

　　A. N+1　　　　　B. N　　　　　　C.（N+1）/2　　　D. N/2

10. 设树 T 的度为 4，其中度为 1、2、3、4 的结点个数分别为 4、2、1、1，则 T 的叶子结点数为（　　　）。

　　A. 8　　　　　　B. 7　　　　　　C. 6　　　　　　D. 5

11. 结构化程序设计主要强调的是（　　　）。

　　A. 程序的规模　　　　　　　　　　B. 程序的易读性

　　C. 程序的执行效率　　　　　　　　D. 程序的可移植性

12. 对于良好的程序设计风格，下面描述正确的是（　　　）。

　　A. 程序应简单、清晰、可读性好　　B. 符号名的命名只要符合语法

　　C. 充分考虑程序的执行效率　　　　D. 程序的注释可有可无

13. 在面向对象方法中，一个对象请求另一对象为其服务的方式是通过发送（　　　）。

　　A. 调用语句　　　B. 命令　　　　　C. 口令　　　　　D. 消息

14. 下述概念中与信息隐蔽的概念直接相关的是（　　　）。

　　A. 软件结构定义　　B. 模块独立性　　C. 模块类型划分　　D. 模块耦合度

15. 下面对对象概念描述错误的是（　　　）。

　　A. 任何对象都必须有继承性　　　　B. 对象是属性和方法的封装体

　　C. 对象间的通信靠消息传递　　　　D. 操作是对象的动态属性

16. 在软件生命周期中，能准确地确定软件系统必须做什么和必须具备哪些功能的阶段是（　　　）。

　　A. 概要设计　　　B. 详细设计　　　C. 可行性研究　　D. 需求分析

17. 下面不属于软件工程的三个要素的是（　　　）。

　　A. 工具　　　　　B. 过程　　　　　C. 方法　　　　　D 环境

18. 检查软件产品是否符合需求定义的过程为（　　　）。

　　A. 确认测试　　　B. 集成测试　　　C. 验证测试　　　D. 验收测试

19. 数据流图用于抽象描述一个软件的逻辑模型，数据流图由一些特定的图符构成。下列图符名标识的图符不属于数据流图合法图符的是（　　　）。

　　A. 控制流　　　　B. 加工　　　　　C. 数据存储　　　D. 数据源

20. 下面不属于软件设计原则的是（　　　）。

　　A. 抽象　　　　　B. 模块化　　　　C. 自底向上　　　D. 信息隐蔽

21. 程序流程图中的箭头代表的是(　　　)。

A. 数据流　　　　B. 控制流　　　　C. 调用关系　　　　D. 组成关系

22. 下列工具中为需求分析常用工具的是(　　　)。

A. PAD　　　　B. PFD　　　　C. N-S　　　　D. DFD

23. 在结构化方法中,软件功能分解属于软件开发中的(　　　)阶段。

A. 详细设计　　　　B. 需求分析　　　　C. 总体设计　　　　D. 编程调试

24. 软件调试的目的是(　　　)。

A. 发现错误　　　　　　　　B. 改正错误

C. 改善软件的性能　　　　　　D. 挖掘软件的潜能

25. 软件需求分析阶段的工作,可以分为四个方面:需求获取、需求分析、编写需求规格说明书及(　　　)。

A. 阶段性报告　　　　B. 需求评审　　　　C. 总结　　　　D. A、B、C 都不正确

26. 在数据管理技术的发展过程中,经历了人工管理阶段、文件系统阶段和数据库系统阶段。其中,数据独立性最高的阶段是(　　　)。

A. 数据库系统阶段　　　　　　B. 文件系统阶段

C. 人工管理阶段　　　　　　　D. 数据项管理阶段

27. 下述关于数据库系统的叙述正确的是(　　　)。

A. 数据库系统减少了数据冗余

B. 数据库系统避免了一切冗余

C. 数据库系统中数据的一致性是指数据类型一致

D. 数据库系统比文件系统能管理更多的数据

28. 数据库系统的核心是(　　　)。

A. 数据库　　　　　　　　B. 数据库管理系统

C. 数据模型　　　　　　　D. 软件工具

29. 用树形结构来表示实体之间联系的模型称为(　　　)。

A. 关系模型　　　　B. 层次模型　　　　C. 网状模型　　　　D. 数据模型

30. 关系表中的每一横行称为一个(　　　)。

A. 元组　　　　B. 字段　　　　C. 属性　　　　D. 码

31. 关系数据管理系统能实现的关系运算包括(　　　)。

A. 排序、索引、统计　　　　　　B. 选择、投影、连接

C. 关联、更新、排序　　　　　　D. 显示、打印、制表

32. 在关系数据库中,用来表示实体之间联系的是(　　　)。

A. 树结构　　　　B. 网结构　　　　C. 线性表　　　　D. 二维表

33. 数据库设计包括两个方面的设计内容,它们分别是(　　　)。

A. 概念设计和逻辑设计　　　　B. 模式设计和内模式设计

C. 内模式设计和物理设计　　　　D. 结构特性设计和行为特性设计

【填空题】

1. 对长度为 n 的有序线性表进行二分查找,需要的比较次数为_____。

2. 设一棵完全二叉树共有 700 个结点,则在该二叉树中有_____个叶子结点。

3. 设一棵二叉树的中序遍历结果为 DBEAFC,前序遍历结果为 ABDECF,则后序遍历结

果为_____。

4. 在最坏情况下，冒泡排序的时间复杂度为_____。

5. 在一个容量为 15 的循环队列中，若头指针 front＝6，尾指针 rear＝9，则该循环队列中共有_____个元素。

6. 排序是计算机程序设计中的一种重要操作，常用的排序方法有插入排序、_____和选择排序。

7. 结构化程序设计的三种基本逻辑结构为顺序、选择和_____。

8. 源程序文档化要求程序应加注释。注释一般分为序言性注释和_____。

9. 在面向对象方法中，信息隐蔽是通过对象的_____性来实现的。

10. 在面向对象方法中，类之间共享属性和操作的机制称为_____。

11. 软件是程序、数据和_____的集合。

12. 软件工程研究的内容主要包括_____技术和软件工程管理。

13. 软件开发环境是全面支持软件开发全过程的_____集合。

14. 一个项目具有一个项目主管，一个项目主管可管理多个项目，则实体"项目主管"与实体"项目"的联系属于_____的联系。

15. 数据独立性分为逻辑独立性和物理独立性。当数据的存储结构改变时，其逻辑结构可以不变。因此，基于逻辑结构的应用程序不必修改，称为_____。

16. 数据库系统中实现各种数据管理功能的核心软件称为_____。

17. 关系模型的完整性规则是对关系的某种约束条件，包括实体完整性、_____和自定义完整性。

18. 在关系模型中，把数据看成一个二维表，每一个二维表称为一个_____。

19. _____是从二维表列的方向进行的运算。

20. 测试的目的是暴露错误，评价程序的可靠性；而_____的目的是发现错误的位置并改正错误。

8

第8章　　　　　　　　　　　　　考试指导

全国计算机等级考试考试系统专用软件（以下简称"考试系统"）是在 Windows 平台下开发的应用软件。它提供了开放式的考试环境，具有自动计时、断点保护、自动阅卷和回收等功能。

为了更好地让考生在应考前了解和掌握考试系统环境及模式，熟练操作考试系统，提高应试能力，下面将详细介绍如何使用考试系统以及二级 MS Office 高级应用（以下简称二级 MS）考试的内容。

8.1　考试系统使用说明

8.1.1　考试环境

1. 硬件环境

PC 兼容机，硬盘剩余空间 10 GB 或以上。

2. 软件环境

考试软件。

操作系统：中文版 Windows 7。

应用软件：中文版 Office 2010。

8.1.2　考试时间

全国计算机等级考试二级 MS 考试时间定为 90 分钟。考试时间由考试系统自动进行计时，提前 5 分钟自动报警来提醒考生应及时存盘，考试时间用完，考试系统将自动锁定计算机，考生将不能继续进行考试。

8.1.3　考试题型及分值

全国计算机等级考试二级 MS 考试满分为 100 分，共有四种考试题型，即选择题（20 分）、Word 字处理软件的使用（30 分）、Excel 电子表格软件的使用（30 分）和 PowerPoint 演示文稿软件的使用（20 分）。

8.1.4　考试登录

使用考试系统的操作步骤：

开机,启动计算机;

双击桌面上的"无纸化考试系统"图标,考试系统将显示登录界面。

当考试系统显示后,请考生单击"开始登录"按钮进入准考证号登录验证状态。

当考试系统屏幕显示准考证号文本框时,此时请考生输入自己的准考证号(必须满 16 位数字或字母),以回车键或单击"考号验证"按钮进行输入确认,接着考试系统开始对所输入的准考证号进行合法性检查。下面将列现出在登录过程中可能出现的提示信息：

当输入的准考证号不存在时,考试系统会显示相应的提示信息并要考生重新输入准考证号,直至输入正确或单击"确认"按钮退出考试登录系统为止。

如果输入的准考证号存在,则屏幕显示此准考证号所对应的身份证号和姓名。

由考生核对自己的姓名和身份证号,如果发现不符则单击"重输考号"按钮,则重新输入准考证号。如果输入的准考证号核对后相符,则单击"开始考试"按钮,接着考试系统进行一系列处理后将随机生成一份二级 MS 考试的试卷。

如果考试系统在抽取试题过程中产生错误并显示相应的错误提示信息时,则考生应重新进行登录直至试题抽取成功为止。

当考试系统抽取试题成功后,在屏幕上会显示二级 MS 考生考试须知,考生只有在单击"已阅读"复选框后,表明已仔细阅读了考试须知,方能再单击"开始答题并计时"按钮开始考试并进行计时。考生所有的答题均在考生文件夹下完成。考生在考试过程中,一旦发现不在考生文件夹中时,应及时返回到考生文件夹下。在答题过程中,允许考生自由选择答题顺序,中间可以退出并允许考生重新答题。

在作答选择题时键盘被封锁,使用键盘无效,考生须使用鼠标答题,选择题部分只能进入一次,退出后不能再次进入,选择题部分不单独计时。

当考生在考试时遇到死机等意外情况(即无法进行正常考试时),考生应向监考人员说明情况,由监考人员确认为非人为造成停机时,方可进行二次登录,当系统接受考生的准考证号并显示出姓名和身份证号时,系统给出输入密码的提示。

考生需由监考人员输入密码方可继续进行考试,因此考生必须在考试时不得随意关机,否则考点有将终止其考试资格。

当考试系统提示"时间已到,请监考老师输入延时密码,关闭所有应用程序,执行交卷命令"后,此时由监考人员输入延时密码后对还没有存盘的数据进行存盘,如果考擅自关机或启动机器,将直接会影响考生自己的考试成绩。

8.1.5　试题内容查阅工具的使用

在系统登录完成以后,系统为考生抽取一套完整的试题。系统环境也有了一定的变化,考试系统将自动在屏幕中间生成装载试题内容查阅工具的考试窗口,并在屏幕始终显示着考生的准考证号、姓名、考试剩余时间以及可以随时显示或隐藏试题内容查阅工具和退出考试系统进行交卷的按钮的窗口。窗口最左边的"显示窗口"字符表示考生的考试窗口正被隐藏着,当用鼠标单击"显示窗口"字符时,屏幕中间就会显示考试窗口,且"显示窗口"字符变为"隐藏窗口"。

当试题内容查阅窗口中显示上下或左右滚动条时,青蛙该试题查阅窗口中试题内容不能完全显示,因此考生可用鼠标的箭头光标键并按鼠标的左键进行移动,显示余下的试题内容,防止学习漏做试题从而影响考生考试成绩。

在考试窗口中单击"选择题""字处理""电子表格""演示文稿",可以分别查看各个题型的题目要求。

当考生单击"选择题"按钮时,系统将显示做选择题的注意事项,此时请考生在"答题"菜单上选择"选择题"命令进行选择题答题。

当考生单击"字处理"按钮时,系统将显示做字处理操作题,此时考生在"答题"菜单上选择"字处理"命令,它又会根据字处理操作题的要求自动产生一个下拉菜单,这个菜单的内容就是字处理操作题中所有要生成的 Word 文件名加"未做过"或"已做过"文字,其中"未做过"文字表示考生对这个 Word 文档没有进行过任何保存;"已做过"文字表示考生对这个 Word 文档进行过保存。考生可根据自己的需要单击这个下拉菜单的某行内容(即某个要生成的 Word 文件名),系统将自动进入中文版 Microsoft Word 系统,再根据试题内容的要求对这个 Word 文档进行字处理操作,完成字处理操作后必须将该文档存盘。

当考生单击"电子表格"按钮时,系统将显示做电子表格操作题,此时考生在"答题"菜单上选择"电子表格"命令,它又会根据电子表格操作题的要求自动产生一个下拉菜单,这个菜单的内容就是电子表格操作题中所有要生成的 Excel 文件名加"未做过"或"已做过"文字。考生可根据自己的需要单击这个下拉菜单的某行内容(即某个要生成的 Excel 件名),系统将自动进入中文版 Microsoft Excel 系统,再根据试题内容的要求对这个 Excel 文档进行电子表格操作,完成电子表格操作后必须将该文档存盘。

当考生单击"演示文稿"按钮时,系统将显示做演示文稿操作题,此时考生在"答题"菜单上选择"演示文稿"命令,它又会根据演示文稿操作题的要求自动产生一个下拉菜单,这个菜单的内容就是电子表格操作题中所有要生成的 PowerPoint 文件名加"未做过"或"已做过"文字。考生可根据自己的需要单击这个下拉菜单的某行内容(即某个要生成的 PowerPoint 件名),系统将自动进入中文版 Microsoft PowerPoint 系统,再根据试题内容的要求对这个 PowerPoint 文档进行演示文稿操作,完成演示文稿操作后必须将该文档存盘。

如果考生要提前结束考试,则请在屏幕始终显示着考生的准考证号、姓名、考试剩余时间以及可以随时显示或隐藏试题内容查阅工具和退出考试系统进行交卷的按钮窗口中选择"交卷"按钮,考试系统将显示是否要交卷处理的提示信息框,此时考生如果选择"确定"按钮,则退出考试系统并锁住屏幕进行交卷处理,因此考生要特别注意。如果考生还没有做完试题,则选择"取消"按钮继续进行考试。

8.1.6 考生文件夹和文件的恢复

1.考生文件夹

当考生登录成功后,考试系统将自动产生一个考生考试文件夹,该文件夹将存放该考生所有考试的内容以及答题过程,因此考生不能随意删除该文件夹以及该文件夹下与考试内容有关的文件及文件夹,避免在考试和评分时产生错误,从而导致影响考生考试成绩。

假设考生登录的准考证号为 2014051200010001,则考试系统生成的考生文件夹将存放在

K 盘根目录下的用户目录文件夹下,即考生文件夹为 K:\用户目录文件夹\200010001。

考生在考试过程中所有操作都不能脱离上机系统生成的考生文件夹,否则将会直接影响考生的考试成绩。

在考试界面的菜单栏下,左边的区域可显示出考生文件夹路径,单击它可以直接进入考生文件夹。

2.文件的恢复

如果考生在考试过程中,所操作的文件如不能复原或误操作删除时,可以请监考老师帮忙生成所需文件,这样就可以继续进行考试且不会影响考生的考试成绩。

8.1.7 文件名的说明

当考生登录成功后,考试系统将在考生文件夹下产生一些文件夹和文件,这些文件夹和文件是不能被删除的,否则将会影响考生的考试成绩;有些文件是要根据试题内容的要求进行修改操作。

8.2 考试题型

1.选择题

当考生登录成功后,请在试题内容查阅窗口的"答题"菜单上选择"选择题"命令,考试系统将自动启动选择题系统,考生就可以进行选择题工。选择题的选项最大可以到 9,但只能单选,选择方法是用鼠标点中要答的选项即可。在屏幕的下方有一排数字,其红色背景表示没有答题,蓝色背景表示已经答题。通过点击这一排数字中的某一个数字便将这题的题干内容显示在屏幕上方供答题选择。在屏幕的右边有两个"上一题"和"下一题"按钮,单击它们可以显示当前选择题的上一题或下一题的题干和选项。

2.字处理操作题

当考生登录成功后,通过试题内容查阅窗口的"答题"菜单上的"字处理"命令,再根据屏幕上显示的试题内容要求对所要求的 Word 文档进行操作。如果考生此部分试题做完,则请将所有 Word 文档的结果存盘在考生文件夹中,并闭关 Microsoft Word 系统。

3.电子表格操作题

当考生登录成功后,通过试题内容查阅窗口的"答题"菜单上的"电子表格"命令,再根据屏幕上显示的试题内容要求对所要求的 Excel 文档进行操作。如果考生此部分试题做完,则请将所有 Excel 文档的结果存盘在考生文件夹中,并闭关 Microsoft Excel 系统。

4.演示文稿操作题

当考生登录成功后,通过试题内容查阅窗口的"答题"菜单上的"演示文稿"命令,再根据屏幕上显示的试题内容要求对所要求的 PowerPoint 文档进行操作。如果考生此部分试题做完,则请将所有 PowerPoint 文档的结果存盘在考生文件夹中,并闭关 Microsoft PowerPoint 系统。

附录1　全国计算机等级考试二级 MS Office 高级应用考试大纲(2013 年版)

基本要求

1.掌握计算机基础知识及计算机系统组成。

2.了解信息安全的基本知识,掌握计算机病毒及防治的基本概念。

3.掌握多媒体技术基本概念和基本应用。

4.了解计算机网络的基本概念和基本原理,掌握因特网网络服务和应用。

5.正确采集信息并能在文字处理软件 Word、电子表格软件 Excel、演示文稿制作软件 PowerPoint 中熟练应用。

6.掌握 Word 的操作技能,并熟练应用编制文档。

7.掌握 Excel 的操作技能,并熟练应用进行数据计算及分析。

8.掌握 PowerPoint 的操作技能,并熟练应用制作演示文稿。

考试内容

一、计算机基础知识

1.计算机的发展、类型及其应用领域。

2.计算机软硬件系统的组成及主要技术指标。

3.计算机中数据的表示与存储。

4.多媒体技术的概念与应用。

5.计算机病毒的特征、分类与防治。

6.计算机网络的概念、组成和分类;计算机与网络信息安全的概念和防控。

7.因特网网络服务的概念、原理和应用。

二、Word 的功能和使用

1.Microsoft Office 应用界面使用和功能设置。

2.Word 的基本功能,文档的创建、编辑、保存、打印和保护等基本操作。

3.设置字体和段落格式、应用文档样式和主题、调整页面布局等排版操作。

4.文档中表格的制作与编辑。

5.文档中图形、图像(片)对象的编辑和处理,文本框和文档部件的使用,符号与数学公式的输入与编辑。

6.文档的分栏、分页和分节操作,文档页眉、页脚的设置,文档内容引用操作。

7.文档审阅和修订。

8.利用邮件合并功能批量制作和处理文档。

9.多窗口和多文档的编辑,文档视图的使用。

10.分析图文素材,并根据需求提取相关信息引用到 Word 文档中。

三、Excel 的功能和使用

1.Excel 的基本功能,工作簿和工作表的基本操作,工作视图的控制。

2.工作表数据的输入、编辑和修改。

3.单元格格式化操作、数据格式的设置。

4.工作簿和工作表的保护、共享及修订。

5.单元格的引用、公式和函数的使用。

6.多个工作表的联动操作。

7.迷你图和图表的创建、编辑与修饰。

8.数据的排序、筛选、分类汇总、分组显示和合并计算。

9.数据透视表和数据透视图的使用。

10.数据模拟分析和运算。

11.宏功能的简单使用。

12.获取外部数据并分析处理。

13.分析数据素材,并根据需求提取相关信息引用到 Excel 文档中。

四、PowerPoint 的功能和使用

1.PowerPoint 的基本功能和基本操作,演示文稿的视图模式和使用。

2.演示文稿中幻灯片的主题设置、背景设置、母版制作和使用。

3.幻灯片中文本、图形、SmartArt、图像(片)、图表、音频、视频、艺术字等对象的编辑和应用。

4.幻灯片中对象动画、幻灯片切换效果、链接操作等交互设置。

5.幻灯片放映设置,演示文稿的打包和输出。

6.分析图文素材,并根据需求提取相关信息引用到 PowerPoint 文档中。

考试方式

上机考试,考试时长 120 分钟,满分 100 分。

1.题型及分值

单项选择题 20 分(含公共基础知识部分 10 分)

操作题 80 分(包括 Word、Excel 及 PowerPoint)

2.考试环境

Windows 7

Microsoft Office 2010

附录 2　全国计算机等级考试二级 Ms Office 高级应用考试样题

第一部分　选择题

1. 下列叙述中正确的是(　　　)。

A. 循环队列是队列的一种链式存储结构

B. 循环队列是队列的一种顺序存储结构

C. 循环队列是非线性结构

D. 循环队列是一种逻辑结构

2. 下列关于线性链表的叙述中,正确的是(　　　)。

A. 各数据结点的存储空间可以不连续,但它们的存储顺序与逻辑顺序必须一致

B. 各数据结点的存储顺序与逻辑顺序可以不一致,但它们的存储空间必须连续

C. 进行插入与删除时,不需要移动表中的元素

D. 以上说法均不正确

3. 一棵二叉树共有 25 个结点,其中 5 个是叶子结点,则度为 1 的结点数为(　　　)。

A. 16 　　　　　　　B. 10 　　　　　　　C. 6 　　　　　　　D. 4

4. 在下列模式中,能够给出数据库物理存储结构与物理存储方法的是(　　　)。

A. 外模式 　　　　　B. 内模式 　　　　　C. 概念模式 　　　　　D. 逻辑模式

5. 在满足实体完整性约束的条件下(　　　)。

A. 一个关系中应该有一个或多个候选关键字

B. 一个关系中只能有一个候选关键字

C. 一个关系中必须有多个候选关键字

D. 一个关系中可以没有候选关键字

6. 有三个关系 R、S、和 T 如下:

	R			S			T
A	B	C		A	B		C
a	1	2		c	3		1
b	2	1					
c	3	1					

则由关系 R 和 S 得到关系 T 的操作是(　　　)。

A. 自然连接 　　　　B. 交 　　　　　　　C. 除 　　　　　　　D. 并

7. 下面描述中不属于软件危机表现的是(　　　)。

A. 软件过程不规范 　　　　　　　　　　B. 软件开发生产率低

C. 软件质量难以控制 　　　　　　　　　D. 软件成本不断提高

8.下面不属于需求分析阶段任务的是（　　）。

A.确定软件系统的功能需求　　　　　B.确定软件系统的性能需求

C.需求规格说明书评审　　　　　　　D.制定软件集成测试计划

9.在黑盒测试方法中,设计测试用例的主要根据是（　　）。

A.程序内部逻辑　　　　　　　　　　B.程序外部功能

C.程序数据结构　　　　　　　　　　D.程序流程图

10.在软件设计中不使用的工具是（　　）。

A.系统结构图　　　　　　　　　　　B.PAD图

C.数据流图（DFD图）　　　　　　　D.程序流程图

11.下列英文缩写和中文的对照中,正确的是（　　）。

A.CAD—计算机辅助设计　　　　　　B.CAM—计算机辅助教育

C.CIMS—计算机集成管理系统　　　　D.CAI—计算机辅助制造

12.在标准ASCII编码表中,数字码、小写英文字母和大写英文字母前后次序是（　　）。

A.数字、小写英文字母、大写英文字母

B.小写英文字母、大写英文字母、数字

C.数字、大写英文字母、小写英文字母

D.大写英文字母、小写英文字母、数字

13.字长是CPU的主要技术性能指标之一,它表示的是（　　）。

A.CPU的计算机结果的有效数字长度

B.CPU一次能处理二进制数据的位数

C.CPU能表示的最大的有效数字位数

D.CPU能表示的十进制整数位数

14.下列软件中,不是操作系统的是（　　）。

A.Linux　　　　　B.UNIX　　　　　C.MS DOS　　　　　D.MS Office

15.下列关于计算机病毒的叙述中,正确的是（　　）。

A.计算机病毒的特点之一是具有免疫性

B.计算机病毒是一种有逻辑错误的小程序

C.反病毒软件必须随着新病毒的出现而升级,提高查、杀病毒的功能

D.感染过计算机病毒的计算机具有对该病毒的免疫性

16.关于汇编语言程序（　　）。

A.相对于高级程序设计语言具有良好的可移植性

B.相对于高级程序设计语言具有良好的可读性

C.相对于机器语言具有良好的可移植性

D.相对于机器语言具有较高的执行效率

17.组成一个计算机系统的两大部分是（　　）。

A.系统软件和应用软件　　　　　　　B.硬件系统和软件系统

C.主机和外部设备　　　　　　　　　D.主机和输入/输出设备

18. 计算机网络是一个（　　）。

A. 管理信息系统　　　　　　　　B. 编译系统

C. 在协议控制下的多机互联系统　　D. 网上购物系统

19. 用来存储当前正在运行的应用程序和其相应数据的存储器是（　　）。

A. RAM　　　　B. 硬盘　　　　C. ROM　　　　D. CD-ROM

20. 根据域名代码规定,表示政府部门网站的域名是（　　）。

A. . net　　　　B. . com　　　　C. . gov　　　　D. . org

第二部分　操作题

一、字处理题

请在【答题】菜单下选择【进入考生文件夹】命令,并按照题目要求完成下面操作。

注意:以下的文件必须都保存在考生文件夹[％US-ER％]下。

在考生文件夹下打开文档"Word. docx",并按照要求完成下列操作并以该文件名"Word. docx"保存文档。

1. 调整纸张大小为 B5,页边距的左边距为 2cm,右边距为 2cm,装订线 1cm,对称页边距。

2. 将文档中第一行"黑客技术"为 1 级标题,文档中黑体字的段落设为 2 级标题,斜体字段落设为 3 级标题。

3. 将正文部分内容设为四号字,每个段落设为 1.2 倍行距且首行缩进 2 字符。

4. 将正文第一段落的首字"很"下沉 2 行。

5. 在文档的开始位置插入只显示 2 级和 3 级标题的目录,并用分节方式令其独占一页。

6. 文档除目录页外均显示页码,正文开始为 1 页,奇数页码显示在文档的底部靠右,偶数页码显示在文档的底部靠左。文档偶数页加入页眉,页眉中显示文档标题"黑客技术",奇数页页眉没有内容。

7. 将文档最后 5 行转换为 2 列 5 行的表格,倒数第 6 行的内容"中英文对照"作为该表格的标题,将表格及标题居中。

8. 为文档应用一种合适的主题。

二、电子表格题

请在【答题】菜单下选择【进入考生文件夹】命令,并按照题目要求完成下面的操作。

注意:以下的文件必须都保存在考生文件夹[％US-ER％]下。

小李是东方公司的会计,利用自己所学的办公软件进行记账管理,为节省时间,同时又确保记账的准确性,她使用 Excel 编制了 2014 年 3 月员工工资表"Excel. xlsx"。

请你根据下列要求帮助小李对该工资表进行整理和分析(提示:本题中若出现排序问题则采用升序方式):

1. 通过合并单元格,将表名"东方公司 2014 年 3 月员工工资表"放于整个表的上端、居中,并调整字体、字号。

2. 在"序号"列中分别填入 1 到 15,将其数据格式设置为数值、保留 0 位小数、居中。

3.将"基础工资"(含)往右各列设置为会计专用格式、保留 2 位小数、无货币符号。

4.调整表格各列宽度、对齐方式,使得显示更加美观。并设置纸张大小为 A4、横向,整个工作表需调整在 1 个打印页内。

5.参考考生文件夹下的"工资薪金所得税率.xlsx",利用 IF 函数计算"应交个人所得税"列。(提示:应交个人所得税=应交税所得额 * 对应税率—对应速算扣除数)

6.利用公式计算"实发工资"列,公式为:实发工资=应付工资合计—扣除社保—应交个人所得税。

7.复制工作表"2014 年 3 月",将副本放置到原表的右侧,并命名为"分类汇总"。

8.在"分类汇总"工作表中通过分类汇总功能求出各部门"应付工资合计""实发工资"的和,每组数据不分页。

三、演示文稿题

请在【答题】菜单下选择【进入考生文件夹】命令,并按照题目要求完成下面的操作。

注意:以下的文件必须都保存在考生文件夹[％US-ER％]下。

请根据提供的素材文件"PPT 素材.docx"中的文字、图片设计制作演讲文稿,并以文件名"PPT.pptx"存盘,具体要求如下:

1.将素材文件中每个矩形框中的文字及图片设计为 1 张幻灯片,为演示文稿插入幻灯片编号,与矩形框前的序号一一对应。

2.第 1 张幻灯片作为标题页,标题为"云计算简介",并将其设为艺术字,有制作日期(格式:XXXX 年 XX 月 XX 日),并指明制作者为"考生 XXX"。第 9 张幻灯片中的"敬请批评指正!"采用艺术字。

3.幻灯片版式至少有 3 种,并为演示文稿选择一个合适的主题。

4.为第 2 张幻灯片中的每项内容插入超级链接,点击时转到相应的幻灯片。

5.第 5 张幻灯片采用 SmartArt 图形中的组织结构图来表示,最上级内容为"云计算的五个主要特征",其下级依次为具体的五个特征。

6.为每张幻灯片中的对象添加动画效果,并设置三种以上的幻灯片切换效果。

7.增大第 6、7、8 页中图片显示比例,达到较好的效果。

附录3 课后习题答案

第1章 计算机基础知识

【填空题】

1. 巨型计算机、大型计算机、小型计算机

2. 晶体管计算机时代、中小规模集成电路、大规模超大规模集成电路

3. 字节

4. 65

5. 运算器、存储器、控制器、输入设备、输出设备

6. 传染性、隐蔽性、触发性、潜伏性、破坏性

7. 指令

8. 应用软件

9. 高级语言

10. 目标程序

11. 采样

【选择题】

1. A 2. B 3. B 4. C 5. D 6. C 7. B 8. C 9. C 10. A 11. A

第2章 计算机操作系统——Windows 7

【填空题】

1. 硬件、软件

2. Shift

3. .txt

4. PrintScreen

5. D:\photo\20140926

【选择题】

1. D 2. C 3. D 4. D 5. C 6. D 7. C 8. A 9. C

第3章 计算机网络与 Internet 应用

【填空题】

1. http://

2. 统一资源定位器

3. 万维网

4. 域名管理系统

5. 域名、中国教育领域

【选择题】

1. A 2. B 3. B 4. D 5. A 6. B 7. A 8. B 9. B 10. A

第 4 章　　Word 2010 文稿编辑

【选择题】

1.C　2.C　3.C　4.A　5.B　6.A　7.D　8.B　9.A　10.C　11.C　12.B　13.B
14.C　15.D　16.B　17.A　18.C　19.C　20.C　21.A　22.D　23.B　24.B　25.A
26.D　27.B　28.A　29.B　30.C　31.A　32.A　33.C

第 5 章　　Excel 2010 表格处理软件

【填空题】

1.单元格

2.排序

3. 0

4.Ctrl

5.清除

6.相对引用

7.11

8.左对齐

9.Ctrl

10. ＝

【选择题】

1.C　2.A　3.D　4.A　5.B　6.D　7.B　8.B　9.B　10.B

第 6 章　　演示文稿制作

【填空题】

1. .pptx

2.Esc

3. Shift＋F5

【选择题】

1.B　2.C　3.D　4.B　5.C

第 7 章　　计算机程序设计基础

【选择题】

1.C　2.D　3.A　4.B　5.C　6.D　7.B　8.C　9.B　10.A　11.B　12.A　13.D
14.B　15.A　16.D　17.D　18.A　19.A　20.A　21.B　22.D　23.B　24.B　25.B
26.A　27.A　28.A　29.B　30.A　31.B　32.D　33.A

【填空题】

1.Log2n(是以 2 为底数,n 的对数)　2.350　3.DEBFCA　4.O(n^2)　5.3

6. 冒泡排序　7.循环　8.功能性注释　9.封装　10.继承　11.相关文档

12.软件开发　13.一组软件　14.一对多　15.物理独立性

16.数据库管理系统或 DBMS　17.域完整性　18.关系　19.投影　20.调试

参 考 文 献

[1] 司丹.计算机应用基础教程[M].大连:大连理工大学出版社,2010.

[2] 谢希仁.计算机网络[M].5版.北京:电子工业出版社,2012.

[3] 杜力.计算机应用基础[M].大连:大连理工大学出版社,2013.

[4] 潘玉亮.Windows7 使用详解[M].北京:化学工业出版社,2010.

[5] 前沿文化.Windows7 完全学习手册[M].北京:科学出版社,2011.

[6] 苏风华.中文版 Windows7 从入门到精通[M].北京:航空工业出版社,2010.

[7] 神龙工作室.新手学电脑(Windows7 版)[M].北京:人民邮电出版社,2010.

[8] 龙马工作室.Word/Excel/PowerPoint2010 三合一从新手到高手[M].北京:人民邮电出版社,2011.

[9] 司丹.Visual FoxPro 程序设计[M].5版.大连:大连理工大学出版社,2013.

[10] 赖申江.数据库系统及应用[M].5版.大连:大连理工大学出版社,2009.

[11] 刁爱军.计算机应用基础实训[M].大连:大连理工大学出版社,2013.

[12] 刁爱军.计算机应用基础[M].大连:大连理工大学出版社,2013.

[13] 特南鲍姆.计算机网络[M].5版.北京:清华大学出版社,2012.

[14] 胡道元.计算机网络[M].2版.北京:清华大学出版社,2009.

[15] 韩利凯.计算机网络[M].北京:清华大学出版社,2012.